採用最新蕨類植物分類系統PPG

台灣
原生植物

Illustrated Flora of Taiwan:
Ferns and Lycophytes II

全圖鑑

第八卷 下 蕨類與石松類
蹄蓋蕨科——水龍骨科

呂福原◎總審定　邱文良◎審定
許天銓、陳正為、Ralf Knapp、洪信介◎著

貓頭鷹

台灣原生植物全圖鑑第八卷（下）：蕨類與石松類
蹄蓋蕨科──水龍骨科

作　　　者　許天銓、陳正為、Ralf Knapp、洪信介
總 審 定　呂福原
內文審定　邱文良
責任主編　李季鴻
特約編輯　胡嘉穎
協力編輯　林哲緯、趙建棣
特　　稿　張智翔
校　　對　黃瓊慧
版面構成　張曉君
封面設計　林敏煌
影像協力　廖于婷
總 編 輯　謝宜英
行銷業務　鄭詠文、陳昱甄

出 版 者　貓頭鷹出版
發 行 人　凃玉雲
發　　行　英屬蓋曼群島商家庭傳媒股份有限公司城邦分公司
　　　　　104台北市民生東路二段141號11樓
劃撥帳號：19863813　戶名：書虫股份有限公司
城邦讀書花園：www.cite.com.tw　購書服務信箱：service@readingclub.com.tw
購書服務專線：02-25007718～9（週一至週五上午09:30～12:00；下午13:30～17:00）
24小時傳真專線：02-25001990～1
香港發行所　城邦（香港）出版集團　電話：852-25086231／傳真：852-25789337
馬新發行所　城邦（馬新）出版集團　電話：603-90563833／傳真：603-90576622
印 製 廠　中原造像股份有限公司
初　　版　2019 年10月
定　　價　新台幣3000 元／港幣1000 元
ISBN　978-986-262-401-2
有著作權・侵害必究

貓頭鷹
讀者意見信箱　owl@cph.com.tw
投稿信箱　owl.book@gmail.com
貓頭鷹知識網　www.owls.tw
貓頭鷹臉書　facebook.com/owlpublishing
歡迎上網訂購；大量團購請洽專線(02)2500-1919

國家圖書館出版品預行編目(CIP)資料

台灣原生植物全圖鑑. 第八卷, 蕨類與石松類 / 許
天銓等著 ; 李季鴻主編. -- 初版. -- 臺北市 : 貓頭
鷹出版 : 家庭傳媒城邦分公司發行, 2019.10
476面 ; 21×28公分
ISBN 978-986-262-388-6（上卷 : 精裝）. --
ISBN 978-986-262-401-2（下卷 : 精裝）
1.植物圖鑑 2.台灣
375.233　　　　　　　　　　　　　108008647

目次

如何使用本書

本書為《台灣原生植物全圖鑑第八卷（上）：蕨類與石松類 石松科——烏毛蕨科》，使用PPG分類法，依照親緣關係，自石松目的石松科起，至水龍骨目的烏毛蕨科為止，共收錄28科409種。科總論部分詳細介紹各科特色、亞科識別特徵，並以不同物種照片，清楚呈現該科辨識重點。個論部分，以清晰的去背圖與豐富的文字圖說，詳細記錄植物的科名、屬名、拉丁學名、中文別名、生態環境、物種特徵等細節。以下介紹本書內頁呈現方式：

❶ 科名與科描述，介紹該科共同特色。
❷ 以特寫圖片呈現該科的識別重點。

12・水龍骨目

❶ 蹄蓋蕨科 ATHYRIACEAE

全世界3屬約650種，分別為蹄蓋蕨屬（*Athyrium*）、對囊蕨屬（*Deparia*）、雙蓋蕨屬（*Diplazium*）。本科成員最主要的區別特徵為線形的孢子囊群生於葉脈之單側或兩側，或是僅位於小脈的一邊但跨過脈形成J形或是馬蹄形的孢子囊群，另有少部分種類具圓腎形孢子囊群位於小脈之末端。腎形或近圓形孢子囊群。

❷ 特徵

本科多數類群具線形孢子囊群，生於小脈單側或兩側。（阮氏雙蓋蕨）

蹄蓋蕨屬部分類群可見部分囊群跨越小脈形成J形或馬蹄形（密腺蹄蓋蕨）

蹄蓋蕨屬及對囊蕨屬部分類群具腎形或圓腎形孢子囊群（南洋假鱗毛蕨）

蹄蓋蕨屬及雙蓋蕨屬葉軸及羽軸近軸面溝槽相通（軸果蹄蓋蕨）

對囊蕨屬葉軸與羽軸近軸面溝槽不相通（假腸蕨）

蹄蓋蕨屬許多類群葉軸、羽軸或小羽軸近軸面有軟刺狀突起（舊蕨蹄蓋蕨）

❸ 屬名與屬描述，介紹該屬共同特色。

❹ 本種植物在分類學上的科名。

❺ 本種植物的中文名稱與別名。

❻ 本種植物在分類學上的屬名。

❼ 本種植物的拉丁學名。

❽ 物種介紹，包括本種植物的詳細形態說明與分布地點。

❾ 本種植物的生態與特寫圖片，清晰呈現細部重點與植物的生長環境。

---

❹ 金星蕨科・137

❸ 假毛蕨屬 PSEUDOCYCLOSORUS

外 觀接近小毛蕨屬、稀毛蕨屬及圓腺蕨屬，區別為羽片基部遠軸面具瘤狀突出之氣孔帶，羽片表面不具腺體，且相鄰裂片間僅有一對小脈接合於凹刻處，不形成斜方形網眼。

❺ **假毛蕨** | 屬名 假毛蕨屬 ❻
| 學名 *Pseudocyclosorus esquirolii* (Christ) Ching ❼

❽ 根莖橫走。葉遠生，橢圓披針形，二回羽裂，羽片向基部突縮成蝶狀，葉脈游離。孢子囊群圓腎形，稍近邊緣。

本種為低海拔常見蕨類之一，喜好潮濕之溪谷環境。

羽片深裂至接近羽軸

孢膜圓腎形

捲旋之幼葉 ❾

孢子囊群較靠葉緣

羽片基部遠軸面具瘤狀突出之氣孔帶

基部羽片驟然退化為蝶狀，裂片三角狀披針形，基部羽裂。

葉大型，橢圓狀披針形。

推薦序

台灣地處歐亞大陸與太平洋間，北回歸線橫跨本島中部，加以海拔高度變化甚大，植被自然分化成熱帶、亞熱帶、溫帶及寒帶等區域，小小的一個島上，孕育了多達4,000餘種的維管束植物，是地球上重要的生物資科庫。

台灣的植物愛好者眾，民眾從圖鑑入門，識別植物，乃是最直接途徑；坊間雖已有各類植物圖鑑，但無論種類之搜集或編排之系統性，均尚有缺憾。有鑑於此，鐘詩文君，十年來披星戴月，奔走於全島原野與森林，親自觀察、記錄、拍攝所有植物的影像，並賦予正確的學名，已達4,000餘種，且加以詳細描述撰寫，真可謂工程浩大，毅力驚人。

這套台灣原生植物的科普圖鑑，每個物種除描述其最易識別的特徵外，並佐以清晰的照片，既適合初學者，也是專業研究人員不可或缺的參考書；作者更特別貼心的為讀者標出每一物種與相似種的差異，讓初學者更易入門。本書為了完整性及完備性，作者拍攝了每一種植物的葉及花部特徵，並鑑之分類文獻及標本，以力求每一物種學名之正確性。更加難得的是，本圖鑑有許多台灣文獻上從未被記錄的稀有植物影像，對專業研究人員來說也是極珍貴的參考資料。

在我們生活的周遭，甚或田野、海邊、山區，到處都有植物，認識觀察它們，進而欣賞它們，透過植物自然美，你會發現認識植物也是個身心安頓的良方。好的植物圖鑑，可以讓你容易進入植物的世界，《台灣原生植物全圖鑑》完整呈現台灣原生的各種植物，內容詳實，影像拍攝精美，栩栩如生，躍然紙上，故是一套值得您永遠珍藏擁有的圖鑑。

歐辰雄

國立中興大學森林學系

教授　歐辰雄

作者序

蕨類，覺累。

本卷初稿在2016年中左右已由三位原作者基本備齊，惟因當時開花植物部分尚未完成，排序在最後的蕨類便未得及時發表。兩年過後欲重啟出版作業時，一切卻已風雲變色。首先蕨類新分類系統PPG I於2016年底磅礡登場，許多類群因而需重新編排；再者因愈加深入的野外工作及愈加便利的資訊流通，台灣蕨類植物多樣性短期間內直線竄升，物種資料又亟需更新。雪上加霜的是，此時作者之一感悟到生命的意義在創造宇宙繼起之生命，作者之二一夕發跡成為網紅讚魔王，作者之三又突然必須回歸故里，一時間均無暇顧及，完稿的任務最後便落入筆者手中。原先料想僅是簡單的封頂作業，豈料竟成為一年來的噩夢（同時也是責編的噩夢）。闕漏資料的補正永無止盡，未定類群的歸屬糾結難解，預購讀者的殷盼如影隨形，每當編寫文稿或後製圖片至夜深人靜，不禁思量，自己何以深陷於此無底泥淖？

於此黑暗時期，唯一的樂趣僅是在挑選照片時，能隨之憶起那些野地裡揮灑汗水，奔波探索的時光。每一類群，每張照片背後，或是長久追尋，或是偶然巧遇，或是舊雨新知，其間點點滴滴，總是令人回味再三，恨不得立即拋下手邊工作，重投自然懷抱（責編表示崩潰）。英國邱植物園的植物探險家William Robert Price在1912年來台灣進行採集時，曾留下這麼一段感言：「這山林實在太過迷人，每當身歷此境，你就越想深入；愈是深入，卻愈能感到自己瞥見的僅是滄海一粟。」即便已經過百年的研究調查與開發破壞，筆者卻時常仍有相同的悸動。毛緣細口團扇蕨（見上卷）、寡毛荷包蕨（見下卷第361頁）等類群的發現顯示在人煙罕至，雲霧繚繞的原始森林最深處，仍待深入探索；或許更令人驚歎的是，就連踏查頻繁的都會郊山，依然能有異葉書帶蕨（見上卷）、凱達格蘭雙蓋蕨（見下卷第72頁）這樣嶄新的發現。本書冀以精準的科學論述作為基調，最終必須捨棄那些精彩曲折的背景故事，但作為台灣蕨類與石松類植物多樣性的集成展現，讀者若能從中獲取一點新知，展開一陣思索，邁開一履步伐，得到一絲喜悅，便是對作者群的最佳鼓舞。

與自然的繁茂同樣歷歷在目的，是自然的變遷。在本書籌備時期，團羽鐵線蕨（見上卷）的南部族群因邊坡工程改變棲地品質而奄奄一息；連續的異常乾旱使甫發表的宜蘭禾葉蕨（見下卷第421頁）族群已然岌岌可危；就在本書出版的時間點，台南市郊一片百年天然草原正遭軍方大肆開挖建設，瓶爾小草屬未定種（見上卷）最大的已知生育地與共域繁衍的多種瀕危動植物，面臨浩劫。我們期盼，本書紀錄的是生命在寶島茁壯的足跡，而不是消逝的遺跡。

本卷之源起乃鐘詩文博士熱情敬邀，最終得以順利付梓首要感謝邱文良與呂福原兩位老師精心審訂，及貓頭鷹責任編輯李季鴻先生帶領編輯團隊鞠躬盡瘁之努力。作者群15年來有關蕨類植物之野外調查及攝影工作得到許多熱心朋友，特別是郭明裕先生、呂碧鳳小姐及鄧為治先生的參與協助；趙怡姍、郭立園與張麗兵等蕨類博士專家在鑑定及分類上的建議與討論；張智翔先生協助圖片編輯並提供多種類群之生態照片，作者群一併致上誠摯的謝意。

許天銓

作者簡介

許天銓

　　台灣大學生態學與演化生物學研究所碩士。蕨類植物之興趣始於碩班郭城孟老師之啟發，並受林業試驗所邱文良老師與蕨類研究團隊薰陶，及共同作者Ralf Knapp先生之砥礪。參與發表棣氏卷柏、碧鳳鐵角蕨等蕨類新種，及多羽三叉蕨、沼生蹄蓋蕨、穴孢濱禾蕨等新紀錄種；近年致力於台灣熱帶山地霧林環境膜蕨及禾葉蕨類群之多樣性踏查。

陳正為

　　台灣基隆人，支持台灣獨立建國，俗稱台獨分子。高中時收到表哥送的蕨類圖鑑後便栽進蕨類的世界，就讀研究所期間在邱文良博士的指導下開始進行蕨類研究。目前主要待在家中培育未來的科學家，有餘力時則從事熱愛的蕨類研究，希望在未來能夠完成舊世界書帶蕨類群的分類專論。

Ralf Knapp

　　1969年生於德國埃柏巴哈，曾在台灣擔任電機工程師長達18年。與台灣女友結婚後，他更加致力於2004年起就開始的台灣蕨類與裸子植物研究。來台前曾研究過中歐的維管束植物，並有數年應巴伐利亞環保署之邀，參與監控與保育罕見原生植物的計畫。在台灣野外調查的期間，他採集了超過4,500份標本，同時建立了超過250,000筆紀錄的影像資料庫。

洪信介

　　目前任職於辜嚴倬雲保種中心，名字時常可見於在學術報告及研究論文中，為植物圈中著名的「植物獵人」。特別擅長蕨類與蘭科植物，是索羅門群島台灣調查團隊的一員，也曾多次在台灣參與大型的植物資源調查工作。

《台灣原生植物全圖鑑》總導讀

一、植物分類學，是一門歷史悠久的科學，自17世紀成為一門獨立的學科後，迄今仍持續發展。傳統的植物分類學，偏重於使用植物之解剖形態特徵，而現今由於分子生物工具的加入，使得植物分類研究在近年內出現另一層面的發展，即是利用分子系統生物學，通過對生物大分子（蛋白質及核酸等）的結構、功能等等之研究，闡明各類群間的親緣關係。由於生物大分子本身即是遺傳信息的載體，以此為材料進行分析的結果，相對於傳統工具，更具可比性和客觀性。本套書的被子植物分類，即採用最新的APG IV系統（Angiosperm Phylogeny IV；被子植物親緣組織分類系統第四版），蕨類及裸子植物的分類系統則依據最近研究之成果排序。被子植物親緣組織（APG，Angiosperm Phylogeny Group）是一個非官方的國際植物分類學組織，該組織試圖將分子生物學的資訊應用到被子植物的分類中，企圖尋求能得到大多學者共識的分類系統。他們所提出的系統，大異於傳統的形態分類，其主要是依據植物的三個基因編碼之DNA序列，以重建親緣分枝的方式進行分類，包括兩個葉綠體基因（*rbc*L和*atp*B）和一個核糖體的基因編碼（nuclear 18S rDNA）序列；雖然該分類系統主要依據分子生物學的資訊，但亦有其它資料或訊息的加入，例如參考花粉形態學，將真雙子葉植物分枝，和其他原先分到雙子葉植物中的種類區分開來。由於這個分類系統不屬於任何個人或國家而顯得較為客觀，所以目前已普遍為世界上大多數分類學者所認同及採用，本書同步使用此一系統，冀期為台灣民眾打開新的視野。

二、本書在各「目」之下的「科」，係依照科名字母順序排列；種論亦以字母順序為主要原則，每種介紹多以半頁至全頁為一篇，除文字外，以包含根、莖、葉、花、果及種子之彩色照片完整呈現其識別特徵，並以生態照揭示其在生育地之自然生長狀態。

三、植物的學名、中名以《台灣維管束植物簡誌》、《台灣植物誌》（*Flora of Taiwan*）及《台灣樹木圖誌》為主要參考，形態描述除自撰外亦參據前述文獻之書寫。

四、書中大部分文字及照片由鐘詩文博士執筆及拍攝，惟蘭科、莎草科及穀精草科全由許天銓先生主筆及拍攝，陳志豪先生負責燈心草科之文圖，禾本科則由陳志輝博士及吳聖傑博士共同執筆及攝影，蕨類部分交由許天銓、陳正為、Ralf Knapp及洪信介等四位合作撰述。本套書包含8卷，共收錄4,000餘種的台灣植物，每一種皆有清楚的照片供讀者參考，作者們從10萬餘張照片中，精挑約15,000張為本套巨著所用，除少數於圖片下署名者係由其他人士提供之外，未特別註明者，皆為鐘博士本人或該科作者所攝影。

五、本套書收錄的植物種類涵蓋台灣及附屬離島之原生及歸化的所有植物，並亦已儘量納入部分金門、馬祖及東沙群島的特殊類群。

第八卷導讀（石松類與蕨類植物）

　　本卷分為上下兩冊，內容包含台灣目前已知的石松類（Lycophytes）與蕨類（Ferns）植物共853個分類群（包含16種下分類群，28雜交種及59分類地位未定類群），上冊共收錄28科，從石松科至烏毛蕨科，下冊共收錄10科，從蹄蓋蕨科至水龍骨科。石松類與蕨類植物在早期以形態特徵為主要依據的分類系統中，因兩者都是以孢子為主要繁殖體的維管束植物，因此被認為具有較近的親緣關係而統稱為「廣義的蕨類植物（Pteridophytes）」。近年來，系統分類學者普遍認為DNA序列上的相似度相較於外部形態特徵更能夠反映物種在演化歷史上的親緣關係，根據分子親緣研究的結果顯示，石松類植物與狹義的蕨類植物（ferns）之親緣關係並不如早期所認為的那樣接近，相對於石松類植物，狹義的蕨類植物（ferns）與種子植物在親緣關係上反而是更接近的一群。因此，為了讓名詞的使用上能夠更符合物種演化的歷史，「廣義的蕨類植物」一詞目前已較少被系統分類學者所使用，取而代之的則是石松類與蕨類植物。

　　台灣在地理位置上鄰近西邊的東亞大陸與南邊的馬來植物區系，加上溫暖而潮濕的氣候與複雜的地形地貌等條件，共同造就了的台灣豐富的植物資源，而石松類與蕨類植物也不例外。從科的角度來看，PPG（Pteridophyte Phylogeny Group）分類系統第一版所接受的51個科中，台灣就具有其中38個科。而從物種多樣性的角度來看，台灣的單位面積物種數目更是全世界名列前茅的國家之一。近年來隨著研究人員與業餘愛好者共同的努力，台灣的石松類與蕨類研究無論是在基礎調查上，或是更進一步的研究都有了顯著的成果。舉例來說，2016年發表的PPG分類系統第一版堪稱石松類與蕨類基礎分類學上一個跨時代的里程碑，而參與的94位學者中，就包含了7位來自台灣的學者。今年十月台灣更主辦了四年一次的亞洲蕨類學大會，吸引世界超過60位石松類與蕨類植物專家參與。這些成果都一再顯示台灣對於全世界石松類與蕨類植物研究的貢獻。

　　台灣石松類與蕨類植物的基礎調查與分類學研究最早自英國人Robert Swinhoe開始，其後經歷日治時期日本學者的努力打下基礎，國民政府接收後本土學者也跟上腳步陸續出版了台灣植物誌，台灣維管束植物簡誌，與蕨類圖鑑等書→國民政府接收後本土學者也跟上腳步陸續出版了《台灣植物誌》、《台灣維管束植物簡誌》與《蕨類圖鑑》等書，記錄台灣600多個物種；近年來《Ferns and fern allies of Taiwan》與其兩卷補敘更將台灣產物種數目增加至800種。本書在前人的研究基礎上，透過詳細的野外觀察與標本比對，將分類群數目進一步增加至843種。石松類與蕨類植物由於特徵不易區別而常被植物愛好者所忽略，本書透過細部特寫詳細記錄各物種的區別特徵，配合簡要的描述希望能讓讀者更容易地親近這群美麗的植物。也期待台灣豐富的石松類與蕨類植物資源，在未來無論是研究，保育與利用方面都能夠有更多樣的發展。

　　本書在屬級以上之分類系統乃以2016年出版之第一版PPG作為骨幹，少數類群再依據新近發表之系統學研究論文加以修訂。物種認定之基礎為Ralf Knapp於2011、2013及2017年出版之《Ferns and Fern Allies of Taiwan》叢書（包含Supplement與Second Supplement），欲更深入探索的讀者可將本書與該叢書之檢索表及分類註記相互參照，但須注意許多物種學名已因分類系統改變而有所更動。此外，部分類群另依據由台灣蕨類研究者合力編纂之〝Updating Taiwanese pteridophyte checklist: a new phylogenetic classification〞（於2019年8月發表）加以修訂，有關物種之命名學資訊及分類沿革，亦可參照此最新名錄。

PPG分類系統第一版（PPG I）親緣關係樹

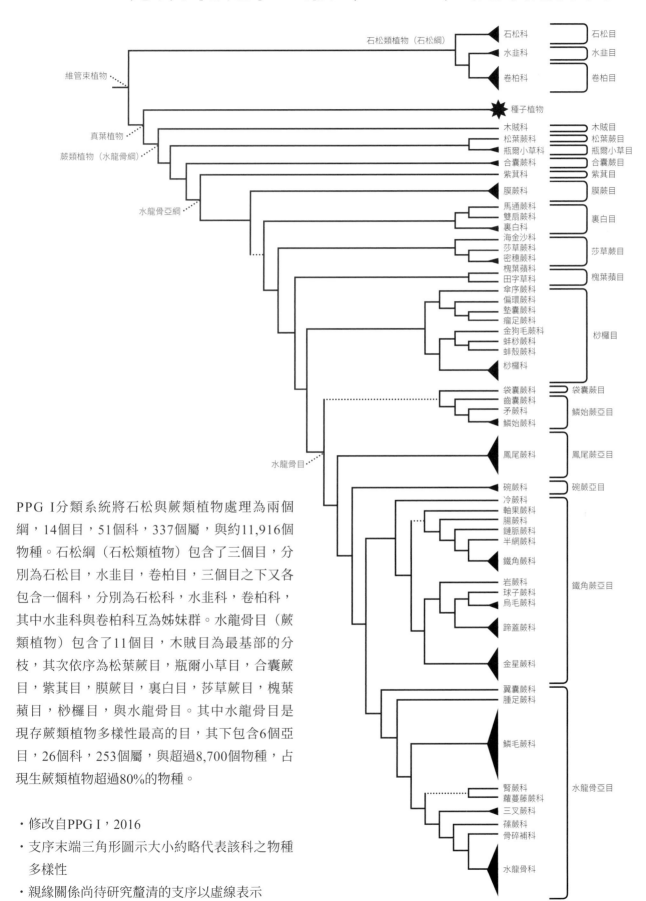

PPG I分類系統將石松與蕨類植物處理為兩個綱，14個目，51個科，337個屬，與約11,916個物種。石松綱（石松類植物）包含了三個目，分別為石松目，水韭目，卷柏目，三個目之下又各包含一個科，分別為石松科，水韭科，卷柏科，其中水韭科與卷柏科互為姊妹群。水龍骨目（蕨類植物）包含了11個目，木賊目為最基部的分枝，其次依序為松葉蕨目，瓶爾小草目，合囊蕨目，紫萁目，膜蕨目，裏白目，莎草蕨目，槐葉蘋目，桫欏目，與水龍骨目。其中水龍骨目是現存蕨類植物多樣性最高的目，其下包含6個亞目，26個科，253個屬，與超過8,700個物種，占現生蕨類植物超過80%的物種。

・修改自PPG I，2016
・支序末端三角形圖示大小約略代表該科之物種多樣性
・親緣關係尚待研究釐清的支序以虛線表示

蹄蓋蕨科 ATHYRIACEAE

全世界 3 屬約 650 種，分別為蹄蓋蕨屬（*Athyrium*）、對囊蕨屬（*Deparia*）、雙蓋蕨屬（*Diplazium*）。本科成員最主要的區別特徵為線形的孢子囊群生於葉脈之單側或兩側，或是僅位於小脈的一邊但跨過脈形成 J 形或是馬蹄形的孢子囊群，另有少部分種類具圓腎形孢子囊群位於小脈之末端。腎形或近圓形孢子囊群。

特徵

本科多數類群具線形孢子囊群，生於小脈單側或兩側。（邱氏雙蓋蕨）

蹄蓋蕨屬部分類群可見部分囊群跨越小脈形成 J 形或馬蹄形（密腺蹄蓋蕨）

蹄蓋蕨屬及對囊蕨屬部分類群具腎形或圓腎形孢子囊群（南洋假鱗毛蕨）

蹄蓋蕨屬及雙蓋蕨屬葉軸及羽軸近軸面溝槽相通（軸果蹄蓋蕨）

對囊蕨屬葉軸與羽軸近軸面溝槽不相通（假蹄蓋蕨）

蹄蓋蕨屬許多類群葉軸、羽軸或小羽軸近軸面有軟刺狀突起。（蓬萊蹄蓋蕨）

蹄蓋蕨屬 ATHYRIUM

根莖短直立為主,少數橫走,被鱗片。葉多叢生,葉柄具溝,基部常膨大,葉片卵圓形至披針形,一至三回羽狀複葉,葉軸及羽軸的溝相通,葉脈游離。孢子囊群圓形、馬蹄形、長條形或J字形,多數類群具孢膜,少數無孢膜。本書採PPG I之廣義觀點,包含安蕨屬(*Anisocampium*)及貞蕨屬(*Cornopteris*)之類群。

宿蹄蓋蕨

屬名	蹄蓋蕨屬
學名	*Athyrium anisopterum* Christ

根莖短粗而直立。葉片狹披針形,一至二回羽裂,葉軸及羽軸近軸面上不具刺。孢子囊群馬蹄形至J形或腎形。

零星分布於中南部中海拔混合林下。

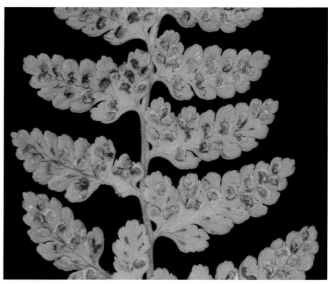

夏綠性植物,葉片於晚秋開始凋萎進入休眠期。

孢膜馬蹄形至J形或腎形,邊緣撕裂狀。

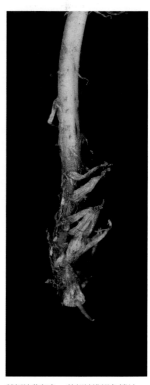

葉片狹披針形,一至二回羽裂。

葉柄淡紫紅色,基部被淺褐色鱗片。

阿里山蹄蓋蕨

屬名 蹄蓋蕨屬
學名 *Athyrium arisanense* (Hayata) Tagawa

根莖短直立，被披針形深褐色鱗片。葉二回羽狀深裂至羽軸，近軸面無軟刺；羽片近無柄，基羽片通常略短且略寬於相鄰羽片；末裂片淺鋸齒緣，先端鈍。孢子囊群線形，生於末裂片小脈近軸一側，偶為 J 形。

　廣泛分布於全島中海拔闊葉林下。

羽片近無柄，末裂片先端圓至鈍。

孢子囊群線形，著生於脈之一側。

葉柄草桿色，基部密被深褐色鱗片。

葉二回羽狀深裂至羽軸

葉軸與羽軸溝相通

亞德氏蹄蓋蕨

屬名　蹄蓋蕨屬
學名　*Athyrium atkinsonii* Bedd.

根莖長橫走，被卵圓形鱗片。葉片
卵狀三角形，末裂片頂端圓鈍，葉
軸和羽軸近軸面上不具刺。孢膜圓
腎形。

　　零星分布於中部中高海拔冷溫
帶針葉林下。

末裂片頂端圓鈍

葉軸與羽軸溝相通

孢膜圓腎形

葉呈卵狀三角形，大型。

葉柄草桿色，基部被褐色鱗片。

耳垂蹄蓋蕨 特有種

屬名 蹄蓋蕨屬
學名 *Athyrium auriculatum* Seriz.

根莖短直立。葉片近三角形，二回羽狀複葉，達三回淺裂，葉軸及羽軸遠軸面被腺毛，羽軸及小羽軸近軸面有短肉刺。孢子囊群短線形，貼近小羽軸，小羽軸基部之囊群偶為 J 形。

特有種，零星分布於台灣中南部冷溫帶闊葉林下。

孢膜短線形，緊貼於小羽軸。

羽軸近軸面具短肉刺

小羽片具短柄，先端圓鈍。

葉近三角形，二回羽狀複葉。

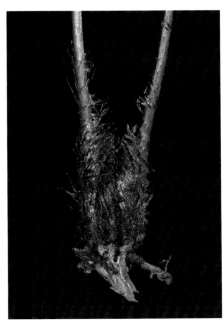
葉柄紫褐色，基部密被黑褐色鱗片。

合歡山蹄蓋蕨

屬名　蹄蓋蕨屬
學名　*Athyrium cryptogrammoides* Hayata

葉片三回羽狀複葉，小羽片羽狀細裂，葉軸和羽軸近軸面具
軟刺。孢膜短線形至馬蹄形。

　　分布於高海拔冷溫帶針葉林下。

葉柄綠色，基部被淺褐色鱗片。

孢膜短線形至馬蹄形

囊群著生於末裂片基部小脈之一側

葉為三回羽狀複葉，裂片極細。

末裂片長橢圓形，先端尖。

安蕨

屬名　蹄蓋蕨屬

學名　*Athyrium cumingianum* (C.Presl) Ching

根莖橫走。葉片長橢圓形，一回奇數羽狀複葉，羽片鐮刀狀披針形，邊緣淺裂。孢膜圓腎形。

　　在台灣僅見於南部低海拔具明顯乾濕季之闊葉林下。

孢膜圓腎形，邊緣具睫毛。（張智翔攝）

孢子囊群生於裂片側脈上各一行（張智翔攝）

葉脈網狀

一回羽狀複葉，具頂羽片。

生於季節性乾旱林緣（張智翔攝）

葉軸與羽軸溝相通（張智翔攝）

貞蕨

屬名　蹄蓋蕨屬
學名　*Athyrium decurrentialatum* (Hook.) Copel. var. *decurrentialatum*

本種在形態上與黑葉貞蕨（*A. opacum*，見第 32 頁）非常相似，最主要之差別為本種具有匍匐狀之根莖。承名變種特徵為葉片光滑無毛，二回羽狀複葉，可達三回深裂。

　　在台灣僅分布於宜蘭中海拔山區，生長於濕潤混合林下。

葉裂片長方形，先端平截。

根莖橫走

葉柄基部疏被狹卵形鱗片

孢子囊群線形，無孢膜。

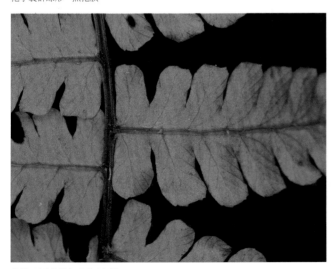

葉軸及羽軸近軸面具短肉刺

葉卵狀三角形，三回羽狀深裂。

毛葉貞蕨

屬名　蹄蓋蕨屬
學名　*Athyrium decurrentialatum* (Hook.) Copel. var. *pilosellum* (H.Ito) Ohwi

與承名變種（貞蕨 *A. decurrentialatum*
var. *decurrentialatum*，見第 19 頁）最
主要的區別特徵為葉軸及羽軸遠軸面密
被短毛；葉一回羽狀複葉，至多達二回
深裂。

　　在台灣分布較承名變種廣泛，可見
於全島海拔 1,500 ～ 3,000 公尺混合林
及針葉林下濕潤環境。

葉二回深裂之個體

葉二回中裂之個體

囊群生於小脈中段，無孢膜。

葉軸具細柔毛

根莖長橫走

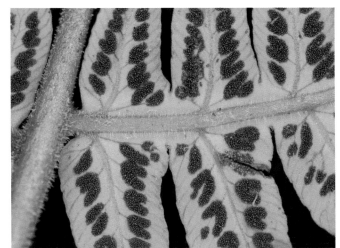
葉軸及羽軸遠軸面具細柔毛

葉二回深裂之個體

溪谷蹄蓋蕨

屬名　蹄蓋蕨屬
學名　*Athyrium delavayi* Christ var. *delavayi*

根莖短直立。葉片卵狀披針形，二回羽狀複葉，羽片不具柄，小羽片邊緣尖鋸齒，葉軸和羽軸近軸面有貼伏短軟刺，葉遠軸面光滑。

　　偶見於中海拔濕潤林下。

葉遠軸面光滑無毛

小羽片歪卵狀方形，淺至深裂。

根莖短直立

二回羽狀複葉

姬蹄蓋蕨

屬名　蹄蓋蕨屬

學名　*Athyrium delavayi* Christ var. *subrigescens* (Hayata) Yea C.Liu, W.L.Chiou & H.Y.Liu

與承名變種（溪谷蹄蓋蕨 *A. delavayi* var. *delavayi*，見第 21 頁）主要差別為本種之羽軸及葉軸遠軸面上被毛。

　　偶見於中海拔冷溫帶闊葉林下。

葉近先端突縮後呈尾狀漸尖

葉軸與羽軸之溝相通

基羽片之基小羽片明顯短縮

葉軸及羽軸遠軸面被毛

外觀與承名變種（溪谷蹄蓋蕨）接近

軸果蹄蓋蕨

屬名 蹄蓋蕨屬
學名 *Athyrium epirachis* (Christ) Ching

根莖短直立，葉柄基部被披針形雙色鱗片。葉披針形，二回羽狀深裂至羽軸，葉柄及葉軸紫紅色，羽軸近軸面有軟刺，末裂片歪橢圓形，先端圓鈍。孢子囊群於羽軸兩側各一排，線形或偶為 J 形。

在台灣僅見於宜蘭中海拔混合林下。

葉軸疏被短毛

生長於霧林環境

葉軸紫紅色，羽片不具柄。

葉軸近軸面具短刺

孢子囊群線形至 J 形，著生於脈之一側。

葉片為狹長之披針形乃本種重要特徵

葉柄紫褐色，基部被褐色雙色鱗片。

紅柄蹄蓋蕨

屬名　蹄蓋蕨屬
學名　*Athyrium erythropodum* Hayata

形態上與耳垂蹄蓋蕨（*A. auriculatum*，見第 16 頁）相似，但本種之末裂片頂端銳尖，邊緣鋸齒，羽軸及小羽軸不被腺毛。

　　零星分布於全島中海拔闊葉林及檜木混合林下。

孢膜短線形，緊貼羽軸生長。

葉軸及羽軸光滑，不被腺毛，

末裂片頂端銳尖，邊緣鋸齒。

葉卵形，三回羽狀裂葉。

葉柄紫紅色，基部被雙色鱗片。

大葉貞蕨

屬名　蹄蓋蕨屬
學名　*Athyrium fluviale* (Hayata) C.Chr.

根莖短直立。葉片卵形至卵狀三角形，三至四回羽狀裂葉。孢子囊群圓形，無孢膜。

　　在台灣廣泛分布於暖溫帶潮濕森林環境。

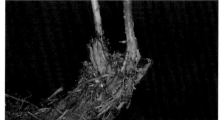
根莖短直立

孢子囊群圓形，無孢膜。

囊群貼近末裂片中脈

葉裂片先端平截，邊緣鋸齒。

葉闊卵形，三回羽狀複葉。

葉軸及羽軸交界處具肉突

細葉蹄蓋蕨

屬名　蹄蓋蕨屬
學名　*Athyrium iseanum* Rosenst. var. *angustisectum* Tagawa

形態上和高山蹄蓋蕨（*A. silvicola*，見第 40 頁）較接近，主要差別為本種葉片三回羽狀複葉，小羽片邊緣銳鋸齒。
　　零星分布於全島中高海拔林下。

羽軸及小羽軸上具短刺

孢子囊群短線形至 J 形

葉柄綠色，被褐色鱗片。

三回羽狀複葉

小葉蹄蓋蕨 特有種

屬名 蹄蓋蕨屬
學名 *Athyrium leiopodum* (Hayata) Tagawa

形態上與阿里山蹄蓋蕨（*A. arisanense*，見第14頁）接近，但本種之小羽片先端圓，且具銳鋸齒緣。

特有種，僅見於台灣中南部中海拔林下。

二回羽狀複葉

孢膜線形至J形，緊貼小羽軸生長。

羽軸疏被毛

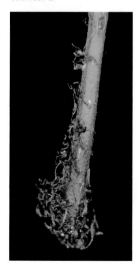

葉柄紅褐色，被雙色鱗片。

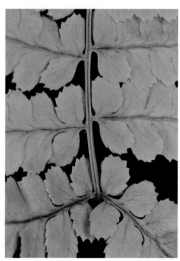

葉軸及羽軸溝相通

小羽片先端圓

七星山蹄蓋蕨 特有種

屬名　蹄蓋蕨屬
學名　*Athyrium minimum* Ching

根莖短直立，被褐色披針形鱗片。葉片披針形，三回羽狀裂葉，葉軸及羽軸近軸面上具刺，葉背光滑不被毛。

特有種，僅見於台北陽明山山區。

孢膜 J 形，著生於脈之一側。

葉軸及羽軸近軸面上具刺

根莖短直立

生長於濕潤之林緣斜坡

細裂蹄蓋蕨

屬名 蹄蓋蕨屬
學名 *Athyrium mupinense* Christ

根莖短粗而直立，被褐色披針形鱗片。葉片三角狀披針形，三回深羽裂，葉軸及羽軸近軸面上不具刺。孢子囊群圓形或圓腎形；孢膜小，與孢子囊群同形。

　　分布於中南部中海拔林緣土坡環境。

葉脈游離

葉軸及羽軸溝相通，近軸面不具刺。

孢膜圓腎形，長於脈上。

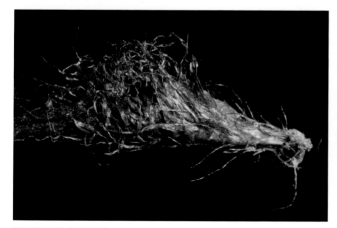

葉柄基部密被亮褐色鱗片

葉片三角狀披針形，三回深羽裂。

紅孢蹄蓋蕨

屬名	蹄蓋蕨屬
學名	*Athyrium nakanoi* Makino

根莖短直立。葉片披針形，一回羽狀複葉，葉軸和羽軸近軸面上不具刺，羽片橢圓形，先端圓鈍。

　　零星分布於全島中海拔林下，生長於濕潤山壁，土坡或溝谷內遮蔭石上。

羽片基上側具耳狀突起

孢膜圓腎形，長於脈上。

葉軸及羽軸多少帶紅暈

長於中海拔潮濕岩壁上

葉柄黑褐色，被褐色被針形鱗片。

日本蹄蓋蕨

屬名　蹄蓋蕨屬
學名　*Athyrium niponicum* (Mett.) Hance

根莖橫走，被披針形鱗片。葉片卵狀披針形，二至三回羽狀複葉，末裂片頂端尖，葉軸和羽軸近軸面上不具刺。孢膜短線形或 J 形。

零星分布於中南部中海拔林下。

根莖橫走

囊群短線形至 J 形

葉柄淡紫紅色，肉質，被棕色披針形鱗片。

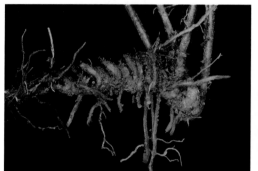

葉近軸面光澤微弱

葉先端縮為尾狀

黑葉貞蕨

屬名　蹄蓋蕨屬
學名　*Athyrium opacum* (D.Don) Copel.

根莖短直立，先端與葉柄基部被褐色闊披針形鱗片。葉叢生，葉片長卵形，一至二回羽狀複葉，羽片約 10 對，末裂片橢圓形，先端鈍至近截形，葉脈游離，單一或分岔。孢子囊群長橢圓形，無孢膜。

　　為台灣最常見之貞蕨類植物，廣泛分布於全島中低海拔潮濕森林中。

葉三回羽裂之個體

葉柄基部被褐色闊披針形鱗片

羽軸及葉軸遠軸面常被極疏之短毛

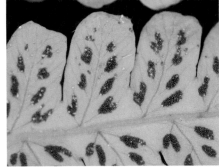

孢子囊群橢圓形，無孢膜。

末裂片先端鈍或近截形

葉二回深裂之個體

根莖粗壯直立，葉簇生。

對生蹄蓋蕨

屬名 蹄蓋蕨屬

學名 *Athyrium oppositipennum* Hayata var. *oppositipennum*

和逆羽蹄蓋蕨（*A. oppositipennum* var. *pubescens*，見第 34 頁）主要差別為本變種植株較大，葉軸綠色，羽片不向下反折。

　　廣泛分布於全島中高海拔混合林及針葉林林下及林緣潮濕處。

羽軸上表面具短刺

孢膜馬蹄至 J 形

小羽片無柄，邊緣鋸齒。

葉披針形，二回羽狀複葉。

葉柄綠色，被棕色披針形鱗片。

逆羽蹄蓋蕨

屬名　蹄蓋蕨屬

學名　*Athyrium oppositipennum* Hayata var. *pubescens* (Tagawa) Tagawa

葉二至三回羽裂，羽軸常多少帶紅褐暈，中下部側羽片明顯反折。

　　廣泛分布於全島高海拔山區林下及林緣。

孢膜短線形至 J 形

羽軸近軸面具短刺

葉柄綠色，被淺褐色鱗片。

一回羽狀複葉，羽片向下反折。

光蹄蓋蕨

屬名　蹄蓋蕨屬
學名　*Athyrium otophorum* (Miq.) Koidz.

根莖短直立。葉叢生，葉片卵狀披針形，二回
羽狀複葉，小羽片邊緣近全緣，葉軸和羽軸光
滑不被毛，葉柄紅褐色或草桿色。

　　零星分布於全島中海拔濕潤林下。

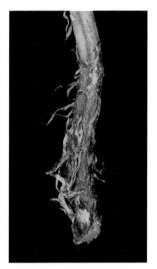

孢膜短線形至 J 形，著生於脈之一側。

葉柄紫紅色，被亮褐色鱗片。

葉卵狀披針形

葉軸、羽軸、葉表光滑無毛。

二回羽狀複葉，葉軸及羽軸紫紅色。

沼生蹄蓋蕨

屬名　蹄蓋蕨屬

學名　*Athyrium palustre* Seriz.

台灣產蹄蓋蕨屬植物中，本種在形態上最接近對生蹄蓋蕨（*A. oppositipennum* var. *oppositipennum*，見第 33 頁），但本種之葉近軸面無軟刺，且遠軸面光滑無毛。

　　在台灣本種目前僅知分布於新北至宜蘭一帶中海拔山區，多生長於天然池沼周邊半開闊之草澤環境，倚生於濕地植物之間；亦偶見於林道周邊濕潤草坡。

羽軸及葉軸均無小刺狀突起

孢膜短線形至馬蹄形

小羽片卵形至矩形，具短柄。

葉軸及羽軸間有棍棒狀腺毛

葉柄草桿色，被淡棕色鱗片。

生長於半開闊之草澤環境

假軸果蹄蓋蕨

屬名	蹄蓋蕨屬
學名	*Athyrium pubicostatum* Ching & Z.Y.Liu

形態上與光蹄蓋蕨（*A. otophorum*，見第35頁）相似，但本種之葉片羽軸上被毛，葉柄綠色。

　　零星分布於中海拔檜木林帶之濕潤林下。

生於中海拔原始林內

孢膜短線形至 J 形，貼近小羽軸。

葉柄綠色，被棕色鱗片。

小羽片先端圓鈍，淺鈍齒緣。

葉二回羽狀複葉，卵狀三角形。

密腺蹄蓋蕨

屬名　蹄蓋蕨屬
學名　*Athyrium puncticaule* (Blume) T.Moore

形態上與宿蹄蓋蕨（*A. anisopterum*，見第 13 頁）接近，但本種葉片全面被短腺毛（葉柄及葉軸較顯著），且葉片分裂較淺。

　　在台灣僅見於屏東及台東熱帶山地霧林環境。

羽片基上側裂片呈耳狀突出

孢膜短線形至馬蹄形

葉軸密被單細胞腺毛

葉柄基部被褐色披針形鱗片

根莖直立

葉披針形，達二回深裂。

華東安蕨

屬名　蹄蓋蕨屬

學名　*Athyrium sheareri* (Baker) Ching

根莖長橫走，葉近生或遠生，葉柄基部被褐色披針形鱗片。一回羽狀複葉，葉片卵狀三角形至卵狀長橢圓形，先端長漸尖，不具獨立頂羽片；羽片鐮狀披針形，不裂或鈍齒狀淺裂，裂片具銳齒緣。孢子囊群圓形，散生於羽軸兩側；孢膜圓腎形，邊緣絲狀分裂，早凋。

　　台灣僅在花蓮山區有過一次發現紀錄，生長於海拔約 700 公尺之闊葉林下。本書照片攝自原生族群之人工栽培個體。

囊群圓形，孢膜早凋。

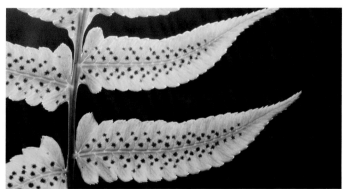

羽片鐮狀披針形

具長橫走之根莖

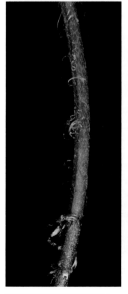

葉柄基部被褐色披針形鱗片

葉先端長漸尖，不具獨立頂羽片。

一回羽狀複葉

高山蹄蓋蕨

屬名　蹄蓋蕨屬
學名　*Athyrium silvicola* Tagawa

根莖短直立。葉片卵狀三角形，二回羽狀複葉，羽片具柄，小羽片邊緣淺鋸齒，葉羽軸及小羽軸近軸面具刺，孢膜短線形，靠近中肋。

　　零星分布於全島中海拔林下。

羽軸上表面具短刺

小羽片呈斜長方形，近羽軸一側略為耳狀突起。

孢膜短線形至 J 形，近中軸生長，

葉柄綠色，被淺褐色鱗片。

葉闊卵形，二回羽狀複葉。

生芽蹄蓋蕨

屬名 蹄蓋蕨屬

學名 *Athyrium strigillosum* (T.Moore *ex* E.J.Lowe) T.Moore *ex* Salomon

根莖短直立。葉片長橢圓狀披針形，二回羽狀複葉，葉軸近頂部常有 1 枚腋生被鱗片的不定芽。

零星分布於全島中高海拔濕潤林下及林緣。

孢膜短線形至 J 形；葉軸頂部具不定芽。

葉長橢圓狀披針形，二回羽狀複葉。

羽軸及小羽軸近軸面具長軟刺

葉柄深綠色，被棕色鱗片。

蓬萊蹄蓋蕨

屬名　蹄蓋蕨屬
學名　*Athyrium tozanense* (Hayata) Hayata

根莖短直立，被褐色披針形鱗片。葉叢
生，葉片披針形，二回羽狀裂葉至複葉，
葉軸被毛，羽軸及小羽軸（或較小個體
之末裂片中肋）近軸面具長軟刺。孢子
囊群大多為短線形，偶為 J 形、馬蹄形
或圓腎形。

　　零星分布於全島中海拔林下，常生
於溝谷周邊高溼環境。

北部部分族群葉軸毛被較疏

生長於林下濕潤溝谷環境

囊群貼近羽軸或小羽軸。

羽軸及小羽軸近軸面具長軟刺

葉柄基部被褐色披針形鱗片

葉卵狀披針形，二回羽狀裂葉至複葉。

三回蹄蓋蕨 特有種

屬名　蹄蓋蕨屬
學名　*Athyrium tripinnatum* Tagawa

根莖短直立，被淺褐色披針形鱗片。葉叢生，葉片卵狀披針形，三回羽狀複葉，羽軸和小羽軸近軸面有不顯著之短刺。孢膜短線形、J形、馬蹄形或圓腎形。

　　特有種，零星分布於台灣全島中高海拔山區，生長於濕潤林緣土坡。

葉柄基部紅色，被淡褐色披針形鱗片。

葉三回羽狀複葉，卵形。

羽軸近軸面具不顯著之短肉刺

葉軸及羽軸呈亮紅色

孢膜短線形、J形、馬蹄形或圓腎形。

孢膜邊緣流蘇狀

山蹄蓋蕨

屬名　蹄蓋蕨屬

學名　*Athyrium vidalii* (Franch. & Sav.) Nakai

根莖短直立。葉片三角狀卵形，二回羽狀複葉，可達三回深裂，羽片具短柄，羽軸及較大之小羽片之小羽軸近軸面具短肉刺，並疏被短毛。孢膜短線形至 J 形，偶為圓腎形。

　　零星分布於全島中高海拔森林下。

小羽片近無柄，邊緣鋸齒。

羽軸近軸面具短刺

葉三角狀卵形，二回羽狀複葉。

孢膜短線形至 J 形，偶為圓腎形。

根莖短直立；葉柄基部被淡褐色狹披針形鱗片。

蹄蓋蕨屬未定種1

屬名　蹄蓋蕨屬
學名　*Athyrium* sp. 1

形態接近蓬萊蹄蓋蕨（*A. tozanense*，見第42頁），區別為根莖短匍匐或斜倚，葉軸光滑無毛，基羽片常稍短於相鄰羽片，羽片柄短於3公釐，且小羽軸（或較小個體之末裂片中肋）近軸面之軟刺不顯著或明顯短於羽軸之軟刺。

　　分布於中部高海拔山區，生長於冷杉或圓柏林下濕潤坡面。

羽片具短柄

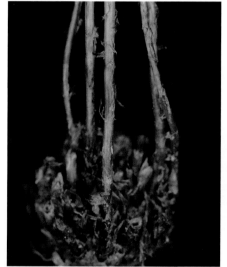

葉柄基部被褐色披針形鱗片

羽軸近軸面之軟刺明顯長於小羽軸或末裂片中肋之軟刺

葉軸光滑；囊群短線形、J形或馬蹄形。

小羽片及末裂片先端具齒緣

二回羽狀裂葉至複葉

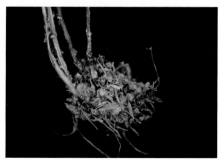

根莖粗大，短匍匐或斜倚。

蹄蓋蕨屬未定種2

屬名　蹄蓋蕨屬
學名　*Athyrium* sp. 2 (*A.* aff. *christensenianum*)

外觀接近毛葉貞蕨 (*A. decurrentialatum* var. *pilosellum*，見第20頁)，但本種葉卵形至卵狀三角形，達三回深裂，葉軸及羽軸之毛被較短而疏。其形態近似於分布東亞之 *A. christensenianum*，仍待後續確認。

　　偶見於中部中高海拔山區針葉林或混合林下。

葉軸及羽軸遠軸面被毛；囊群無孢膜。

葉達三回羽狀中至深裂

羽片先端朝葉先端彎曲；小羽片長橢圓狀披針形。

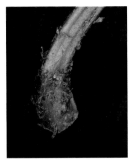
葉柄基部疏被貼伏之褐色披針形鱗片

葉近軸面光滑無毛；葉軸與羽軸交界處具肉突。

生長於中海拔濕潤林緣環境

根莖橫走

對囊蕨屬 DEPARIA

根莖多樣，從長橫走至短直立皆有，被全緣或鋸齒緣鱗片。葉片單葉至三回羽狀複葉，葉軸及羽軸上之溝不相通，葉脈游離或網狀。孢子囊群多樣，線形、馬蹄形、J字形、圓形皆有，具孢膜或無。

逆羽假蹄蓋蕨

屬名	對囊蕨屬
學名	*Deparia deflexa* (Kunze) L.Y.Kuo, M.Kato & W.L.Chiou

形態上與假蹄蓋蕨（*D. petersenii*，見第 51 頁）相似，主要差別為本種為夏綠性，葉遠生，具較長葉柄，羽片質地較薄。本種過往錯誤鑑定為昆明假蹄蓋蕨（*D. longipes*）。

在台灣分布於中北部中海拔山區。

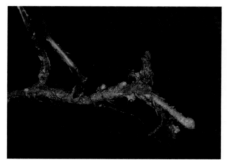

根莖長橫走，葉遠生。

葉柄基部被褐色披針形鱗片

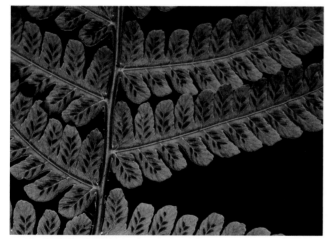

葉末裂片斜方形，先端近截形。

孢膜短腸形，著生於脈之一側。

葉二回羽狀深裂，基羽片顯著反折。

假腸蕨

屬名	對囊蕨屬
學名	*Deparia formosana* (Rosenst.) R.Sano

　　根莖直立，頂端與葉柄基部被褐色披針形鱗片。葉叢
生，葉片卵狀橢圓形，一回羽狀深裂至複葉，側生羽
片約 1 至 3 對，頂羽片基部與葉軸合生，葉脈網狀。
孢子囊群線形，具孢膜。

　　在台灣分布於低至中海拔潮濕森林環境。

葉柄綠色，基部被淺褐色披針形鱗片。

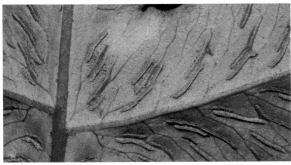
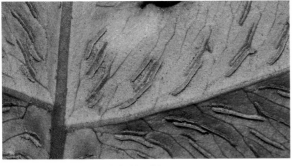

孢子囊群線形，具孢膜，著生於脈之一側。

小型個體具披針形單葉

葉軸上部具翼，葉脈網狀。

葉面常有淡色斑塊

葉片卵狀橢圓形，一回羽狀深裂至複葉。

亞蹄蓋蕨

屬名　對囊蕨屬
學名　*Deparia jiulungensis* (Ching) Z.R.Wang

根莖直立或斜生，先端連同葉柄密被褐色闊披針形鱗片。葉叢生，葉軸及羽軸遠軸面密被節狀毛，葉片長橢圓形，二回羽狀深裂，中下部約 5 至 10 對羽片漸次短縮為三角狀，葉脈游離。孢子囊短腸形，每裂片有 2 至 5 對，約占據小脈長度之三分之二，具孢膜。本種過往錯誤鑑定為 *D. allantodioides*。

　　在台灣主要分布於中央山脈高海拔針葉林及混合林林下及林緣。

葉二回羽狀深裂，裂片邊緣鋸齒。

葉軸及羽軸密被節狀毛

孢子囊群短腸形，每裂片有 2 至 5 對，具孢膜。

長於高海拔潮濕邊坡環境

葉柄綠色，密被褐色闊披針形鱗片。

單葉對囊蕨

屬名　對囊蕨屬
學名　*Deparia lancea* (Thunb.) Fraser-Jenk.

根莖匍匐狀，連同葉柄被黑色披針形鱗片。葉遠生，葉片披針形，兩端漸狹，邊緣全緣或略呈波狀，中脈兩面均明顯。孢子囊群線形，通常多分布於葉片上半部，沿側脈斜生，單生或偶有雙生，孢膜全緣。

廣泛分布於全島中低海拔潮濕山區。

囊群成熟時孢膜邊緣反捲

每一側脈上具一至二個線形孢膜

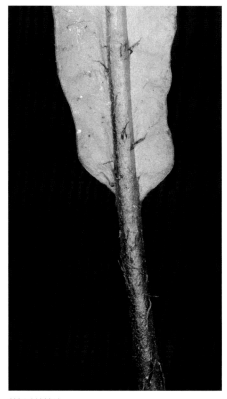
葉柄疏被鱗片

群生於低海拔溪流兩岸遮蔭土坡

葉全緣，葉脈游離。

單葉，線狀披針形。

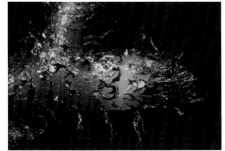
根莖橫走，連同葉柄被黑色披針形鱗片。

假蹄蓋蕨

屬名　對囊蕨屬
學名　*Deparia petersenii* (Kunze) M.Kato

根莖橫走，先端連同葉柄及葉軸被黃褐色披針形鱗片，並疏被節狀毛。葉近生，形態變化大，大抵上為披針形至卵狀披針形，二回羽狀淺至深裂，各級軸及脈兩面均被節狀毛，葉脈游離。孢子囊群短線形，具孢膜。

　　廣泛分布於中低海拔地區，為低海拔常見蕨類之一。目前在台灣鑑定為「假蹄蓋蕨」之族群在葉片形態及毛被等特徵存在相當程度之變異，極可能包含數個分類群，然因近緣種間之分類困難，實際情況仍待更深入詳實之研究。

葉全面被節狀毛，葉柄及葉軸有時雜有披針形開展鱗片。

根莖橫走，連同葉柄基部疏被褐色披針形鱗片。

囊群短線形，孢膜邊緣撕裂狀。

常成片生於半開闊環境

葉形變化多端，大體上為二回羽狀裂葉，基羽片之形態或開展角度常與相鄰羽片稍有差異。

南洋假鱗毛蕨

屬名　對囊蕨屬
學名　*Deparia subfluvialis* (Hayata) M.Kato

根莖斜生，葉叢生，葉柄基部疏被深褐色披針形鱗片。葉片闊卵形，二回羽狀複葉至三回羽狀裂葉，小羽片無柄，近長方形，邊緣鈍鋸齒。孢子囊群生於側脈中部或小脈分岔處，在主脈兩側各排成一列，孢膜圓腎形。

　　在台灣主要分布於中海拔山區。

葉柄及葉軸疏被黑色節狀毛　　　　　葉柄綠色，被棕色鱗片。

孢膜圓腎形，生於側脈中部或小脈分岔處，在主脈兩側各成一列。　　小羽片無柄，近長方形，邊緣鈍鋸齒。

植株大型　　　　　　　　　　　　　　　葉片闊卵形，二回羽狀複葉至三回羽狀裂葉。

羽裂葉對囊蕨

屬名　對囊蕨屬

學名　*Deparia* × *tomitaroana* (Masam.) R.Sano

本種於形態上與單葉雙蓋蕨非常相似，主要差別為本種葉片基部羽裂或瓣裂，推定為單葉對囊蕨（*D. lancea*，見第50頁）與假蹄蓋蕨（*D. petersenii*，見第51頁）之雜交種。

　　偶見於低海拔山區。

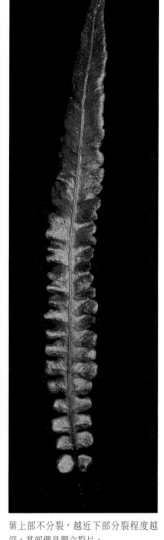

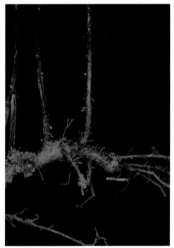

囊群線形，位於小脈之單側或二側。

群生於林下土坡

根莖橫走，葉柄黑色。

葉上部不分裂，越近下部分裂程度越深，基部偶具獨立裂片。

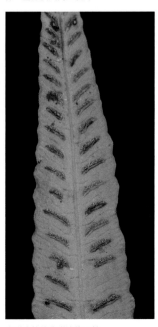

葉線狀披針形

囊群成熟後孢膜邊緣反捲

東亞假鱗毛蕨

屬名　對囊蕨屬
學名　*Deparia unifurcata* (Baker) M.Kato

根莖橫走，葉遠生，葉柄基部被披針形及線形之開展鱗片，二回羽狀裂葉。孢子囊群小，具圓腎形孢膜。

　　在台灣偶見於東部中海拔石灰岩地帶之森林邊緣。

葉軸、羽軸、葉表具蠕蟲狀毛。

葉柄基部被先端深褐色之披針形及線形鱗片

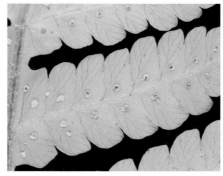

孢子囊群小，圓腎形。

根莖橫走

葉卵狀長橢圓形，二回羽狀裂。

葉軸及羽軸基部被黑褐色小型鱗片

對囊蕨屬未定種 1

屬名　對囊蕨屬
學名　*Deparia* sp. 1

外觀接近亞蹄蓋蕨（*D. jiulungensis*，見第 49 頁），最顯著之差異在於葉柄及葉軸遠軸面有一條黑帶，此外葉片之毛被物也較短。

在台灣分布於中北部海拔 2,500 ～ 3,100 公尺高山環境，生長於針葉林下濕潤處。

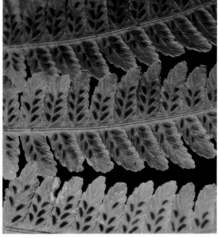

葉末裂片鈍齒緣，小脈不分岔。

葉軸及羽軸近軸面密被多細胞毛

近基部數對羽片漸短縮

囊群短線形，略彎曲。

根莖及葉柄基部被紅棕色闊披針形鱗片

生長於針葉林下濕潤坡面

葉柄及葉軸遠軸面有一黑色帶為本種顯著特徵

對囊蕨屬未定種 2

屬名 對囊蕨屬
學名 *Deparia* sp. 2

外觀接近亞蹄蓋蕨（*D. jiulungensis*，見第 49 頁），主要差異在於本種葉柄及葉軸遠軸面毛被物極疏，以肉眼觀察近似光滑，葉片基部僅 2 至 3 對羽片漸次短縮，且孢子囊群略短，約占據小脈長度之二分之一。與對囊蕨屬未定種 1（*D. sp. 1*，見第 55 頁）之區別為本種葉軸遠軸面不具黑色帶。

在台灣僅發現於南湖大山北側坡面，生長於高海拔冷杉林下。

葉叢生，二回羽狀深裂。

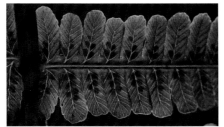

葉末裂片淺鈍齒緣或近全緣，小脈不分岔。

孢膜短腸形，邊緣撕裂狀。

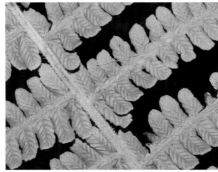

葉軸及羽軸近軸面密被多細胞毛

根莖粗大直立

生長於冷杉林下濕潤坡面

葉柄毛被極疏，基部被褐色闊披針形鱗片。

對囊蕨屬未定種3

屬名　對囊蕨屬
學名　*Deparia* sp. 3

形態上與單葉對囊蕨（*D. lancea*，見第50頁）非常相似，主要差別為本種側脈基部於葉遠軸面常顯著可見，葉片基部截形至淺心形，葉柄鱗片稍密。

　　在台灣零星分布於北部、東部及南部海拔500～1,600公尺山區，生長於闊葉林下濕潤土坡。

葉背葉脈明顯可見；囊群線形。

葉柄密被鱗片

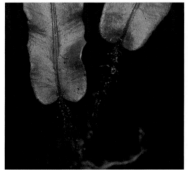

葉基心形，葉柄密被黑色鱗片。

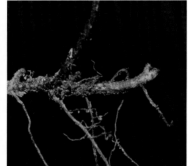

根莖橫走

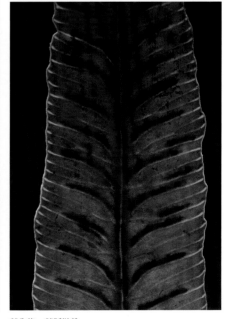

葉叢生

葉線狀披針形

葉全緣，葉脈游離。

雙蓋蕨屬 DIPLAZIUM

根莖橫走，直立或斜生皆有，被全緣或鋸齒緣鱗片。葉片卵圓形至三角形，一回至三回羽狀複葉為主，葉脈游離。孢子囊群線形或短腸形，常同時分布於一條脈之兩側，具孢膜。

隱脈細柄雙蓋蕨

屬名	雙蓋蕨屬
學名	*Diplazium aphanoneuron* Ohwi

形態上與細柄雙蓋蕨（*D. donianum*，見第 65 頁）相似，主要差別為本種羽片側脈於遠軸面不顯著可見，此外羽片質地稍厚且邊緣常近全緣。

　　零星分布於全島亞熱帶闊葉林下。

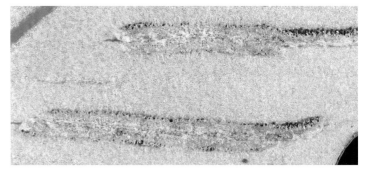
孢膜邊緣流蘇狀

葉脈於葉遠軸面不顯著可見，為本種重要特徵。

孢子囊群長線形，大多生於側脈組第一分支之單側或二側。

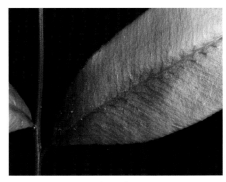
葉革質，基部楔形，邊緣近全緣。

葉柄基部被褐色披針形鱗片

一回羽狀複葉，羽片橢圓狀披針形，頂羽片與側羽片近同型。

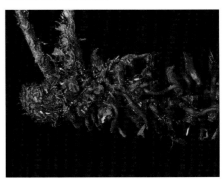
根莖橫走

中華雙蓋蕨

屬名　雙蓋蕨屬
學名　*Diplazium chinense* (Baker) C.Chr.

夏綠型植物，根莖橫走，密被褐色披針形鱗片。葉片三角形，二至三回深羽裂，末裂片邊緣粗鋸齒，葉脈游離。孢子囊群長橢圓形，生於小脈中部或接近主脈。

　　在台灣僅見於恆春半島及台東低海拔山區。

小脈 2 至 3 岔

生於低海拔闊葉林下透空處

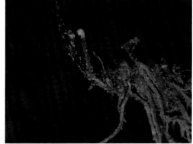

根莖橫走狀

葉末裂片粗齒緣

葉三回深裂

孢膜線形，著生於小脈中部或接近主脈。

邱氏雙蓋蕨 特有種

屬名　雙蓋蕨屬

學名　*Diplazium chioui* T.C.Hsu

形態接近馬鞍山雙蓋蕨（*D. maonense*，見第 76 頁）與裂葉雙蓋蕨（*D. lobatum*，見第 75 頁），三種均為一回羽狀複葉且頂羽片基部有不規則之小型裂片或羽片。本種特徵為羽片長約 9 ～ 16 公分，頂羽片表面大致平坦，基部通常僅有 1 至 2 對小型裂片或羽片；側羽片常為 4 至 5 對，近先端淺鋸齒緣，其餘近全緣。此外，本種基羽片基部常稍呈耳狀，且孢膜窄於 0.3 公釐。

　　特有種，零星分布於台北、新北及宜蘭低海拔山區，生長於亞熱帶闊葉林林下或林緣地帶。

基羽片基部常稍呈耳狀

頂羽片基部大多具有 1 至 2 對裂片或小型羽片。

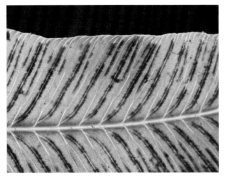

囊群占據側脈大部分長度

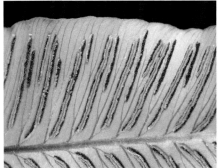

孢膜狹窄，未完全覆蓋囊群。

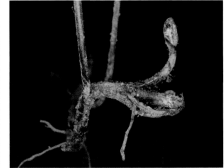

根莖橫走

葉色深綠，側羽片常 4 至 5 對。

葉柄基部被深褐色披針形鱗片

邊生雙蓋蕨

屬名 雙蓋蕨屬

學名 *Diplazium conterminum* Christ

根莖斜升。葉片二回羽狀複葉，羽片明顯具柄，基部淺心形。孢子囊群短腸形，靠近裂片邊緣。

在台灣零星分布於北部低海拔闊葉林下。

孢膜多集中於裂片邊緣生長

孢子囊群短腸形，近裂片邊緣生。

小羽片披針形，基部淺心形。

三回羽狀裂葉

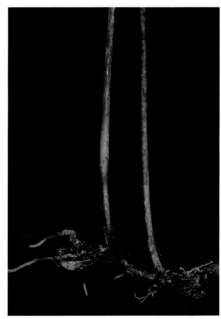

根莖長橫走

厚葉雙蓋蕨

屬名　雙蓋蕨屬

學名　*Diplazium crassiusculum* Ching

形態上與細柄雙蓋蕨（*D. donianum*，見第 65 頁）相似，主要差別為本種之葉片質地較厚，側羽片常為互生，孢子囊群絕大多數僅生於側脈組基上側分支之近軸一側。

　　在台灣零星分布於新竹及宜蘭以北海拔 700 ～ 1,500 公尺山區，生長於闊葉林林隙間濕潤坡面。

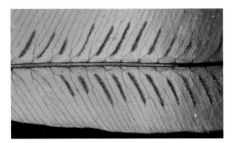

孢膜線形，成熟時反捲。

囊群大多僅生於側脈組基上側分支之近軸一側

羽片全緣，葉脈游離。

根莖短橫走

根莖及葉柄基部被深黑褐色鱗片

生於中海拔溝谷濕潤邊坡

葉厚革質，表面可見葉脈刻痕。

廣葉鋸齒雙蓋蕨

屬名　雙蓋蕨屬
學名　*Diplazium dilatatum* Blume

植株大型，根莖直立或橫走。葉柄基部密被褐色線狀披針形鱗片，葉片二至三回羽狀分裂，側羽片達 14 對，小羽片披針形，基部寬楔形至淺心形，淺鈍齒緣至圓齒狀淺至中裂，末裂片先端鈍圓或平截，邊緣淺鋸齒，葉脈游離。孢子囊群線形，常貼近中肋。本種在根莖形態、羽片分裂程度及小羽片形態等特徵存在許多變化，可能為一複合種群，其遺傳結構仍有待深入研究。

　　廣泛分布於台灣全島及蘭嶼之中低海拔森林底層，為本屬最常見之物種。

偶見一回羽狀複葉之成熟個體

孢膜線形著生於小脈一側

小羽片具柄，裂片圓齒狀，邊緣鋸齒。

葉表光滑，具光澤。

植株大型，葉片二至三回羽狀分裂。

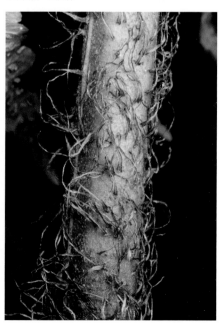

葉柄基部密生褐色線狀披針形鱗片

德氏雙蓋蕨

屬名　雙蓋蕨屬
學名　*Diplazium doederleinii* (Luerss.) Makino

葉片二至三回羽狀分裂。孢子囊群粗短線形，大多單生於靠近小羽片中肋。

　　在台灣廣泛分布於全島中低海拔闊葉林下。

葉末裂片寬大呈長方形，邊緣鋸齒，多少相互覆蓋。

孢子囊群粗短線形，大多單生於靠近小羽片中肋。

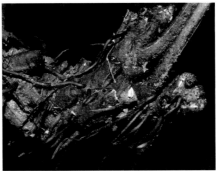

根莖粗壯，長橫走。

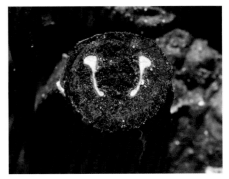

葉柄維管束近 U 形分布

植株大型；葉卵狀三角形，三回羽裂。

葉柄基部疏被貼伏之卵狀披針形鱗片

細柄雙蓋蕨

屬名　雙蓋蕨屬
學名　*Diplazium donianum* (Mett.) Tardieu

根莖長橫走，被黑褐色披針形鱗片。葉片橢圓形，奇數一回羽狀複葉，側羽片通常 2 至 5 對，卵狀披針形，邊緣鋸齒。廣泛分布於全島亞熱帶闊葉林下。

孢膜長線形，生於小脈單側或二側；葉脈明顯可見。

一回羽狀複葉，羽片狹披針形，具頂羽片，表面葉脈約略可見。

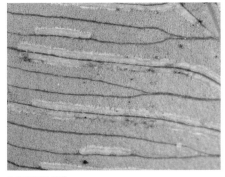

孢膜邊緣流蘇狀

側脈游離，常具 3 至 4 分支。

根莖橫走

群生於林緣開闊處（張智翔攝）

葉柄基部被黑褐色披針形鱗片

過溝菜蕨

屬名　雙蓋蕨屬
學名　*Diplazium esculentum* (Retz.) Sw. var. *esculentum*

根莖短直立，被褐色狹披針形鱗片。葉叢生，葉片三角形或闊披針形，一至二回羽狀複葉，羽片 12 至 16 對，小羽片先端漸尖，基部截形，邊緣鋸齒淺裂，葉脈基部之側脈連結，形成小毛蕨脈形。

　　在台灣廣泛分布於全島低海拔地區。

二回羽狀複葉

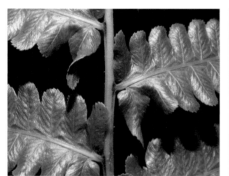

葉軸及羽軸光滑

孢子囊群線形，著生於脈之一側或偶兩側。

小羽片邊緣圓齒狀，具尖鋸齒。

生長於開闊而濕潤之環境

葉脈互相接合，形成網眼。

毛過溝菜蕨

屬名	雙蓋蕨屬
學名	*Diplazium esculentum* (Retz.) Sw. var. *pubescens* (Link) Tardieu & C.Chr.

與承名變種（過溝菜蕨，見前頁）之區別特徵為葉軸及羽軸上密被毛。

　　在台灣僅見於中部低海拔地區。

葉軸及羽軸密被細長柔毛

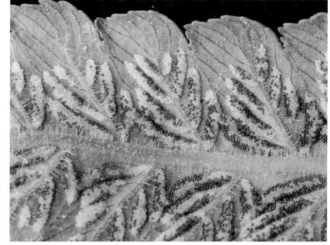

囊群線形

部分小脈相連形成網眼

葉柄基部被棕色披針形鱗片

二回羽狀複葉

小羽片披針形

小葉雙蓋蕨

屬名　雙蓋蕨屬

學名　*Diplazium fauriei* Christ

為深山雙蓋蕨複合群（*D. mettenianum* complex）之成員之一，本種特徵為葉一回羽狀複葉，披針形至卵狀披針形，羽片不裂或鈍齒狀至圓齒狀淺裂，裂片近全緣或淺鋸齒緣。

　　在台灣主要分布於中海拔山區。本書暫依新發表之台灣蕨類名錄將本種與深山雙蓋蕨（*D. mettenianum*，見第 78 頁）分開，然而此複合群內之親緣演化關係極其複雜，野外存在許多難以歸類之族群，仍有待後續之研究釐清。

囊群弧狀線形，大多於羽軸兩側各一排。

基羽片基部常為楔形，明顯具柄。

羽片邊緣鋸齒不顯著

側脈於近軸面顯著下陷（陳慧珠攝）

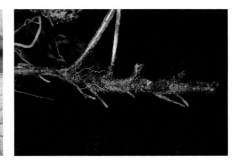

根莖橫走

葉披針形至卵狀披針形，一回羽狀複葉。（陳慧珠攝）

葉柄基部被深褐色線狀披針形鱗片

翅柄雙蓋蕨

屬名	雙蓋蕨屬
學名	*Diplazium incomptum* Tagawa

根莖斜生。葉片披針形，二回羽狀深裂至複葉，側羽片 8 至 10 對，末裂片長方形，先端鈍圓，邊緣有波狀小齒，葉脈游離。孢子囊群短腸形，大多單生於小脈中部。

　　在台灣分布於南北兩端之亞熱帶闊葉林下。

根莖斜生，葉柄黑色，基部被棕色鱗片。

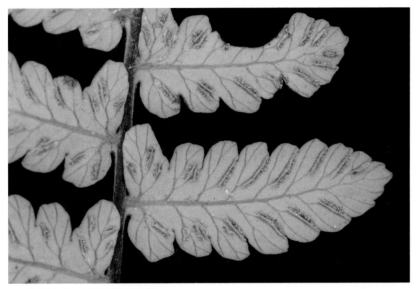

孢子囊群短腸形，大多單生於小脈中部。

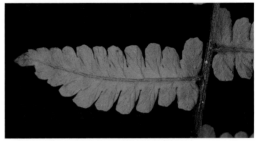

葉末裂片長方形，先端鈍圓，邊緣有波狀小齒。

葉片披針形，二回羽狀深裂至複葉。

川上氏雙蓋蕨

屬名　雙蓋蕨屬
學名　*Diplazium kawakamii* Hayata var. *kawakamii*

根莖匍匐狀。葉柄基部被黑褐色闊卵形鱗片，葉近生，葉片三角形，三回羽狀裂葉，葉軸上具肉刺為本種最主要的鑑別特徵。

　　廣泛分布於中海拔潮濕山區。

末裂片邊緣不規則鋸齒狀

葉柄基部密被長肉刺

孢膜明顯拱起呈腸形，不規則開裂。

葉柄被褐色闊卵形鱗片

葉片卵狀三角形，三回羽狀裂葉。

亞光滑川上氏雙蓋蕨

屬名　雙蓋蕨屬

學名　*Diplazium kawakamii* Hayata var. *subglabratum* Tagawa

與承名變種（川上氏雙蓋蕨，見前頁）主要差別為
本種之葉柄不具肉刺。

　　偶見於中海拔山區濕潤林下。

孢膜短腸形，貼近小羽軸。

葉末裂片先端圓鈍，邊緣不規則鋸齒狀。

葉柄光滑，不具長肉刺。

葉片卵狀三角形，三回羽狀裂葉。

凱達格蘭雙蓋蕨 特有種

屬名　雙蓋蕨屬
學名　*Diplazium ketagalaniorum* T.C.Hsu

形態近似細柄雙蓋蕨（*D. donianum*，見第 65 頁），區別為本種羽片邊緣牙齒狀，且側脈之分支有時匯合而形成網眼。

　　特有種，目前僅發現於新北與基隆交界處一帶之山區，生長於低海拔闊葉林下。

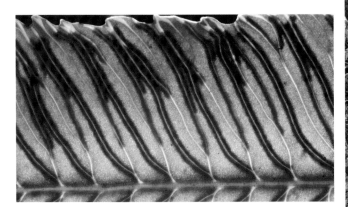

側脈有時匯合形成網眼

一回羽狀複葉，頂羽片與側羽片同型。

生於低海拔闊葉林下坡面

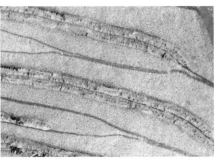

囊群沿小脈二側或單側生長，孢膜邊緣流蘇狀。

羽片下部漸狹，最基部常近截形，具短柄。

葉柄基部被深褐色披針形鱗片

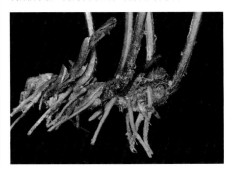

根莖短橫走

郭氏雙蓋蕨 特有種

屬名　雙蓋蕨屬
學名　*Diplazium kuoi* T.C.Hsu

根莖橫走。葉一回羽狀複葉，卵形至卵狀三角形，葉先端突窄縮為羽狀分裂之尾尖，不具有獨立頂羽片；側羽片 3 至 7 對，粗鋸齒緣至圓齒狀淺至中裂，裂片淺鈍齒緣。孢子囊群線形，生於側脈分支中段；孢膜狹窄，常為成熟孢子囊掩蓋。

　　特有種，零星分布於新北萬里至貢寮一帶低海拔山區，生長於闊葉林或竹林下透空處。

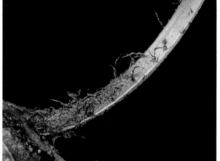

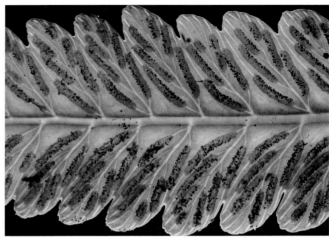

孢膜線形

側脈羽狀，小脈均游離。

囊群成熟後常完全掩蓋孢膜

葉柄基部被褐色狹披針形鱗片

根莖橫走

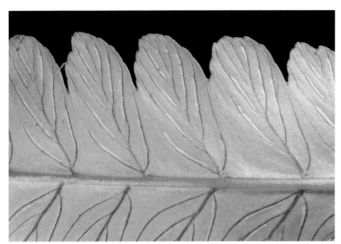

一回羽狀複葉，側羽片圓齒狀淺至中裂。

葉先端突收狹為尾狀，不具獨立頂羽片。

疏葉雙蓋蕨

屬名　雙蓋蕨屬

學名　*Diplazium laxifrons* Rosenst.

根莖粗而直立，先端密被褐色鱗片。葉叢生，葉片三角形，三回羽狀分裂，可長達1.5公尺，小羽片長方形，先端鈍圓或平截，邊緣淺鋸齒，葉脈游離。孢子囊群短線形，接近主脈，長可達小脈長度的三分之二。

　　廣泛分布於台灣全島中低海拔闊葉林下。

葉大型，三角形，三回羽狀分裂。

嫩葉葉柄及葉軸疏被褐色鱗片

小羽片基上側裂片略小於相鄰羽片，基下側裂片略大。

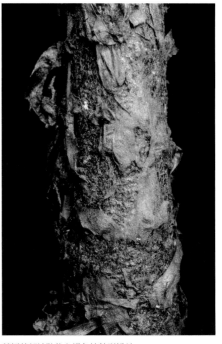

葉柄基部被貼伏之褐色披針形鱗片

小羽片長方形，先端鈍圓或平截，邊緣鈍鋸齒狀。

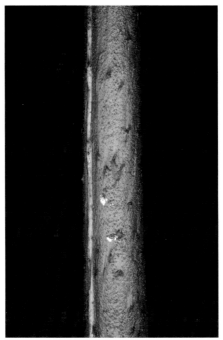

葉柄鱗片易脫落，原鱗片著生處呈疣狀突起。

孢膜短腸形，幾乎占滿整個裂片。

裂葉雙蓋蕨

屬名　雙蓋蕨屬
學名　*Diplazium lobatum* (Tagawa) Tagawa

形態上與細柄雙蓋蕨（*D. donianum*，見第 65 頁）相似，但本種之頂羽片下部波狀起伏且不規則瓣裂，且最基部常有一至數對分離之裂片。

在台灣間斷分布於北部、南投、恆春半島東側及蘭嶼之低海拔山區，常生於稜線附近通風良好之闊葉林下。

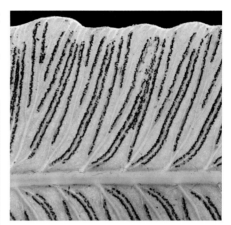

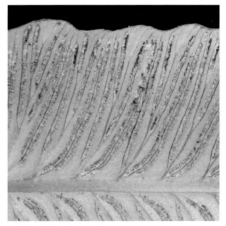

側脈分支大致平行且等距，先端抵達葉緣。

頂羽片基部常有完全分離之小型裂片

孢膜邊緣流蘇狀

根莖橫走

囊群線形，生於側脈單側或兩側。

頂羽片基部不規則起伏及瓣裂

葉柄基部被貼伏之黑褐色披針形鱗片

馬鞍山雙蓋蕨

屬名　雙蓋蕨屬
學名　*Diplazium maonense* Ching

葉卵形至卵狀橢圓形，一回羽狀複葉，頂羽片與側羽片近同形，但基部常有 1 至 2 對裂片或小型羽片；側羽片 3 至 6 對，長橢圓狀披針形，邊緣粗鈍齒狀。

　　在台灣可見於台北、新北、基隆及宜蘭北部淺山闊葉林下。於新北烏來山區尚有一特殊族群，側羽片可達 8 對，呈狹長之披針形，地位有待確認。

羽片邊緣粗鈍齒狀，基部圓至淺心形。

羽片較長的變異族群

孢子囊成熟時幾乎將孢膜完全掩蓋

孢膜線形，近全緣。

根莖長橫走，被深褐色披針形鱗片。

一回羽狀複葉，側羽片 3 至 6 對。

頂羽片基部瓣裂或有小型羽片

大葉雙蓋蕨

屬名	雙蓋蕨屬
學名	*Diplazium megaphyllum* (Baker) Christ

根莖粗大直立。葉片一回羽狀複葉,羽片可寬達 4 公分。
　　在台灣僅見於花蓮及南投一帶低海拔石灰岩地區。

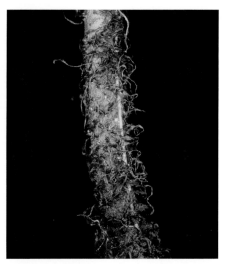

孢膜明顯鼓起呈腸形

囊群成熟時孢膜不規則開裂

葉柄褐色,密被褐色鱗片。

葉一回羽狀複葉,大型。

深山雙蓋蕨

屬名	雙蓋蕨屬
學名	*Diplazium mettenianum* (Miq.) C.Chr.

為深山雙蓋蕨複合群（*D. mettenianum* complex）之成員之一，共通特徵為根莖橫走；葉一至二回羽狀複葉，不具獨立頂羽片；羽片質地較硬，近軸面光亮，葉脈凹陷；囊群生於小脈單側，或僅於羽軸兩側各一排背靠背生於小脈兩側，常呈弧狀；孢膜大致平貼，不呈腸形鼓起，全緣。本種特徵為葉三角狀披針形至長橢圓狀披針形，二回淺裂至接近全裂，形態約略介於小葉雙蓋蕨（*D. fauriei*，見第 68 頁）與廣葉深山雙蓋蕨（*D. petrii*，見第 81 頁）之間。

在台灣廣泛分布於低至中海拔山區，生長於濕潤之森林環境。

羽片質地厚，側脈凹陷。

側羽片狹披針形，明顯具柄。

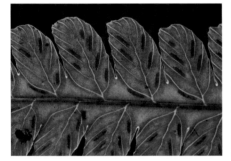
葉末裂片略歪斜，淺鈍齒緣。

囊群線形，孢膜全緣。

根莖橫走

葉二回羽狀淺至深裂

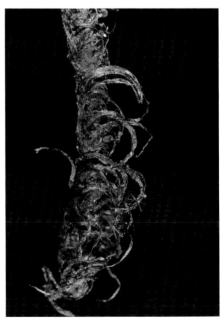
葉柄基部被深褐色狹披針形鱗片

琉球雙蓋蕨

屬名　雙蓋蕨屬
學名　*Diplazium okinawaense* Tagawa

根莖細長橫走。葉片二回羽狀複葉，小羽片基部心形。孢子囊群短線形貼近末裂片中肋。

　　在台灣主要分布於北部及東部低海拔亞熱帶闊葉林下，其它區域少見。

小羽片基部心形

二回羽狀複葉，達三回中裂。

根莖細長橫走

囊群短線形，生於小脈較接近中肋處。

葉末裂片方形，先端近截形。

葉柄基部被深褐色披針形鱗片

基羽片具長柄，小羽片具短柄或近無柄。

假耳羽雙蓋蕨

屬名　雙蓋蕨屬
學名　*Diplazium okudairae* Makino

形態上與鋸齒雙蓋蕨（*D. wichurae*，見第 89 頁）相近，但本種葉片質地較薄，羽片先端不明顯延長，且羽片柄較短。

在台灣僅見於南投中海拔林下，著生於潮濕岩壁。

孢膜線形，著生於脈之一側。

側脈於近軸面凹陷

側羽片鐮形，邊緣不規鋸齒狀。

生長於林緣濕潤山壁

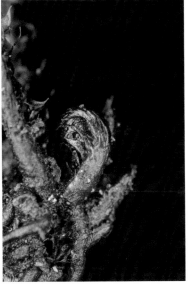

葉柄密被棕色鱗片

廣葉深山雙蓋蕨

屬名　雙蓋蕨屬
學名　*Diplazium petrii* Tardieu

為深山雙蓋蕨複合群（*D. mettenianum* complex）成員之一。本種特徵為葉三角形至卵狀三角形，至少二回羽狀深裂至羽軸，可達三回裂葉；基羽片具 1.5 公分以上之長柄，且基部常有獨立之小羽片。

　　在台灣廣泛分布於全島低至中海拔山區，生長於濕潤森林環境，常與複合群內其它成員混生。

基羽片具長柄

葉末裂片鋸齒緣，小脈常二岔。

孢膜大致平坦，不呈腸形。

囊群線形，生於小脈單側。

根莖橫走

葉至少二回深裂至羽軸

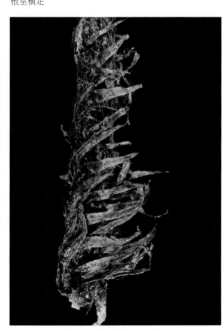

葉柄基部被褐色至深褐色狹披針形鱗片

多生菜蕨

屬名　雙蓋蕨屬
學名　*Diplazium proliferum* (Lam.) Thouars

根莖直立。葉為一回羽狀複葉，長可達
1公尺以上，葉軸近軸面常生有複數之
不定芽；側羽片闊披針形，粗鈍齒緣，
小脈相接形成網眼。孢子囊群線形，生
於小脈單側或二側。

　　在台灣僅屏東山區有一次發現紀
錄，生育環境及族群現況不明。本書照
片攝自原生族群之栽培個體。

一回羽狀複葉，側羽片闊披針形。

頂羽片三角形，基部羽裂，與側羽片不同型。

囊群線形

根莖直立

葉軸近軸面常有不定芽

葉柄基部被褐色狹披針形鱗片

擬德氏雙蓋蕨

屬名　雙蓋蕨屬
學名　*Diplazium pseudodoederleinii* Hayata

植株大型，葉可長達 2.5 公尺，三回羽狀裂葉，葉柄基部被褐色披針形鱗片。

　　在台灣廣泛分布於全島低至中海拔濕潤森林環境，常生長於林緣、林隙間或溪流周邊透空處。

葉末回裂片先端圓，具鈍齒緣。

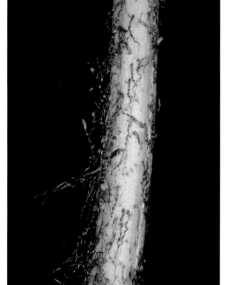

葉柄綠色，被棕色鱗片。

囊群短線形，成熟時完全掩蓋孢膜。

根莖粗大直立，葉簇生。

生長於濕潤林緣環境

葉大型，三回羽狀深裂。

樸氏雙蓋蕨

屬名	雙蓋蕨屬
學名	*Diplazium pullingeri* (Baker) J.Sm.

全株密被白色長毛為本種最主要之鑑別特徵。葉片一回羽狀複葉，先端漸狹，不具獨立頂羽片；側羽片密集排列，鐮形，無柄，基上側耳狀突起。

在台灣主要分布於本島南北兩端受東北季風影響而雨量較豐沛之區域，其它地區少見；生於低至中海拔濕潤林下山壁或溝谷兩側。

孢膜長線形，著生於脈之一側，幾乎占滿整個羽片。

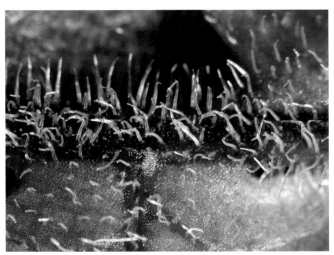

葉軸密被白色長毛

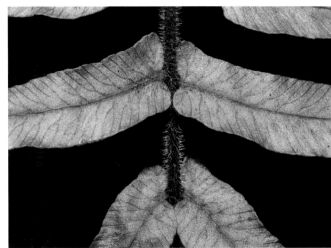

羽片近無柄，基部多少抱莖。

葉橢圓披針形，一回羽狀複葉，側羽片鐮形。

葉柄基部被黃褐色披針形鱗片

粗柄雙蓋蕨

屬名　雙蓋蕨屬
學名　*Diplazium sikkimense* (Clarke) C.Chr.

形態接近疏葉雙蓋蕨（*D. laxifrons*，見第 74 頁），但本種葉柄基部具長而捲曲的黑褐色鱗片，且葉軸上具粗糙突起。

在台灣曾發現於台東山區，近年無可靠野外報導。本文照片為栽培於台東，來源未明之個體。

囊群線形，占據小脈大部分長度。

葉柄基部密被黑色絲狀鱗片

小羽片披針形，具短柄。

葉軸、羽軸散生小瘤狀突起。

葉末裂片方形，淺鋸齒緣。

植物體大型，二回羽狀複葉。

長孢雙蓋蕨

屬名　雙蓋蕨屬

學名　*Diplazium squamigerum* (Mett.) Matsum.

根莖短匍匐，密被褐色披針形鱗片。葉近生，葉片三角形，二回羽狀複葉，裂片頂端圓鈍，邊緣全緣或略有細鋸齒。孢子囊群線形。

分布於海拔 2,000 ～ 3,000 公尺山區，生於混合林或針葉林下濕潤處。

根莖斜生

小羽片闊卵形，邊緣鋸齒。

孢膜線形，著生於脈之一側，彎曲狀。

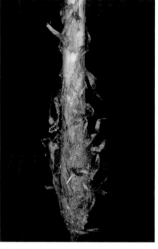

葉柄被棕色鱗片

葉片卵狀三角形，二回羽狀複葉。

台灣雙蓋蕨

屬名 雙蓋蕨屬
學名 *Diplazium taiwanense* Tagawa

形態上與綠葉雙蓋蕨（*D. virescens*，見第 88 頁）接近，但本種之葉柄及葉軸上均被近黑色鱗片，羽片具短柄，基部楔形。孢子囊群位於小脈中段。

　　在台灣主要分布於北部低海拔闊葉林下，它處少見。

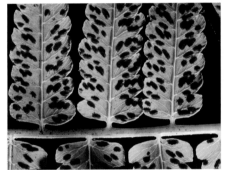

側脈游離

小羽片基部均為寬楔形為本種重要特徵

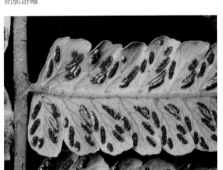

囊群短線形，位於小脈中段。

孢膜腸形，不規則開裂。

根莖先端及葉柄基部密被黑褐色披針形鱗片

葉片達三回淺裂

葉柄常全面覆有黑褐色鱗片

綠葉雙蓋蕨

屬名　雙蓋蕨屬
學名　*Diplazium virescens* Kunze

根莖短橫走，葉片二回羽狀複葉，小羽片基部心形，貼近羽軸，柄非常短。孢子囊群短線形，生於小脈中部。

在台灣主要分布於北部低海拔闊葉林下，其它區域較少見。

小羽片基部心形，貼近羽軸。

葉末裂片先端圓，近全緣或淺鋸齒緣。

小羽片披針形，淺羽裂。

囊群生於小脈中部

羽軸、小羽軸近軸面溝槽相通。

葉闊卵形，三回羽裂。

葉柄基部被黑褐色狹披針形鱗片

鋸齒雙蓋蕨

屬名　雙蓋蕨屬

學名　*Diplazium wichurae* (Mett.) Diels

葉片闊披針形，一回羽狀複葉，羽片鐮刀狀具短柄，基部上側具三角形的耳狀突起。

　　在台灣廣泛分布於全島暖溫帶闊葉林下。

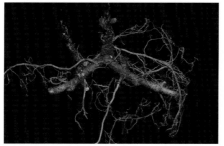

羽片基部具一耳狀突起，邊緣尖鋸齒。

根莖長橫走

葉一回羽狀複葉，披針形；側羽片鐮形。

孢膜多單生，著生於脈之一側。

葉緣尖鋸齒

常群生於山壁或土坡環境

雙蓋蕨屬未定種1

屬名　雙蓋蕨屬
學名　*Diplazium* sp. 1 (*D.* aff. *dilatatum*)

外觀近似廣葉鋸齒雙蓋蕨（*D. dilatatum*，見第 63 頁）與台灣雙蓋蕨（*D. taiwanense*，見第 87 頁），與前者區別為葉面光澤稍弱，孢子囊群與中肋有較大間隔，孢膜邊緣不規則嚙噬狀而非流蘇狀；與後者區別為葉柄鱗片黃褐色，孢子囊群較近中肋。

　　在台灣零星分布於台北及新北山區，常與多種該區域常見之雙蓋蕨屬物種混生。

上部羽片披針形，末裂片鋸齒緣。

完全發育之小羽片基部寬楔形，具短柄。

本種（左）葉面光澤較廣葉鋸齒雙蓋蕨（右）微弱

孢膜腸形，邊緣不規則嚙噬狀。

根莖橫走

二回羽狀複葉

葉柄基部被淡褐色狹披針形鱗片

雙蓋蕨屬未定種2

屬名　雙蓋蕨屬
學名　*Diplazium* sp. 2 (*D*. aff. *hachijoense*)

根莖橫走。葉柄基部疏被貼伏之褐色闊披針形鱗片。葉三角形至卵狀三角形，二回羽狀複葉，達三回深裂；小羽片披針形，近無柄，末裂片長橢圓至近方形，近全緣或淺粗鋸齒緣。孢子囊群短線形，生於小脈中段；孢膜平坦，全緣。

　　在台灣僅發現於台北大屯山一帶低海拔闊葉林下。本種形態接近分布東亞之薄蓋雙蓋蕨（*D. hachijoense*）。

葉三回羽狀深裂

葉柄基部疏被貼伏之褐色闊披針形鱗片

囊群位於小脈中段

根莖橫走

群生於闊葉林下

小羽片基部淺心形，緊貼於羽軸。

雙蓋蕨屬未定種3

屬名　雙蓋蕨屬
學名　*Diplazium* sp. 3 (*D.* aff. *ketagalaniorum*)

外觀接近裂葉雙蓋蕨（*D. lobatum*，見第75頁），但本種頂羽片中下部邊緣呈不規則粗齒狀，僅偶有1至2枚裂片或小型羽片；側羽片常為2至5對，長橢圓狀披針形；側脈多少不規則生長，常有部分不顯著可見，偶相接而形成網眼。

　　在台灣發現於新北與基隆交界山區。由形態及棲地狀態推測為與裂葉雙蓋蕨與凱達格蘭雙蓋蕨（*D. laxifrons*，見第72頁）有關聯之雜交起源物種，但仍待遺傳學之深入研究。

頂羽片基部不規則粗齒狀，偶有裂片或小型羽片。

側脈多少不規則生長，偶形成網眼。

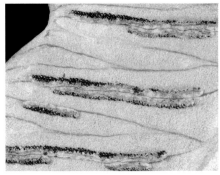

部分側脈不顯著可見；囊群線形，孢膜邊緣流蘇狀。

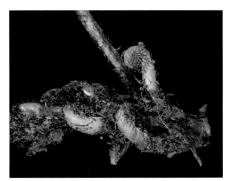

根莖橫走

羽片長橢圓狀披針形

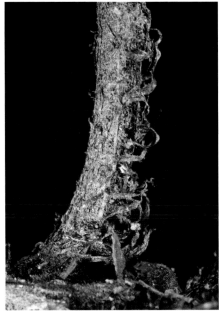

葉柄基部被褐色披針形鱗片

雙蓋蕨屬未定種4

屬名　雙蓋蕨屬
學名　*Diplazium* sp. 4 (*D.* aff. *laxifrons*)

形態接近疏葉雙蓋蕨（*D. ketagalaniorum*，見第74頁），但本種小羽片基上側裂片略大或近等大於相鄰裂片，末裂片先端鈍至銳尖，囊群僅占據約二分之一小脈長度。

　　在台灣僅發現於花蓮海岸山脈山區，生長於稜線上之濕潤闊葉林下。

葉末裂片鈍齒緣，先端鈍至銳尖。

小羽片三角狀披針形，基下側裂片明顯較大，基上側裂片略大或近等大於相鄰裂片。

囊群短線形，僅占小脈約一半長度。

囊群老熟時幾乎將孢膜掩蓋

根莖粗大直立，但老熟個體會傾倒而呈橫走狀。

葉長達2公尺，卵狀三角形，三回羽狀深裂。

葉柄中下部疏被貼伏之褐色闊披針形鱗片

雙蓋蕨屬未定種5

屬名　雙蓋蕨屬
學名　*Diplazium* sp. 5 (*D.* aff. *lobatum*)

外觀接近裂葉雙蓋蕨（*D. lobatum*，見第75頁），但本種羽片為狹長之披針形，頂羽片中下部更加不平整，常有多對裂片或小型羽片；側脈生長較不規則，部分分支未抵達葉緣；囊群分布略偏向葉緣，與羽軸及側脈組中軸有較大間隔；孢膜明顯鼓起呈腸形，邊緣嚙嚙狀而非流蘇狀。

　　在台灣零星分布於新北至基隆一帶淺山闊葉林下。

側脈4至5岔，部分小脈未達葉緣。

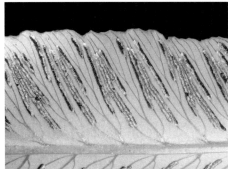

囊群分布偏向側脈組之邊緣，常與相鄰側脈組之囊群緊貼。

羽片色澤青綠，披針形。

頂羽片基部常有多對裂片或小型羽片

囊群分布稍近葉緣，與中軸有間隔。

葉柄基部被褐色披針形鱗片

成片生長於低海拔次生環境

雙蓋蕨屬未定種6

屬名 雙蓋蕨屬
學名 *Diplazium* sp. 6 (*D.* aff. *mettenianum*)

外觀接近深山雙蓋蕨（*D. mettenianum*，見第 78 頁），但植物體較大，葉長可達 1.3 公尺，質地略為柔軟，葉柄基部鱗片為淡褐色；羽片闊披針形，寬達 3 ～ 6 公分，下部羽片之末裂片鐮形，先端銳尖至漸尖。孢膜邊緣纖毛狀。

　　在台灣發現於新北中海拔山區，生長於雲霧盛行之稜線闊葉林下。

羽片寬 3 ～ 6 公分，末裂片鐮形，先端銳尖。

葉卵狀披針形，多為二回深裂。

大型個體基羽片達二回全裂

囊群基部接近中肋，孢膜邊緣纖毛狀。

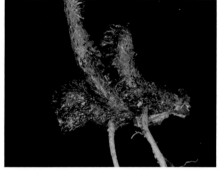

根莖橫走

生長於稜線附近闊葉林下

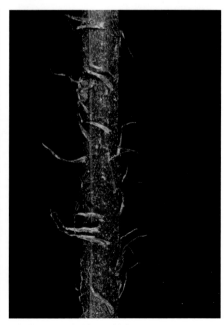

葉柄基部被淡褐色狹披針形鱗片

雙蓋蕨屬未定種 7

屬名　雙蓋蕨屬
學名　*Diplazium* sp. 7 (*D.* aff. *petrii*)

外觀接近廣葉深山雙蓋蕨（*D. petrii*，見第81頁），但植物體略大，葉達三回中裂，質地略薄；二回末裂片具淺鋸齒緣；三回末裂片先端平截，近全緣；側脈於近軸面不顯著凹陷。

　　在台灣發現於台東與屏東交界山區，生於中海拔雲霧盛行之闊葉林下。

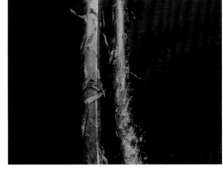

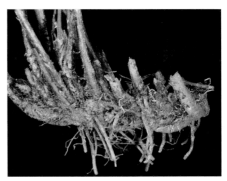

葉柄基部被褐色披針形鱗片，部分鱗片中央為深褐色。

囊群短線形，生於小脈一側。

基羽片具長柄

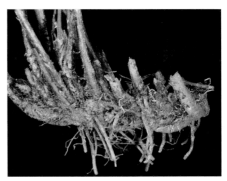

根莖橫走

二回末裂片先端圓至鈍，淺鋸齒緣。

三回末裂片先端近截形，邊緣近全緣。

葉達三回羽狀中裂

金星蕨科 THELYPTERIDACEAE

全世界約 950 種，5 至 30 個屬，泛世界熱帶地區分布。金星蕨科之屬間架構目前尚未釐清，需要更多的研究，本書暫時依據 PPG I 系統將台灣產材料歸於 13 個屬。本科成員種類極多，因此具有多樣的形態特徵，然而針狀毛是本科成員共同具有的特徵之一，針狀毛通常由單一細胞所構成，白色或透明，出現在葉面、葉邊緣以及根莖之鱗片上。孢子橢球形。

部分文獻紀載秦氏蕨（*Chingia ferox*）存在台灣，然目前僅見栽培個體，未有任何野生族群存在之明確證據，故本書未予收錄。

特徵

本科大多數類群為一回羽狀複葉及二回羽狀裂葉（毛囊紫柄蕨）

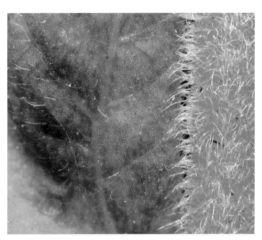

葉片各處被有針狀毛為本科共通特徵（密毛小毛蕨）

部分類群小脈接合形成三角形斜方形網眼，稱「小毛蕨脈型」；其有無及形式為重要分類依據。（星毛蕨）

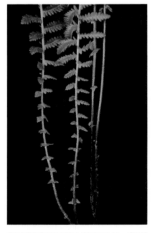

部分類群具短縮之基部羽片，其形式亦為重要鑑別依據。（縮羽副金星蕨）

部分類群具圓腎形孢子囊群，孢膜有或無。（疣狀假毛蕨）

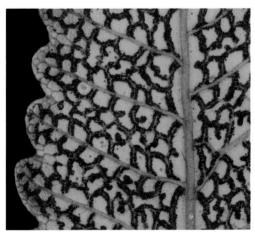

部分類群具沿脈生長之線形孢子囊群，無孢膜。（威氏聖蕨）

星毛蕨屬 AMPELOPTERIS

單 種屬，特徵見種描述。

星毛蕨

屬名	星毛蕨屬
學名	*Ampelopteris prolifera* (Retz.) Copel.

地生蔓性蕨類，根莖長橫走。葉片披針形，一回羽狀複葉，部分葉片具獨立頂羽片，部分葉片葉軸先端格外延展呈走莖狀並具有短縮之羽片，在羽片和葉軸交界處生成不定芽，著地生根形成新植株。

　　在台灣零星分布於全島平野及低海拔山區，通常成片生長於開闊濕潤草生環境。

孢子囊群生於小脈中部

一回羽狀複葉，部分葉片葉軸不延展，具獨立頂羽片。

不定芽生於葉軸與羽片交界處

小脈彼此接合形成多排斜方網眼

根莖橫走，被卵形鱗片。

群生於開闊濕潤環境

葉軸常延展如走莖狀

新月小毛蕨屬 × **CHRINEPHRIUM**

新月蕨屬與小毛蕨屬之雜交屬，葉為一回羽狀複葉，羽片淺裂，小脈大多彼此相接，形成多排斜方形網眼，但在邊緣裂片部分游離。

變葉新月小毛蕨

屬名	新月小毛蕨屬
學名	× *Chrinephrium insulare* (K.Iwats.) Nakaike

推定為小毛蕨（*C. acuminata*，見第 100 頁）與三葉新月蕨（*P. triphyllum*，見第 135 頁）之天然雜交種。一回羽狀複葉，羽片邊緣圓齒狀淺裂，頂羽片基部常不規則瓣裂或有小型羽片，側羽片 3 至 7 對。

在台灣曾紀錄於花蓮清水山，已近 70 年無發現報導。本書提供現存於台灣大學植物標本館（TAI）之存證標本照片。

上部羽片基部於葉軸癒合

頂羽片基部常有小型羽片

小脈接合形成多排網眼，僅於邊緣齒突處游離。

孢子囊群生於小脈近交接處

基羽片具短柄，基部楔形。

一回羽狀複葉，羽片圓齒狀淺裂。

小毛蕨屬 CHRISTELLA

葉 遠生或叢生，葉片長橢圓形，二回羽狀裂葉，羽片長線形，羽片向基部漸縮或無，草質或紙質，常被毛及腺體；相鄰裂片間靠基部常有二對以上小脈接合，形成至少一排斜方形網眼，其餘小脈游離。孢子囊群及孢膜圓腎形，常具毛或腺體。

小毛蕨

屬名	小毛蕨屬
學名	*Christella acuminata* (Houtt.) H.Lév.

根莖長橫走，先端密被棕色披針形鱗片。葉遠生，葉片長橢圓披針形，二回羽裂，具頂羽片，羽片長披針形。

在台灣廣泛分布於全島低海拔地區，為都市中常見蕨類植物之一。

本種與野小毛蕨（*C. dentata*，見第 103 頁）、突尖小毛蕨（*C. ensifer*，見第 104 頁）的天然雜交種曾分別被描述為擬密毛毛蕨（*Cyclosorus × intermedius*）、賽毛蕨（*Cyclosorus × acuminatoides*）。前者模式標本僅包含一枚不孕羽片，後者模式標本則已佚失。因缺乏可靠資料，本書並未收錄此二類群。

葉近軸面近光滑

偶見羽片突尖個體

葉片長橢圓披針形，二回羽裂。

根莖長橫走，先端密被棕色披針形鱗片。

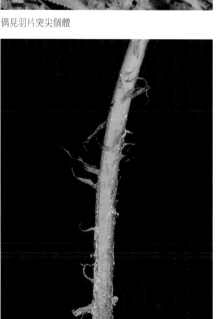
葉柄基部被披針形鱗片

孢子囊群具圓腎形孢膜

廣泛生長於全島低海拔地區

小毛蕨 × 密毛小毛蕨

屬名　小毛蕨屬
學名　*Christella acuminata* × *C. parasitica*

形態介於二推定親本之間。根莖長橫走，葉片有顯著間距；葉片毛被較小毛蕨（見前頁）密，但較密毛小毛蕨（*C. parasitica*，見第 109 頁）疏。

　　在台灣零星分布於低海拔山區，多發現於林緣環境。

葉先端突縮為尾狀

基羽片常斜上伸展，不明顯短縮。

囊群圓腎形，生於小脈中部。

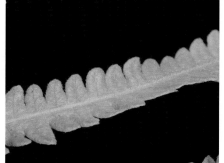

葉面毛被程度介於二推定親本之間

根莖長橫走，葉有顯著間距。

生長於林緣半開闊環境

葉柄基部被褐色狹披針形鱗片

密腺小毛蕨

屬名　小毛蕨屬
學名　*Christella arida* (D.Don) Holttum

根莖長橫走，葉遠生。葉片一回羽狀複葉，基部有數對漸縮之羽片；中段羽片邊緣牙齒狀或淺裂至三分之一寬度；羽軸兩側各 2 至 3 排小脈相接形成網眼，另有 1 至 2 排接近相接於裂片凹刻處；葉遠軸面各處散生黃色短棍狀腺體。孢子囊群圓腎形，孢膜表面亦有腺體。

　　在台灣生於開闊或半開闊之濕潤草生環境，以東部較為常見。

葉片基部有數對羽片漸縮

根莖長橫走，葉遠生。

葉遠軸面散生黃色腺體；孢子囊群圓腎形。

具小毛蕨脈型

生於濕潤草生環境

葉片直立或斜升

野小毛蕨

屬名　小毛蕨屬
學名　*Christella dentata* (Forssk.) Brownsey & Jermy

根莖短直立，先端及葉柄基部密被披針形鱗片。葉叢生，葉片長橢圓狀披針形，先端窄縮為尾狀，二回羽裂。孢子囊群靠近裂片邊緣生，孢膜圓腎形。

　　在台灣廣泛分布於全島低海拔地區。

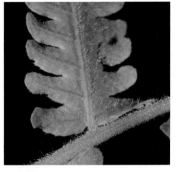

葉面明顯被毛

葉片基部常有 1 至 3 對羽片稍短，但不會極度短縮為三角形或耳狀。

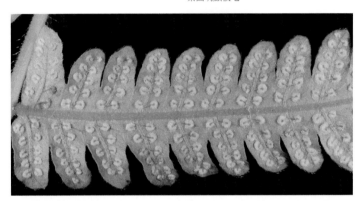

孢膜圓腎形，被毛。

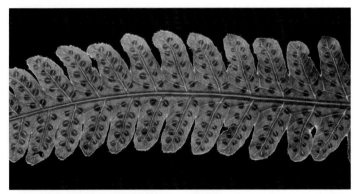

僅第一對小脈明確接合，於中肋兩側各形成一排網眼。

根莖直立

葉柄基部被褐色披針形鱗片

葉二回羽狀中裂

突尖小毛蕨 特有種

屬名　小毛蕨屬
學名　*Christella ensifer* (Tagawa) Holttum *ex* C.M.Kuo

本種於形態上與小毛蕨（*C. acuminata*，見第100頁）相似，主要差別為本種之羽片最寬處靠近先端。

　　特有種，零星分布於恆春半島及台灣東南部低海拔闊葉林下。

近軸面軸及脈上被毛，葉肉近光滑。

孢子囊群具圓腎形孢膜

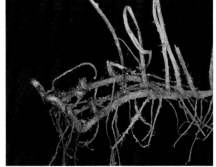

根莖長橫走，葉遠生。

根莖先端密被棕色披針形鱗片

生長於低海拔闊葉林下

本種之羽片最寬處靠近先端

突尖小毛蕨 × 密毛小毛蕨

屬名　小毛蕨屬
學名　*Christella ensifer* × *C. parasitica*

羽片形態類似突尖小毛蕨（見前頁），但葉片間距較小且毛被更加顯著而近似密毛小毛蕨（*C. parasitica*，見第 109 頁），推定為此二種之天然雜交後代。
　在台灣偶見於屏東低海拔山區。

孢膜圓腎形，被針毛。

葉形介於二推定親本之間

葉面毛被顯著

嫩葉及植物體基部被褐色線狀披針形鱗片

根莖短橫走，葉近生。

偶見於南部低海拔山區林緣

羽片向先端略增寬而後突縮為短尖狀

小密腺小毛蕨

屬名　小毛蕨屬
學名　*Christella jaculosa* (Christ) Holttum

形態上與小毛蕨（*C. acuminata*，見第100頁）相似，主要差別為本種之基部羽片向下漸縮為三角形。此外本種與密腺小毛蕨（*C. arida*，見第102頁）之區別為葉遠軸面散生橢球狀腺體，且羽軸兩側僅1至2排小脈完全相接形成網眼。

　　在台灣廣泛分布於全島低至中海拔亞熱帶闊葉林下，於東部山區較為常見。

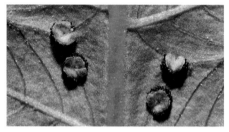

葉遠軸面散生橢球狀腺體；孢膜圓腎形。

成片生長於闊葉林下

羽片淺裂

羽軸兩側各1至2排小脈完全相接形成網眼；另有1至2排近相接於裂片凹刻處。

基部羽片向下明顯縮小

葉柄基部具披針形鱗片

短縮之基部羽片近三角形

寬羽小毛蕨

屬名　小毛蕨屬
學名　*Christella latipinna* (Benth.) H.Lév.

根莖短橫走。葉近生，長橢圓形，二回羽狀淺裂，頂羽片常略寬於側羽片且分裂較深，基部羽片漸縮。

在台灣僅分布於南北兩端亞熱帶闊葉林環境，常生長於河畔岩石上。

羽片淺裂，近軸面近光滑。

常生長於河畔岩石上

孢子囊群具圓腎形孢膜

葉脈具一對結合脈

葉二回羽狀淺裂，具頂羽片。

基部羽片漸縮

根莖短橫走

薄葉梳小毛蕨

屬名　小毛蕨屬
學名　*Christella papilio* (C.Hope) K.Iwats.

本種主要的鑑別特徵包含直立之根莖與向下漸縮至蝶狀之羽片。
　　在台灣分布於全島低、中海拔森林環境，常生長溪溝之石縫間。

常生長於溪溝之石縫間

葉簇生，葉柄甚短。

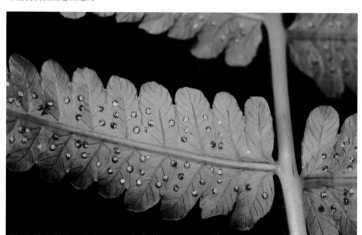

孢子囊群具圓腎形孢膜

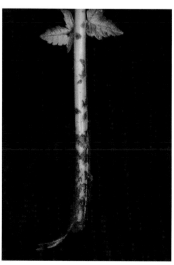

根莖直立

葉柄基部被褐色鱗片

羽片向下漸縮至蝶狀

密毛小毛蕨

屬名　小毛蕨屬
學名　*Christella parasitica* (L.) H.Lév. *ex* Y.H.Chang

根莖短橫走，葉近生，葉片質地柔軟，全面密被毛為本種最主要的鑑別特徵。
在台灣廣泛分布於全島低海拔地區，亦為都市中常見蕨類植物之一。

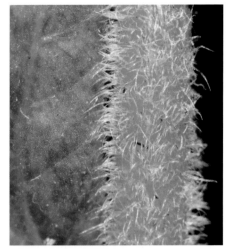

全株密被柔毛為本種重要特徵

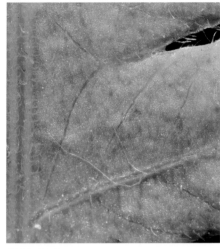

葉近軸面被毛

葉脈於裂片基部形成一對結合脈

葉片質地柔軟

孢子囊群具圓腎形孢膜

根莖先端密被鱗片

基羽片多少反折，不顯著短縮。

鉤毛蕨屬 CYCLOGRAMMA

地生，根莖短直立或橫走，先端被針毛及鱗片。葉近生或遠生，葉柄上多少被毛，葉片長披針形，二回羽狀裂葉，兩面多少被針毛及鉤毛，葉脈游離，達葉緣。孢子囊群小，圓形，不具孢膜。

耳羽鉤毛蕨

屬名	鉤毛蕨屬
學名	*Cyclogramma auriculata* (J.Sm.) Ching

植株大型，可達 1 公尺以上，根莖短直立。葉近生，葉軸及羽軸密被針毛，葉片長圓披針形，二回羽狀深裂，羽片向基部漸縮成耳狀。孢子囊於末裂片中脈兩側各一排，著生位置較靠近中脈。

在台灣零星分布於中南部中海拔霧林環境，生於林緣濕潤山壁土坡。

孢子囊群於裂片中肋兩側各一排

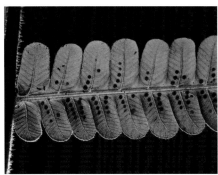

葉脈游離，不具結合脈。

葉軸上密被針毛

羽片基部具鉤狀氣孔帶

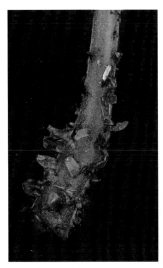

葉柄基部被黑褐色鱗片

基羽片漸縮為耳狀

植株大型，可達 1 公尺以上。

狹基鉤毛蕨

屬名　鉤毛蕨屬
學名　*Cyclogramma omeiensis* (Baker) Tagawa

與耳羽鉤毛蕨（見前頁）主要差別為本種植株較小且根莖橫走。

　　分布於中海拔霧林環境，多生於半遮蔭之垂直岩壁土坡。部分文獻認為台灣族群學名應使用 *C. leveillei*。

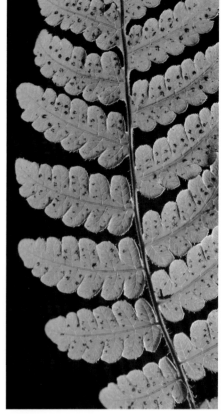

根莖橫走

葉基部 1 至 2 對羽片漸縮

葉脈游離

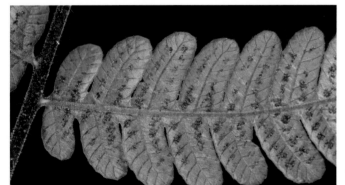

孢子囊群小，圓形，不具孢膜。

葉柄基部被黑褐色鱗片

葉軸及羽軸密被鉤狀短毛，另疏被針狀毛。

生長於半遮蔭之垂直岩壁土坡

毛蕨屬 CYCLOSORUS

溼地植物。根莖長橫走。葉遠生，硬革質，羽軸遠軸面被卵形鱗片。

毛蕨	屬名　毛蕨屬
	學名　*Cyclosorus interruptus* (Willd.) H.Ito

根莖長橫走。葉遠生，葉片披針形，具頂羽片，葉近革質，二回羽裂，葉背密被腺體。

　　在台灣可見於全島低海拔開闊溼地、池沼周邊草澤及廢耕水田，亦分布於蘭嶼、金門及馬祖。

羽片革質，齒狀淺裂。

根莖長橫走，葉遠生。

羽片線狀披針形，頂羽片與側羽片形態接近。

孢子囊群靠近葉緣

羽軸兩側各一對小脈完全接合

葉片披針形，直立生長。

生長於低海拔廢耕水田

方桿蕨屬 GLAPHYROPTERIDOPSIS

葉二回深裂幾達葉軸，末裂片間凹刻處有一對軟骨質小突起。孢子囊群貼近中肋。

捲旋幼葉疏被鱗片

方桿蕨

屬名	方桿蕨屬
學名	*Glaphyropteridopsis erubescens* (Wall. *ex* Hook.) Ching

植株大型。葉片可長達 2 公尺，基部羽片強烈向下反折。孢子囊群著生於末裂片中脈兩側並緊靠中脈。

　　在台灣分布於全島中海拔暖溫帶闊葉林及混合林下，常見於濕潤之溪谷周邊及滲水山壁。

孢子囊群緊靠末裂片中肋

孢子囊群不具孢膜

植株大型，葉片可長達 2 公尺。

基羽片強烈反折

葉二回深裂幾達羽軸

大金星蕨屬 MACROTHELYPTERIS

根莖短直立或斜生，密被褐色披針形鱗片。葉三至四回羽裂，兩面多少背毛，葉脈羽狀分岔，游離。孢子囊群小，具早凋圓腎形孢膜或無。

桫欏大金星蕨

屬名　大金星蕨屬
學名　*Macrothelypteris polypodioides* (Hook.) Holttum

形態接近大金星蕨（見下頁），但植物體較高大，根莖粗大直立，葉柄長超過 1 公尺，葉柄及羽軸上皆被鱗片。

　　在台灣零星分布於中南部暖溫帶闊葉林環境。

葉達四回羽裂

葉脈羽狀分岔，游離。

小羽軸具狹翼

植物體高大，葉柄長超過 1 公尺。

葉柄上密被開展鱗片

孢子囊群小，具圓腎形孢膜。

大金星蕨

屬名	大金星蕨屬
學名	*Macrothelypteris torresiana* (Gaudich.) Ching

根莖短直立，被紅棕色披針形鱗片。葉叢生，兩面疏被短針毛，葉片三角狀卵形，三回羽狀複葉。孢子囊群小，生於側脈近頂部，孢膜圓腎形，不明顯。

在台灣常見於全島低海拔向陽環境。

葉脈羽狀分岔，游離。

葉軸羽軸及小羽軸上密被針毛

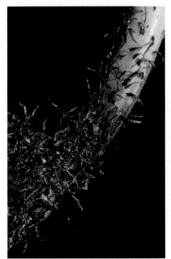

葉柄上疏被披針形鱗片

孢子囊群小，孢膜圓腎形，不明顯。

葉片三角狀卵形，三回羽狀複葉。

凸軸蕨屬 METATHELYPTERIS

植株中小型，地生。根莖短直立或斜生，少有橫走。葉片近生，卵狀披針形，二回羽狀裂，質地薄，兩面多少被白色針毛，葉軸於近軸面凸起不具溝，葉脈羽狀分岔，不達葉緣。孢子囊群小，孢膜圓腎形。

微毛凸軸蕨

屬名	凸軸蕨屬
學名	*Metathelypteris adscendens* (Ching) Ching

根莖短斜生，先端連同葉柄基部疏被棕色卵狀鱗片和灰白色針毛。葉近生，葉片橢圓披針形，二回深羽裂，羽片近光滑，但葉軸及羽軸疏被針狀毛，羽片之基部小羽片明顯漸縮。孢膜圓腎形。

在台灣分布於中北部低海拔闊葉林下。

根莖橫走，先端與葉柄基部疏被淡褐色鱗片。

葉近軸面近光滑

羽片近無柄，基部窄縮。

孢子囊群具圓腎形孢膜

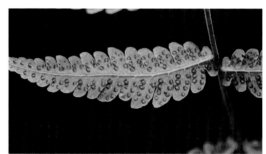

葉脈游離，小脈未達葉緣。

生長於北部低海拔闊葉林下

葉片橢圓披針形，二回深羽裂。

薄葉凸軸蕨

屬名　凸軸蕨屬

學名　*Metathelypteris flaccida* (Blume) Ching

本種與其它同屬物種之差異在於具有直立根莖，葉達三回羽裂，羽軸及中肋遠軸面密被較長之多細胞針毛。

　　新近發現於花蓮中海拔山區，生長於闊葉林林緣土坡。

葉片長橢圓披針形

羽軸及裂片中肋遠軸面之針毛顯著長於同屬其餘物種

囊群圓腎形，生於小脈先端。

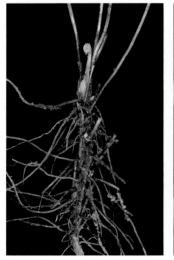

根莖直立

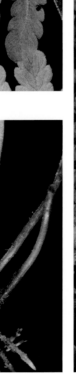

葉柄基部疏生淡褐色披針形鱗片

生長於闊葉林林緣土坡

光葉凸軸蕨

屬名　凸軸蕨屬
學名　*Metathelypteris gracilescens* (Blume) Ching

本種形態上與微毛凸軸蕨（*M. adscendens*，見第 116 頁）較為接近，同樣具有光滑無毛之葉片，但本種之羽片基部小羽片不漸縮，且葉軸及羽軸上密被毛。

在台灣廣泛分布於全島中海拔林下。

根莖橫走；葉柄基部疏被淡褐色披針形鱗片。

孢子囊群具圓腎形孢膜

葉片除軸上外光滑無毛

羽軸近軸面密被多細胞針毛

葉脈游離，小脈未達葉緣。

葉軸於近軸面凸起不具溝

生長於全台冷溫帶闊葉林環境

柔葉凸軸蕨

屬名　凸軸蕨屬
學名　*Metathelypteris laxa* (Franch. et Sav.) Ching

根莖短斜生。葉近生，葉柄基部疏被針毛，二回羽狀裂葉，近基部羽片排列較鬆散，彼此間距離約 2 ～ 4 公分。孢膜圓腎形，被毛。

　　在台灣零星分布於全島暖溫帶闊葉林下。

生長於全島暖溫帶闊葉林下

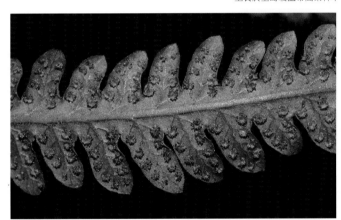
囊群圓腎形

根莖短斜生

羽片基部不窄縮

葉片橢圓披針形，近基部羽片排列較鬆散。

烏來凸軸蕨

屬名　凸軸蕨屬

學名　*Metathelypteris uraiensis* (Rosenst.) Ching

本種形態上與柔葉凸軸蕨（*M. laxa*，見第 119 頁）接近，主要差別為本種葉柄基部密被短針毛，且羽片排列較為緊密，彼此間距離約 1 ～ 2 公分。

在台灣分布於全島暖溫帶闊葉林下，北部較常見。

孢子囊群靠近葉緣，具圓腎形孢膜。

葉片卵狀披針形，羽片排列較為緊密。

葉片除軸上外近光滑無毛

根莖短斜生，葉柄基部密被短針毛。

生長於全島暖溫帶闊葉林下

副金星蕨屬 PARATHELYPTERIS

植株中小型，地生。根莖長橫走或短斜生，光滑或被鱗片。葉遠生或近生，橢圓披針形，二回羽狀裂葉，薄紙質，兩面多少被針毛，葉軸於上表面具溝，密被針毛，葉脈羽狀分岔，達葉緣。孢子囊群小，孢膜圓腎形。

鈍頭副金星蕨

屬名　副金星蕨屬
學名　*Parathelypteris angulariloba* (Ching) Ching

短直立之根莖、密被針毛之葉柄及先端圓截形之裂片為本種主要鑑別特徵。

　　在台灣分布於全島暖溫帶闊葉林下，於台北近郊山區較常見，常生長於稜線風衝環境。

孢子囊群具圓腎形孢膜，孢膜被針毛。

葉脈羽狀分岔，達葉緣。

末裂片先端圓截形

葉軸於近軸面具溝，密被針毛。

生長於暖溫帶闊葉林下，常見於稜線風衝環境。

小梯葉副金星蕨

屬名　副金星蕨屬
學名　*Parathelypteris angustifrons* (Miq.) Ching

根莖長橫走，先端連同葉柄基部被棕色披針形鱗片。葉二回羽狀深裂至複葉，葉遠軸面被黃色球狀腺體，兩面葉軸及羽軸上均被針狀毛，羽片向下漸縮。孢子囊群位於側脈上部接近葉邊緣，孢膜圓腎形，被長毛。

　　在台灣主要分布於北部低中海拔山區，亦偶見於恆春半島、海岸山脈及馬祖，生長於多雨之闊葉林下。

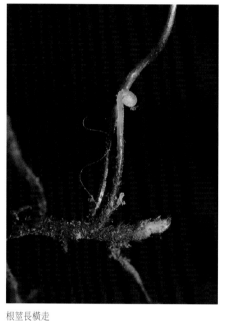
根莖長橫走

葉柄密被針毛

葉遠軸面散生黃色腺體；孢膜被針毛。

主要生長於北部低中海拔山區

葉二回羽狀深裂至複葉

縮羽副金星蕨

屬名　副金星蕨屬
學名　*Parathelypteris beddomei* (Baker) Ching

根莖長橫走，疏被棕色卵形鱗片。葉遠生，二回羽狀深裂，羽片向下漸縮，葉背面密被球狀腺體。孢子囊群位於側脈上部接近葉邊緣，孢膜圓腎形。

　在台灣廣泛分布於全島中海拔林緣開闊環境。

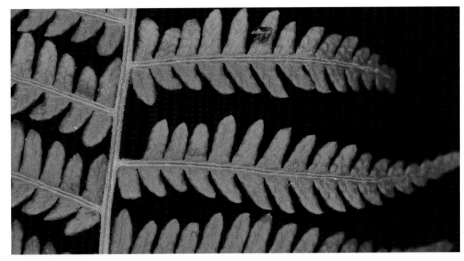

葉軸及羽軸近軸面具溝，密被針毛。

基部多對羽片漸縮為耳狀

孢子囊群位於側脈上部接近葉邊緣

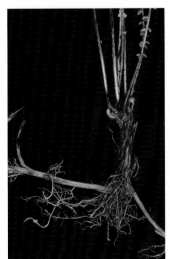

根莖長橫走，疏被棕色卵形鱗片。

葉脈羽狀分岔，達葉緣。

生長於冷溫帶闊葉林開闊環境

密腺副金星蕨

屬名　副金星蕨屬
學名　*Parathelypteris glanduligera* (Kunze) Ching

本種於形態上與小梯葉副金星蕨（*P. angustifrons*，見第 122 頁）較接近，主要差別為本種羽片之小羽片對數較多，超過 15 對而非 6 至 10 對，基部羽片不漸縮而是向下反折。

　　在台灣廣泛分布於全島低中海拔亞熱帶闊葉林下，馬祖亦有紀錄。

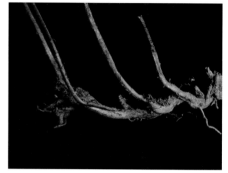
孢子囊群位於側脈上部接近葉邊緣

葉二回羽狀深裂至複葉

葉遠軸面散生黃色球狀腺體

孖根莖長橫走，先端連同葉柄基部被棕色披針形鱗片。

基部羽片不漸縮而是向下反折

日本副金星蕨

屬名　副金星蕨屬
學名　*Parathelypteris japonica* (Baker) Ching

根莖短直立及葉柄基部被闊披針形之褐色鱗片為本種之主要區別特徵。

在台灣分布於中北部暖溫帶闊葉林下。

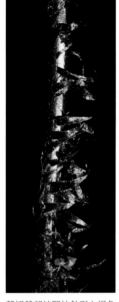

葉柄基部被闊披針形之褐色鱗片

生長於低中海拔亞熱帶闊葉林下

根莖短直立

孢膜圓腎形，被針毛。

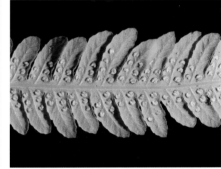

孢子囊群圓腎形

葉橢圓披針形，二回羽狀裂葉。

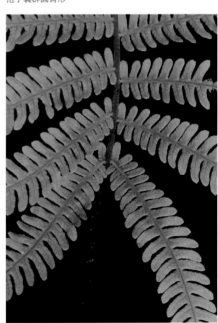

基部羽片向下反折

卵果蕨屬 PHEGOPTERIS

植株中小型，地生。根莖短直立或長橫走，密被褐色鱗片及白色針毛。葉片近生或遠生，葉柄草稈色，三角形至披針形，一至二回羽狀裂葉，羽片具翅相連，葉脈游離。孢子囊群卵圓形，無孢膜或孢膜不明顯。

長柄卵果蕨

屬名	卵果蕨屬
學名	*Phegopteris connectilis* (Michx.) Watt

根莖長橫走，被棕色卵狀鱗片。葉遠生，葉片三角形，二回羽裂，兩面疏被灰白色針毛，沿葉軸和羽軸被淺棕色卵形小鱗片，葉脈羽狀。孢子囊群卵圓形。

分布於高山草原及灌叢間開闊環境。

葉脈游離

沿葉軸和羽軸被淺棕色卵形小鱗片，孢子囊群卵圓形。

葉三角形，二回羽裂。

葉兩面疏被灰白色針毛

生長於高山草原及灌叢間開闊環境

根莖長橫走，被棕色卵狀鱗片。

短柄卵果蕨

屬名 卵果蕨屬
學名 *Phegopteris decursivepinnata* (H.C.Hall) Fée

本種具有短直立之根莖與線狀披針形至長橢圓狀披針形之葉片，可與同屬之長柄卵果蕨（見前頁）區別。

　　在台灣廣泛分布於本島及蘭嶼低中海拔山區，常成片生於半遮蔭之濕潤岩壁。

孢子囊群中具長針毛，不具孢膜。

葉兩面疏被灰白色針毛

大型個體葉片長橢圓狀披針形，二回羽裂。

小型個體葉線狀披針形，一回羽裂。

葉柄基部被褐色線形鱗片，鱗片邊緣具針毛。

稀毛蕨屬 PNEUMATOPTERIS

外觀接近小毛蕨屬及圓腺蕨屬，區別為羽片不具腺體，且末裂片先端截形。

稀毛蕨

屬名	稀毛蕨屬
學名	*Pneumatopteris truncata* (Poir.) Holttum

植株中大型，根莖短直立。葉簇生，基部數對羽片漸縮為三角狀，葉軸及羽片於肉眼觀察下幾近光滑，末裂片先端平截狀。

在台灣廣泛分布於全島及蘭嶼亞熱帶闊葉林下溪谷環境。

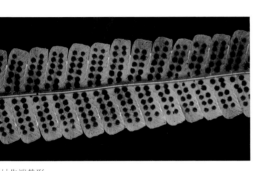
末裂片先端截形

生長於亞熱帶闊葉林下溪谷環境

葉基之短縮羽片呈耳狀至卵狀三角形，邊緣齒狀或淺裂。

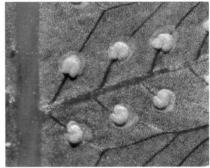
孢子囊群具圓腎形孢膜

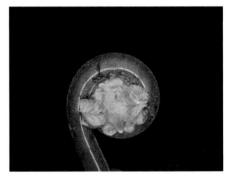
捲旋之幼葉

葉近軸面近光滑

葉簇生，基部數對羽片漸縮為三角狀。

新月蕨屬 PRONEPHRIUM

葉 單葉至奇數一回羽狀複葉,羽片全緣至淺裂,所有小脈均彼此接合,形成多排之斜方形網眼。孢子囊群球形,但成熟時常兩兩癒合為橢圓形或新月形。

大羽新月蕨

屬名	新月蕨屬
學名	*Pronephrium gymnopteridifrons* (Hayata) Holttum

植株大型,葉片奇數一回羽狀,側生羽片闊披針形,可達 20 公分長,4 公分寬。

　　在台灣僅見於中南部地區亞熱帶闊葉林下。

孢子囊群具不明顯圓腎形孢膜

葉近軸面近光滑

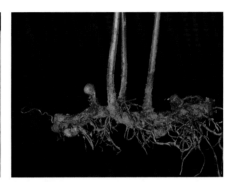

根莖粗壯長橫走

葉脈網狀,網眼斜方形。

側羽片互生

一回羽狀複葉

頂羽片與側羽片形態接近

琉球新月蕨

屬名 新月蕨屬
學名 *Pronephrium liukiuense* (Christ *ex* Matsum.) Nakaike

葉片奇數一回羽狀複葉，側生羽片 2 至 4 對，倒披針形鐮刀狀，葉腋具不定芽，頂羽片較側羽片大。

在台灣間斷分布於東北部、恆春半島東側、綠島及蘭嶼潮濕闊葉林底層。

生長於闊葉林底層潮濕溪谷環境

孢子囊群沿小脈生長，兩兩癒合呈橢圓形或新月形。

羽片質地稍厚，小脈於背光下較不顯著。

羽片倒披針形鐮刀狀

葉腋具不定芽

葉片奇數一回羽狀複葉，側生羽片 2 至 4 對。

長柄新月蕨 特有種

屬名　新月蕨屬
學名　*Pronephrium longipetiolatum* (K.Iwats.) Holttum

葉片橢圓披針形，一回羽狀複葉，側生羽片 1 至 4 對，先端漸尖，基部漸縮，頂羽片略大於側生羽片。

特有種，偶見於台北、台東及屏東亞熱帶闊葉林下潮濕環境。

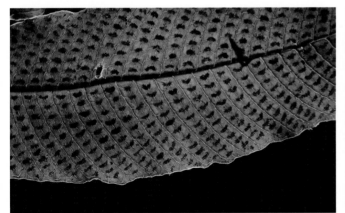

葉柄、葉軸及羽軸被短毛。

葉片橢圓披針形，一回羽狀複葉。

葉脈網狀，網眼斜方形。

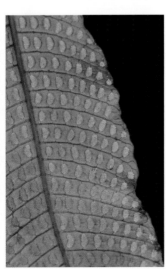

根莖長橫走，葉柄基部被披針形鱗片。

孢子囊群沿小脈生長

生長於亞熱帶闊葉林下潮濕環境

微紅新月蕨

屬名　新月蕨屬
學名　*Pronephrium megacuspe* (Baker) Holttum

葉片奇數一回羽狀複葉，側生羽片可達 10 對，羽片向葉柄漸縮。

在台灣僅見於恆春半島低海拔山區，生於闊葉林下溝谷環境。

根莖及葉柄鱗片褐色狹披針形，被針毛。

孢子囊群生於小脈接合處

羽片近全緣，側脈網狀。

根莖長橫走，葉遠生。

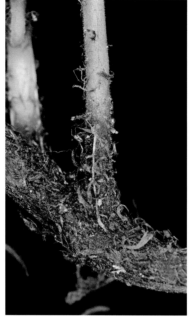
羽片先端尾狀，基部楔形，無柄。

群生於低海拔溪谷周邊闊葉林下斜坡

側生羽片 3 至 10 對，羽片向下漸縮。

羽葉新月蕨

屬名　新月蕨屬
學名　*Pronephrium parishii* (Bedd.) Holttum

在形態上與三葉新月蕨（*P. triphyllum*，見第 135 頁）相似，主要差別為本種具有 2 對以上的側生羽片。

　　在台灣僅見於南北兩端之低海拔亞熱帶闊葉林下。

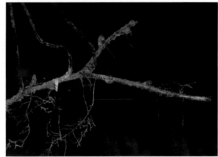

根莖及葉柄基部疏被鱗片

孢子葉葉柄長於營養葉，羽片略窄。

根莖細長橫走

葉脈網狀，網眼斜方形。

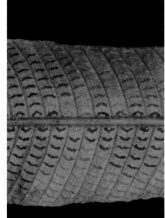

孢子囊群沿小脈生長

葉片無不定芽

側羽片 2 至 5 對

單葉新月蕨

屬名	新月蕨屬
學名	*Pronephrium simplex* (Hook.) Holttum

葉片為單葉，基部心形為本種最重要特徵。

　　台灣族群可約略區分為二種形態，第一型葉片略為寬短，基部為凹入較深之腎狀心形，絕不分裂，主要分布於恆春半島；第二型葉片略為窄長，基部淺心形，部分葉片基部具一對耳狀裂片或小型羽片，可見於南北兩端低海拔山區。

群生於通風良好之闊葉林下

葉略寬，基部深心形之族群可見於恆春半島。

葉稍二型化，孢子葉略小於營養葉，遠軸面密被囊群。

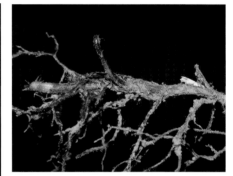

根莖細長橫走

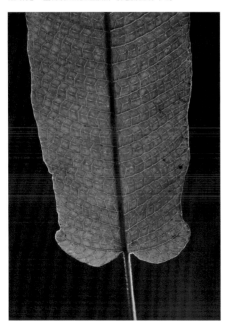

側脈網狀

孢子囊群沿小脈生長

北部族群葉基偶有一對小型裂片或羽片（張智翔攝）

三葉新月蕨

屬名　新月蕨屬
學名　*Pronephrium triphyllum* (Sw.) Holttum

根莖細長橫走。葉片三出複葉，羽片橢圓披針形。孢子囊群沿小脈生長。

　　廣泛分布於全島低海拔闊葉林下。野外有時可見形態介於本種與單葉新月蕨（*P. simplex*，見前頁）或本種與羽葉新月蕨（*P. parishii*，見第 133 頁）之間之個體，顯示類群間存在雜交或網狀演化關係，有待進一步釐清。

葉脈網狀，網眼斜方形。

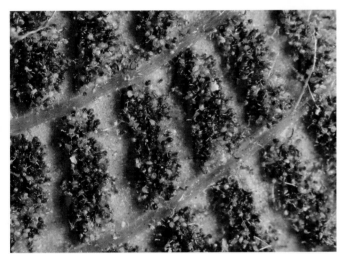

孢子囊群沿小脈生長

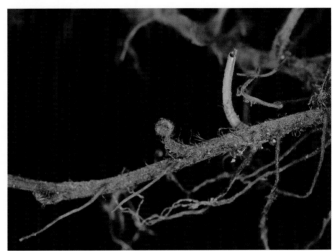

根莖細長橫走

葉片三出複葉，羽片橢圓披針形。

孢子葉葉柄常顯著長於營養葉

假琉球新月蕨

屬名　新月蕨屬

學名　*Pronephrium* × *pseudoliukiuense* (Seriz.) Nakaike

推定為三葉新月蕨（*P. triphyllum*，見第 135 頁）及琉球新月蕨（*P. liukiuense*，見第 130 頁）之雜交種。與三葉新月蕨及羽葉新月蕨（*P. parishii*，見第 133 頁）之區別在於葉軸與與片交界處具有不定芽；與琉球新月蕨之區別為側羽片近對生且近垂直於葉軸。

　　在台灣偶見於恆春半島及蘭嶼低海拔山區闊葉林下。

　　於恆春半島東側亦存在疑似單葉新月蕨（*P. simplex*，見第 134 頁）與琉球新月蕨之雜交種，其特徵為葉片具 1 至 3 對非常細小之側羽片。

疑似單葉新月蕨與琉球新月蕨之雜交種，具有極小之側羽片。

根莖細長橫走

葉脈網狀，網眼斜方形。

小型個體僅具 1 至 2 對側羽片

可藉不定芽發育之新個體進行無性拓殖

葉軸及羽軸交界處具有不定芽

一回羽狀複葉，側羽片可達 4 對。

假毛蕨屬 PSEUDOCYCLOSORUS

外觀接近小毛蕨屬、稀毛蕨屬及圓腺蕨屬，區別為羽片基部遠軸面具瘤狀突出之氣孔帶，羽片表面不具腺體，且相鄰裂片間僅有一對小脈接合於凹刻處，不形成斜方形網眼。

假毛蕨

屬名	假毛蕨屬
學名	*Pseudocyclosorus esquirolii* (Christ) Ching

根莖橫走。葉遠生，橢圓披針形，二回羽裂，羽片向基部突縮成蝶狀，葉脈游離。孢子囊群圓腎形，稍近邊緣。

本種為低海拔常見蕨類之一，喜好潮濕之溪谷環境。

羽片深裂至接近羽軸

孢膜圓腎形

捲旋之幼葉

孢子囊群較靠葉緣

羽片基部遠軸面具瘤狀突出之氣孔帶

基部羽片驟然退化為蝶狀，裂片三角狀披針形，基部羽裂。

葉大型，橢圓狀披針形。

假毛蕨×疣狀假毛蕨

屬名　假毛蕨屬
學名　*Pseudocyclosorus esquirolii* × *P. tylodes*

形態介於推定親本假毛蕨（*P. esquirolii*，見第 137 頁）與疣狀假毛蕨（見下頁）之間，葉基部之退化羽片具蝶狀葉身，但較假毛蕨小且幾無羽狀分裂；孢子囊群位於中肋與邊緣之間。

　　偶見於親本混生之處。

基部羽片驟然退化為蝶狀

羽片深裂至接近羽軸

退化羽片之裂片鐮狀披針形，不再羽裂。

羽片基部遠軸面具瘤狀突出之氣孔帶

與推定親本共域生長於濕潤林緣邊坡

孢子囊群位於中肋與邊緣之間

疣狀假毛蕨

屬名 屬名 假毛蕨屬

學名 *Pseudocyclosorus tylodes* (Kunze) Ching

本種在形態上與假毛蕨（*P. esquirolii*，見第137頁）較為接近，主要差別為本種之基部羽片幾乎完全退化，僅存疣狀氣孔帶，且孢子囊群較靠近中肋。

在台灣零星分布於東部中海拔終年濕潤之林緣環境，大多生長於林道邊坡。

生長於東部中海拔終年濕潤之林緣環境

孢子囊群較接近末裂片中肋

孢膜圓腎形

基羽片驟然退化為疣狀氣孔帶

葉脈游離，僅基部一對小脈接近相接於裂片凹刻處。

葉二回羽裂，羽片深裂接近羽軸。

紫柄蕨屬 PSEUDOPHEGOPTERIS

植株中型，地生。根莖短直立至長橫走，先端被披針形鱗片。葉片近生或遠生，葉柄紫褐色，二回羽狀裂葉，葉脈游離。孢子囊群卵圓形，不具孢膜。

毛囊紫柄蕨

屬名	紫柄蕨屬
學名	*Pseudophegopteris hirtirachis* (C.Chr.) Holttum

根莖短斜生，連同葉柄基部被棕色披針形鱗片。葉叢生，二回羽狀裂葉，羽片基部之向下小羽片和鄰近小羽片同大或稍長。

分布於暖溫帶闊葉林開闊地。

羽片基部之向下小羽片和鄰近小羽片同大或稍長

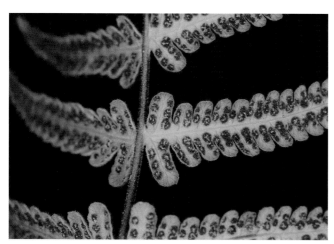

孢子囊群卵圓形，不具孢膜。

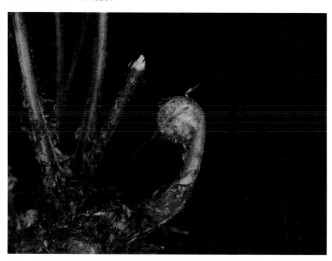

根莖短斜生，連同葉柄基部被棕色披針形鱗片。

二回羽狀裂葉，基部羽片漸縮。

星毛紫柄蕨

屬名　紫柄蕨屬
學名　*Pseudophegopteris levingei* (C.B.Clarke) Ching

本種為台灣產紫柄蕨屬中唯一具有長橫走根莖之物種。

　　在台灣見於中高海拔岩屑環境。

葉軸、羽軸及裂片邊緣被星狀毛。

根莖長橫走，葉遠生。

靠近葉片先端之羽片間具翅

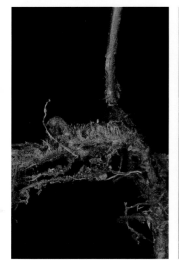

具長橫走根莖

葉脈游離

生長於中高海拔岩屑環境

光囊紫柄蕨

屬名　紫柄蕨屬
學名　*Pseudophegopteris subaurita* (Tagawa) Ching

形態上與毛囊紫柄蕨（*P. hirtirachis*，見第 140 頁）相似，主要差別為本種葉柄及葉軸遠軸面毛被稀疏，且羽片基部之向下小羽片明顯延長。

在台灣分布於全島低海拔闊葉林開闊環境。

葉近軸面於羽軸及裂片中肋上密被針毛

葉軸遠軸面疏被針毛

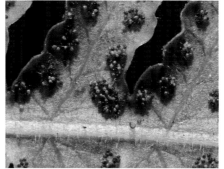

羽片基部之向下小羽片明顯延長

孢子囊群卵圓形，不具孢膜。

葉脈游離

生長於全島低海拔闊葉林開闊環境

根莖短斜生，連同葉柄基部被棕色毛狀鱗片。

圓腺蕨屬 SPHAEROSTEPHANOS

本屬特徵為羽片表面散布無柄之球形腺體，孢子黃色至淡褐色，其餘特徵與小毛蕨屬接近。

蘭嶼圓腺蕨

屬名	圓腺蕨屬
學名	*Sphaerostephanos productus* (Kaulf.) Holttum

本種在形態上與台灣圓腺蕨（*S. taiwanensis*，見第 144 頁）相近，主要差別為本種之葉片基部羽片驟縮成三角形小羽片。

在台灣僅見於離島蘭嶼，但在當地相當常見，多生於季風雨林之林緣、林隙及溪流周邊半開闊環境。

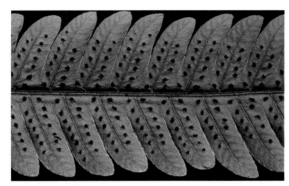

1.5 對小脈接合形成網眼

葉片披針形，二回羽裂。

孢子囊群具圓腎形孢膜

基部羽片驟縮為三角形

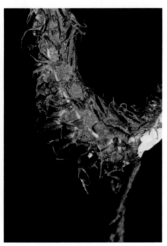

葉柄基部密被棕色闊披針形鱗片

生長於蘭嶼季風雨林環境

台灣圓腺蕨

屬名　圓腺蕨屬

學名　*Sphaerostephanos taiwanensis* (C.Chr.) Holttum *ex* C.M.Kuo

根莖短直立，先端及葉柄基部密被棕色闊披針形鱗片。葉叢生，葉片披針形，二回羽裂，羽片 30 至 45 對，基部羽片驟縮成耳狀。

　　在台灣廣泛分布於全島中低海拔濕潤林下、林緣及溪谷環境。

短縮之羽片呈耳狀

生長於中低海拔濕潤林下、林緣及溪谷環境。

基部數對正常發育羽片顯著反折

羽片散布無柄之球形腺體

葉柄基部被褐色鱗片

捲旋之幼葉可見明顯白色氣孔帶

根莖短直立或倒伏，短縮羽片分布至葉片近基部。

溪邊蕨屬 STEGNOGRAMMA

植株中小型，根莖短直立或斜生，密被毛及鱗片。葉片叢生，長卵圓形或闊披針形，一回羽狀複葉，兩面多少被毛，葉脈游離或網狀，若為網狀則網眼為不規則之多邊形。孢子囊群線形，沿脈生長，常不具孢膜。

溪邊蕨

屬名	溪邊蕨屬
學名	*Stegnogramma dictyoclinoides* Ching

根莖短斜生，連同葉柄基部被紅棕色鱗片和針形剛毛。葉叢生，葉片長卵圓形，一回羽狀深裂至複葉，密被灰白色針毛，葉脈網狀，網眼內無游離小脈。孢子囊群線形，沿網脈散生。在台灣僅見於高雄、屏東及台東之中海拔霧林環境。

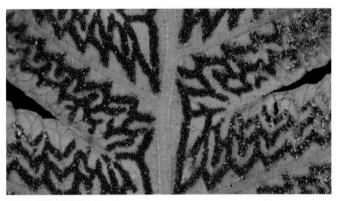

孢子囊群沿網脈生長

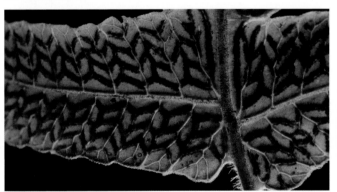

葉脈網狀，網眼內無游離小脈。

根莖短斜生

葉柄基部被紅棕色鱗片

生於遮蔭良好之濕潤土坡（張智翔攝）

葉片基部通常有 1 至 2 對獨立側羽片（張智翔攝）

聖蕨

屬名　溪邊蕨屬
學名　*Stegnogramma griffithii* (T.Moore) K.Iwats.

葉卵形至卵狀三角形，一回羽狀複葉，頂羽片常為三岔狀，側羽片常 1 至 2 對，葉脈網狀，網眼內極少有游離小脈。

　　台灣目前僅紀錄於台東金峰鄉海拔約 1,400 ～ 1,600 公尺之霧林環境，生長於林下濕潤山壁。過往文獻描述及標本鑑定之「聖蕨」均為威氏聖蕨或聖蕨屬未定種 1 之誤。

葉近軸面僅羽軸及主脈上密被短毛，餘近光滑。

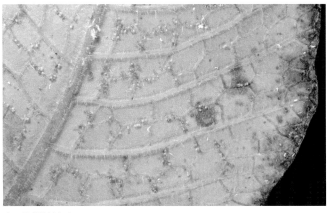

孢子囊群沿脈生長

生長於林下濕潤山壁

僅少數網眼內有不分岔之游離小脈

根莖短斜生，連同葉柄基部被紅棕色鱗片和針形剛毛。

葉遠軸面軸及脈上密被短鉤毛，並疏被較長之針毛。

頂羽片三岔狀為本種重要特徵

毛葉伏蕨

屬名　溪邊蕨屬
學名　*Stegnogramma mollissima* (Kunze) Fraser-Jenk.

根莖匍匐，先端及葉柄基部密被褐色披
針形鱗片與灰白色針毛。葉近生，葉片
卵狀橢圓形，二回羽狀裂葉，基部羽片
向下反折，葉脈游離。孢子囊群短線形，
生於小脈中段，無孢膜。

　　在台灣僅見於離島蘭嶼，生長於季
風雨林下之濕潤土坡。

基羽片稍反折

葉片橢圓形，二回羽狀裂葉。

葉脈游離，孢子囊群短線形。

孢子囊群短線形，生於小脈中段，無孢膜。

於台灣僅見於蘭嶼，生長於季風雨林下之濕潤土坡。

葉柄基部密被褐色披針形鱗片與灰白色針毛

尾葉伏蕨

屬名　溪邊蕨屬
學名　*Stegnogramma tottoides* (H.Ito) K.Iwats.

本種形態上與毛葉伏蕨（*S. mollissima*，見第 147 頁）相似，但本種之葉片為披針形而非橢圓形，且最基部一對羽片明顯長於相鄰羽片。

　　在台灣分布於全島中海拔濕潤林緣坡壁。

基羽片明顯大於相鄰羽片，為本種重要特徵。

葉脈游離，孢子囊群短線形。

囊群短線形，沿小脈生長，無孢膜。

葉披針形

根莖短斜生，連同葉柄基部被紅棕色鱗片和針形剛毛

威氏聖蕨

屬名　溪邊蕨屬

學名　*Stegnogramma wilfordii* (Hook.) Seriz.

葉三角形至三角狀披針形，通常為一回羽狀分裂，最基部之裂片明顯長於相鄰裂片。葉脈網狀，網眼內常有游離小脈。

　　在台灣廣泛分布於全島中低海拔恆濕之闊葉林下。

葉脈網狀，網眼內常有游離小脈。

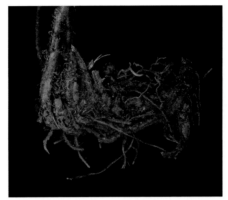

根莖短斜生，連同葉柄基部被紅棕色鱗片和針形剛毛。

小型成熟個體葉片三角狀披針形

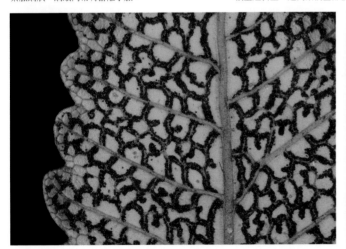

孢子囊沿網狀脈生長

葉柄基部鱗片被針毛

最基部一對羽片或裂片明顯長於相鄰裂片

葉三角形，常無獨立羽片。

溪邊蕨屬未定種

屬名 溪邊蕨屬
學名 *Stegnogramma* sp.

形態近似威氏聖蕨（*C. wilfordii*，見第 149 頁），但本種葉片為一回羽狀複葉，通常有 1 至 4 對獨立之側羽片，最基部羽片常短於或近等長於相鄰羽片或裂片，羽片邊緣常具波狀齒，網眼內極罕有游離小脈。

　　在台灣廣泛分布於全島低中海拔林下。本種常與威氏聖蕨共域生長且多數個體均能夠清楚區辨，但仍有少數中間型個體存在，二類群之關聯及分類地位仍有待進一步分析。本種形態亦接近分布中國東南之 *S. mingchegensis*。

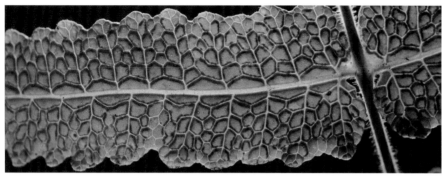

葉脈網狀，網眼內極罕有游離小脈。

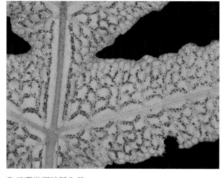

中間型個體，具 1 至 2 對獨立羽片，且基羽片略長。

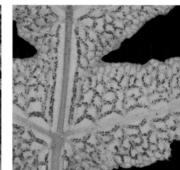

基部羽片或裂片略短或近等長於相鄰羽片或裂片　　孢子囊沿網狀脈生長

中間型個體，僅有少數網眼內有游離小脈。

發育良好葉片有 2 對以上獨立之側羽片，羽片邊緣常呈波狀。

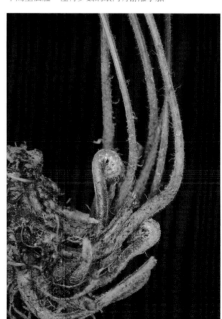

根莖短斜生，連同葉柄基部被紅棕色鱗片和針形剛毛。

腫足蕨科 HYPODEMATIACEAE

全世界 2 屬，約 22 種，分別為腫足蕨屬（*Hypodematium*）與大膜蓋蕨屬（*Leucostegia*），主要分布於舊世界熱帶地區。在早期依據形態特徵為主的分類系統中，腫足蕨屬與大膜蓋蕨屬分別被認為與三叉蕨科與骨碎補科關係較為接近，與現今分子親緣研究之結果差異甚大。此二屬外觀上除具粗壯根莖、多回羽裂且基部具關節的葉片，與圓腎形孢膜外，幾無共通之處，因此鑑別特徵可直接參照各屬之描述。

腫足蕨屬 HYPODEMATIUM

根莖粗大，短橫走，密被紅褐色鱗片。葉三至四回羽裂，質地柔軟，葉軸及羽軸上被毛（少數類群光滑），孢子囊群及孢膜圓腎形（少數類群孢膜極小或退化）。除本書收錄物種外，台灣尚有一疑問類群：台灣腫足蕨（*H. taiwanense*），僅有採自屏東之模式標本紀錄，特徵為孢膜極小，表面光滑或疏被毛。

腫足蕨	屬名	腫足蕨屬
	學名	*Hypodematium crenatum* (Forsk.) Kuhn

根莖粗壯而短橫走，連同葉柄基部密被紅棕色狹披針形鱗片。葉近生。葉柄密被灰白針毛，有時疏被紅棕色絲狀鱗片；葉片卵狀五角形，三回羽狀複葉，葉兩面連同葉軸和羽軸均密被灰白針毛，不具任何腺毛。孢子囊群生於側脈中部，孢膜圓腎形，被柔毛。

在台灣可見於中、南部及東部中低海拔山區，生於岩石壁之遮蔭縫隙內。

孢子囊群生於側脈中部，孢膜圓腎形，被柔毛。

側脈游離

葉兩面連同葉軸和羽軸均密被針毛

多長於遮蔭岩壁上

根莖粗大，連同葉柄基部密被紅棕色狹披針形鱗片。

腫足蕨屬未定種 1

屬名　腫足蕨屬
學名　*Hypodematium* sp. 1 (*H.* aff. *crenatum*)

外觀與腫足蕨（*H. crenatum*，見第 151 頁）接近，但發育良好之個體葉片較大，可達四回羽狀複葉；主要鑑別特徵為葉兩面及孢膜密被約 2 公釐長之針毛及極短之腺毛，葉柄亦疏被相同型式之毛被。

　　在台灣常見於高雄、屏東及台東低中海拔山區，生長於乾溼分明環境之裸露岩石壁縫隙間。

葉面及孢膜均密被長直柔毛及短腺毛

葉軸及葉面柔毛明顯較腫足蕨更長

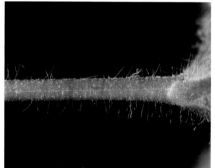

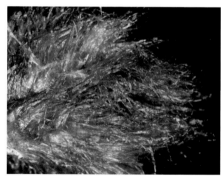

孢膜圓腎形，與囊群近等大。

葉柄疏被長柔毛及短腺毛

根莖密生紅棕色狹長鱗片

生長於略有遮蔽之岩壁縫隙

葉片下垂，達四回羽裂。

腫足蕨屬未定種 **2**

屬名　腫足蕨屬

學名　*Hypodematium* sp. 2 (*H*. aff. *fauriei*)

外觀與腫足蕨（*H. crenatum*，見第 151 頁）接近，但葉近五角形，葉柄及葉軸遠軸面幾近光滑，近軸面及羽片兩面疏被針毛。

　　在台灣僅發現於南投中海拔山區，生長於有遮蔽之岩縫間。本種形態接近分布於日本的 *H. fauriei*，有待進一步比對。

葉近軸面疏被毛

孢膜圓腎形，密被針毛。

側脈游離

根莖密被紅棕色狹披針形鱗片

葉五角形

葉柄及葉軸遠軸面幾近光滑

腫足蕨屬未定種 3

屬名　腫足蕨屬
學名　*Hypodematium* sp. 3 (*H.* aff. *glanduloso-pilosum*)

外觀與腫足蕨（*H. crenatum*，見第 151 頁）接近，但本種葉片各處除密被之針毛外亦疏被短腺毛。此外，與腫足蕨屬未定種 1（見第 152 頁）之差異在於本種針毛僅長約 1 公釐，且葉軸、羽軸疏被淡褐色絲狀鱗片。

在台灣僅發現於南投中海拔山區，生長於垂直岩壁有遮蔽之縫隙內。本種形態接近分布於東亞的 *H. glanduloso-pilosum*。

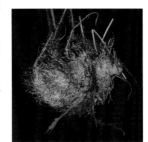

根莖短匍匐狀，密被紅棕色鱗片。

生於垂直岩壁之縫隙

葉末裂片歪橢圓形，先端圓鈍。

葉柄及葉軸疏被針毛及腺毛

葉面密被針毛，並疏被較短之腺毛。

孢膜圓腎形，密被針毛。

葉卵狀五角形，達四回羽裂。

大膜蓋蕨屬 LEUCOSTEGIA

根 莖橫走，具褐色毛及窄鱗片。葉柄基部具關節，三回以上羽狀複葉，葉脈游離。孢膜扁圓腎形。

大膜蓋蕨

屬名	大膜蓋蕨屬
學名	*Leucostegia immersa* C.Presl

根莖粗長橫走，密被披針形鱗片和長柔毛。葉遠生，葉片長卵形，三回羽狀複葉。孢子囊群生於小脈頂端，孢膜圓腎形。

　在台灣主要分布於南投、嘉義及屏東中海拔冷溫帶森林環境，生長於土坡、岩石或樹木粗大枝幹上。

根莖粗長橫走，密被披針形鱗片和長柔毛。

囊群突起於近軸面

孢子囊群生於小脈頂端，孢膜圓腎形。

生於半遮蔭之山壁

葉片長卵形，三回羽狀複葉。

大膜蓋蕨屬未定種

屬名　大膜蓋蕨屬
學名　*Leucostegia* sp.

外觀與大膜蓋蕨（*L. immersa*，見第155頁）接近，但葉片明顯較大，可達1公尺左右，四回羽狀複葉，根莖直徑1公分以上，孢子囊群稍遠離裂片邊緣。

　　在台灣零星分布於花蓮及台東海拔1,000公尺左右山區極濕潤之闊葉林環境，攀附於林緣或林間透空處之土坡、山壁、樹木主幹或樹蕨上。

生長於樹蕨上之族群

末回裂片近菱形，孢膜扁圓腎形，基部著生。

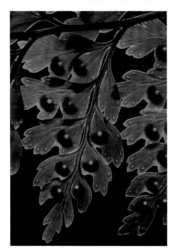

葉脈游離，未達邊緣。

根莖粗大，密被紅棕色毛及小型鱗片。

葉片大型，達四回羽狀複葉。

鱗毛蕨科 DRYOPTERIDACEAE

全世界約 26 屬，2115 種，根據分子親緣證據後重新定義的鱗毛蕨科包含了早期置於羅蔓藤蕨科的大多數物種，目前本科可再細分為鱗毛蕨亞科（*Dryopteridoideae*）、舌蕨亞科（*Elaphoglossoideae*）及攀舌蕨亞科（*Polybotryoideae*）。本科成員廣泛分布於全世界，於熱帶與溫帶地區都有高度的多樣性，形態及生活型之變化範圍極大，共通特徵僅有鱗片不為窗格狀，葉柄維管束多條，環狀排列，以及孢子豆形，具有翼狀紋飾。單論台灣原生類群則涵蓋二種類型：舌蕨亞科成員地生、岩生或附生均有，根莖橫走，葉為單葉或一回羽狀複葉，多少具二型性，孢子囊散沙狀密被於孢子葉遠軸面；鱗毛蕨亞科成員均為地生或岩生，葉為一至多回羽狀複葉，二型性不顯著，孢子囊群圓形，並具有圓盾形或圓腎形孢膜（但有少數類群孢膜退化、極小或早落）。

特徵

葉柄基部鱗片不為窗格狀，大致上均為褐色系或近黑色。（金毛蕨）

舌蕨亞科具孢子葉及營養葉之分化（刺蕨）

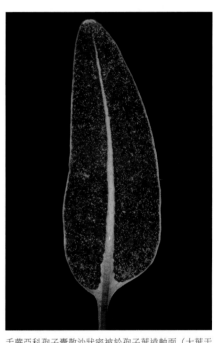

舌蕨亞科孢子囊散沙狀密被於孢子葉遠軸面（大葉舌蕨）

鱗毛蕨亞科具圓形孢子囊群，其中複葉耳蕨屬及鱗毛蕨屬具圓腎形孢膜。（小葉複葉耳蕨）

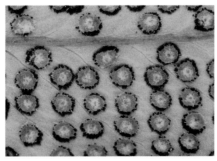

貫眾蕨屬及耳蕨屬具有圓盾形孢膜（細齒貫眾蕨）

鱗毛蕨亞科有少數類群孢膜闕如、極小或早落。（肋毛蕨）

複葉耳蕨屬 ARACHNIODES

根莖長橫走或斜生，密被鱗片。葉片三角形至五角形，二至四回羽狀複葉，羽片上先型，羽片邊緣常具芒刺，葉脈游離。孢子囊群圓形，孢膜圓腎形。

屋久複葉耳蕨

屬名	複葉耳蕨屬
學名	*Arachniodes amabilis* (Blume) Tindale var. *amabilis*

根莖橫走。葉片長卵形，頂羽片長尾狀，與側羽片同形，二回羽狀複葉，葉革質，小羽片邊緣鋸齒具芒刺。孢膜圓腎形，全緣。*A. yakusimensis* 為本變種異名。

在台灣廣泛分布於中低海拔濕潤林下或林緣。

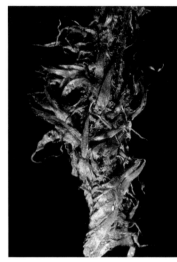

頂羽片與側羽片近同型；孢子囊群略近葉緣。　葉柄基部密被亮褐色鱗片

孢膜圓腎形，全緣。

小羽片斜方形，邊緣鋸齒，具芒尖。

葉闊卵形，具明顯頂羽片。

斜方複葉耳蕨

屬名　複葉耳蕨屬

學名　*Arachniodes amabilis* (Blume) Tindale var. *fimbriata* K.Iwats.

形態上與屋久複葉耳蕨（見前頁）相似，但本變種之孢膜邊緣具指狀突起。

　　在台灣分布及生境與屋久複葉耳蕨相同。*A. rhomboidea* 為本變種異名。

孢膜圓形，邊緣撕裂狀。

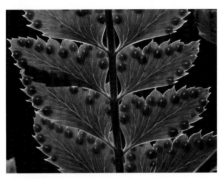

小羽片邊緣鋸齒，具芒尖。

基羽片基下側小羽片額外發育為羽片狀

孢子囊群生於近葉緣處

葉脈於遠軸面顯著可見

小羽片卵狀斜方形

頂羽片與側羽片近同型

中華複葉耳蕨

屬名　複葉耳蕨屬
學名　*Arachniodes chinensis* (Rosenst.) Ching

根莖粗壯短橫走，葉柄基部密被棕色線狀披針形鱗片。葉革質，卵狀三角形，先端長漸尖，基羽片基下側小羽片顯著伸長，達三回深裂或全裂，其餘部分則為二回羽狀複葉，且其他羽片基部小羽片無顯著伸長；小羽片歪卵狀斜方形，鋸齒緣，具芒尖。孢子囊群著生於較近葉緣處。

　　僅見於馬祖，生長於次生林下斜坡，過往鑑定為 *A. caudata*，今已視為本種異名。

生長於次生林內土坡

孢子囊群圓形，略近葉緣。

葉卵狀三角形，先端漸尖。

葉柄基部密被黃褐色狹披針形鱗片

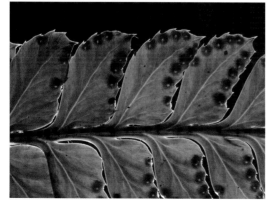

小羽片鋸齒緣，具短芒尖。

基羽片基下側小羽片常明顯拉長，基上側小羽片亦常稍長於相鄰小羽片。

葉軸及羽軸遠軸面密被鱗片

細葉複葉耳蕨

屬名 複葉耳蕨屬
學名 *Arachniodes exilis* (Hance) Ching

根莖粗壯肉質，長橫走，連同葉柄基部密被紅褐色鱗片。葉遠生，革質，五角狀卵形，二至三回羽狀複葉，基部一至數對羽片之基下側小羽片遠長於相鄰小羽片，有時基上側小羽片亦明顯伸展，側羽片線狀披針形，葉片先端突縮為尾狀，小羽片邊緣具芒刺狀鋸齒，葉脈游離。孢膜圓腎形。本種過往常誤定為 *A. aristata*，該類群僅分布於太洋洲且與小葉複葉耳蕨（*A. pseudoaristata*，見第 165 頁）較為近緣。

廣泛分布於台灣本島及金門、馬祖低海拔森林。

小羽片狹斜方形，邊緣鋸齒，具芒尖。

葉先端突縮為尾狀

孢膜圓腎形，長於脈上。

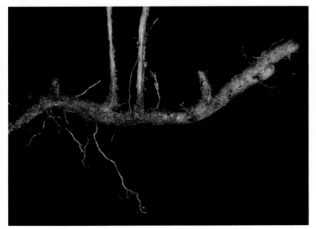

根莖長橫走，密被深褐色鱗片。

葉長卵形，基羽片之基下側小羽片顯著伸展呈鳳尾狀。

台灣兩面複葉耳蕨

屬名　複葉耳蕨屬
學名　*Arachniodes festina* (Hance) Ching

根莖粗壯長橫走，葉遠生。葉柄基部密被褐色線形鱗片；葉片五角形，三回至四回羽狀深裂，最基部羽片向下小羽片特別長，羽片邊緣尖齒狀。孢膜圓腎形。在台灣生長於中低海拔潮溼環境。

生長於中海拔林下潮濕處

孢膜圓腎形，長於脈上。

各級軸及脈之溝槽相通

末回裂片邊緣鋸齒，具尖齒。

葉大型，三回複葉至四回深裂。

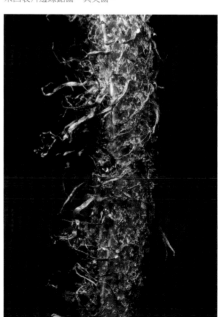

葉柄基部被褐色鱗片

台灣複葉耳蕨

屬名　複葉耳蕨屬
學名　*Arachniodes globisora* (Hayata) Ching

根莖橫走。葉柄基部密被棕色線狀鱗片。葉片卵狀三角形，下部達三至四回羽狀複葉，小羽片鐮狀卵形，末裂片僅最先端具一至數個銳齒及芒尖，兩側近全緣或淺鈍齒緣。孢膜圓腎形，貼近中脈。

　　在台灣分布於嘉義、高雄、屏東及台東中海拔之霧林環境。

葉卵狀三角形

小羽片及末回裂片先端具芒尖

孢膜圓腎形，邊緣撕裂狀。（張智翔攝）

大型個體達四回羽狀複葉（張智翔攝）

葉柄基部密被金褐色長線形鱗片

黑鱗複葉耳蕨

屬名　複葉耳蕨屬
學名　*Arachniodes nigrospinosa* (Ching) Ching

葉柄、葉軸及羽軸上密被黑色至深褐色，質地較厚，開展之披針形鱗片為本種主要鑑別特徵。

　　在台灣零星分布於南投、高雄、屏東及台東海拔 700 ～ 1,500 公尺之濕潤森林內。

三回羽狀複葉（張智翔攝）

孢膜圓腎形

末裂片近菱形（張智翔攝）

生於濕潤森林環境

葉柄基部密被黑色至褐色硬質鱗片

小葉複葉耳蕨

屬名　複葉耳蕨屬
學名　*Arachniodes pseudoaristata* (Tagawa) Ohwi

本種形態上與細葉複葉耳蕨（*A. exilis*，見第 161 頁）相似，最主要的差別為本種之葉片先端漸尖而非突縮為尾狀，且側羽片為狹三角狀披針形。

　　在台灣廣泛分布於本島低至中海拔山區林下。

裂片邊緣鋸齒，具芒尖。

葉柄基部密被亮褐色鱗片

孢膜圓腎形，全緣，著生於脈上。

根莖橫走

葉五角形，頂羽片不明顯。

毛孢擬複葉耳蕨

屬名	複葉耳蕨屬
學名	*Arachniodes quadripinnata* (Hayata) Seriz.

本種為台灣複葉耳蕨屬植物中唯一葉片薄草質的物種，四回羽狀複葉。

在台灣常見於中部中海拔山區濕潤森林底層。

各級軸上密被細毛

葉柄基部被闊披針形鱗片

孢膜圓腎形，著生於脈上，孢子囊群小。

裂片邊緣鋸齒，無芒尖。

葉卵圓形，四回羽狀複葉。

複葉耳蕨屬未定種 1

屬名　複葉耳蕨屬
學名　*Arachniodes* sp. 1

本種原先報導為中華複葉耳蕨（*A. chinensis*，見第160頁），然而其基羽片基下側小羽片略短或近等長於相鄰小羽片，小羽片狹長，孢子囊群位於葉緣與中肋中間，故與中華複葉耳蕨存在顯著差異，形態上較接近描述自日本的 *A. japonica* 及中國的 *A. reducta*，但仍待進一步確認。

　　在台灣僅紀錄於南投低海拔山區，生長於闊葉林下。

孢子囊群於小羽片中肋兩側各一排，具圓腎形孢膜。

葉片二回羽狀複葉

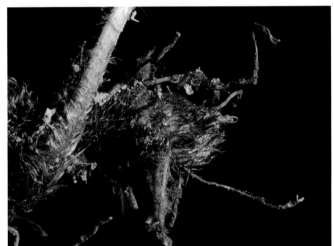

根莖密被褐色鱗片

生長於低海拔山區闊葉林下

葉柄上被細長形鱗片

複葉耳蕨屬未定種 2

屬名　複葉耳蕨屬
學名　*Arachniodes* sp. 2

形態接近中華複葉耳蕨（*A. chinensis*，見第160頁）、小葉複葉耳蕨（*A. pseudoaristata*，見第165頁）及複葉耳蕨屬未定種1（*A.* sp. 1，見第167頁）。與中華複葉耳蕨區別為葉片達三回深裂，孢子囊群較近中肋；與小葉複葉耳蕨區別為葉片及側羽片均較狹長，葉軸及羽軸上密被鱗片；與複葉耳蕨屬未定種1區別為基羽片基下側小羽片稍長於相鄰小羽片，且小羽片較寬闊。

在台灣偶見於台北及馬祖淺山環境，生長於稜線附近稀疏闊葉林下。

基羽片基下側小羽片稍長於相鄰小羽片

葉軸及羽軸被深褐色貼伏鱗片

小羽片鋸齒緣，具短芒尖。

孢膜圓腎形，邊緣有細小指狀突起。

根莖粗壯橫走

葉卵狀三角形，三回羽裂。

葉柄基部密被褐色狹披針形鱗片

實蕨屬 BOLBITIS

植株中小型，根莖橫走或短直立。營養葉與孢子葉明顯兩型，葉單葉或一回羽狀複葉為主，頂端常具有不定芽，葉脈游離或網狀。孢子囊群全面著生於孢子葉遠軸面。

細葉實蕨

屬名	實蕨屬
學名	*Bolbitis angustipinna* (Hayata) H.Ito

根莖長匍匐狀，密被披針形棕色鱗片。葉二型，營養葉橢圓形，一回羽狀複葉，頂羽片線狀披針形，常著生一枚大芽胞；孢子葉亦為一回羽狀複葉，葉柄較營養葉長，羽片明顯狹縮。孢子囊群散布孢子羽片遠軸面。

在台灣生於中、南部中低海拔林下遮蔭溝谷環境之岩石或土坡上。

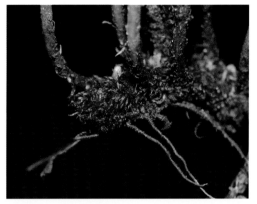

根莖長橫走，密被深褐色鱗片。

羽片狹長，邊緣淺裂，缺刻處有一小突尖。

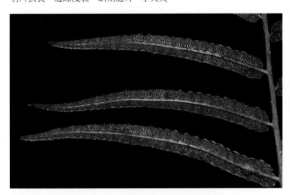

孢子羽片較營養葉狹窄，孢子囊散沙狀密布於葉遠軸面。

葉脈網狀，網眼中偶有游離小脈。

葉兩型，一回羽狀複葉。

刺蕨

屬名　實蕨屬
學名　*Bolbitis appendiculata* (Willd.) K.Iwats.

根莖長橫走。葉二型，營養葉一回羽狀複葉，羽片基部耳狀突起，葉脈游離；孢子葉狹縮。孢子囊群散沙狀覆蓋葉遠軸面。

　　在台灣全島分布，生長於中低海拔林下溪谷環境岩石上。

羽片邊緣缺刻處具一突尖

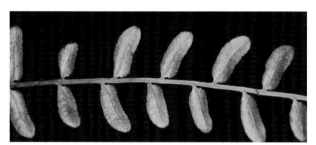

孢子羽片卵圓形

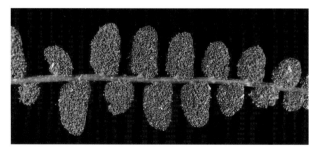

孢子囊散沙狀密被孢子葉羽片遠軸面

群生於溪溝兩側石頭上

頂羽片線形，基部具一枚不定芽。

根莖長橫走，密被褐色鱗片。

葉顯著兩型，孢子葉直立，具長柄。

尾葉實蕨

屬名　實蕨屬

學名　*Bolbitis heteroclita* (C.Presl) Ching

根莖匍匐狀，密被灰棕色披針形鱗片。葉二型，營養葉一回羽狀複葉，部分頂羽片延長為狹披針狀，頂端具不定芽；孢子葉與營養葉同型而較小。孢子囊群散沙狀覆蓋葉遠軸面。

　　主要分布於台灣東部，自花蓮、台東延伸至恆春半島東側，以及龜山島、綠島、蘭嶼，生長於低海拔濕潤森林底層及溪谷環境。

根莖橫走

孢子囊群散沙狀密布於葉遠軸面

頂羽片先端延長，生不定芽。

網狀脈，網眼中偶有游離小脈。

群生於溪谷兩側，頂羽片延長成尾狀。

孢子葉直立

尾葉實蕨 × 海南實蕨

屬名　實蕨屬
學名　*Bolbitis heteroclita* × *B. subcordata*

尾葉實蕨（*B. heteroclita*，見第 171 頁）與海南實蕨（*B. subcordata*，見第 178 頁）之天然雜交後代，形態介於二親本之間。其頂羽片狹披針形，先端尾狀，邊緣圓齒狀淺裂；側羽片約有 3 至 8 對，具有大致規則排列的多邊形網眼。

　　在台灣曾紀錄於龜山島及恆春半島。

孢子囊群散生於孢子葉遠軸面　　頂羽片狹披針形，先端尾狀，邊緣圓齒狀淺裂。

葉脈具有大致規則排列的多邊形網眼

葉柄上疏被鱗片

頂羽片具不定芽　　　　孢子葉與營養葉明顯兩型　　　羽片形態介於二親本之間

網脈刺蕨

屬名　實蕨屬

學名　*Bolbitis* × *laxireticulata* K.Iwats.

外形與刺蕨（*B. appendiculata*，見第170頁）相似，但羽片基部楔形，不具耳狀突起，葉緣缺刻內具尖刺，葉脈網狀，羽軸兩側具弧形網眼。

　　在台灣生長在刺蕨與海南實蕨（*B. subcordata*，見第178頁）混生環境，可能是以上兩種之天然雜交種。

偶見於溪谷環境，常與親本共域生長。

較大個體葉先端漸縮，無顯著分化之頂羽片。

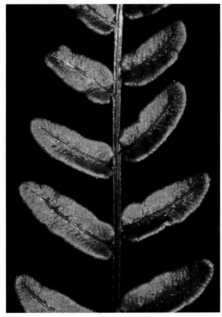

孢子葉羽片長橢圓形

葉緣缺刻處具一小突尖

較小個體具三角形，深裂之頂羽片。

葉脈游離或結合成網狀脈

孢子囊散沙狀全面著生於葉遠軸面

蓮華池實蕨 特有種

屬名　實蕨屬
學名　*Bolbitis lianhuachihensis* Y.S.Chao, Y.F.Huang & H.Y.Liu

根莖匍匐狀，葉近生。葉二型，營養葉一回羽狀複葉，側羽片常為 2 至 4 對，偶 1 或 5 對，闊披針形，具短柄，邊緣加厚，明顯波浪狀，頂羽片與側羽片同型；孢子葉具長柄，羽片較營養葉小。孢子囊群散沙狀覆蓋葉背遠軸面。

　　特有種，僅發現於南投及台南山區，生長於林下溪谷環境岩石或地上。本種於過往文獻中錯誤鑑定為厚葉實蕨（*B. virens* var. *compacta*）。

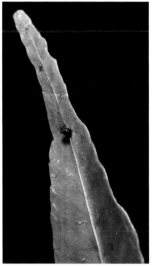

羽片先端具不定芽　　　　　　　　　孢子囊散沙狀著生於葉遠軸面

側羽片常 2 至 4 對

根莖橫走

葉邊緣加厚，明顯波浪狀。　　　葉脈網狀，網眼中偶有游離小脈。　　　葉兩型

南仁刺蕨

屬名　實蕨屬
學名　*Bolbitis × nanjenensis* C.M.Kuo

形態與網脈刺蕨（*B. × laxireticulata*，
見第 173 頁）相似，但羽片較為狹長，
葉緣缺刻較不明顯。生長在尾葉實蕨（*B.
heteroclita*，見第 171 頁）與刺蕨混生
環境，推定為以上兩種之天然雜交種。
　　在台灣僅見於恆春半島低海拔地
區。

孢子葉羽片窄縮

根莖橫走，被褐色鱗片。

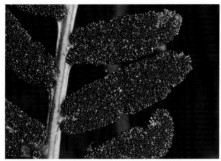

孢子囊布滿孢子葉遠軸面

頂羽片狹披針形，淺圓齒緣。

形態介於刺蕨與尾葉實蕨之間

葉脈網狀，僅於羽軸兩側各形成一排網眼。

生長於低海拔闊葉林下環境

大刺蕨

屬名	實蕨屬
學名	*Bolbitis rhizophylla* (Kaulf.) Hennipman

根莖匍匐狀。葉二型，營養葉一回羽狀複葉，羽片長披針形，葉脈游離；孢子葉羽片狹縮。孢子囊群散沙狀覆蓋葉遠軸面。

在台灣分布於嘉義至屏東低海拔山區，生長於乾溼分明氣候區域之疏林內斜坡或岩石上。

葉先端鞭狀，終止於不定芽，無頂羽片。

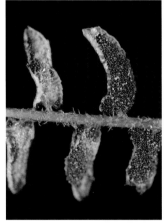

孢子囊散沙狀密布於葉遠軸面

葉緣鋸齒，葉脈游離。

一回羽狀複葉

群生於乾燥土坡

葉柄基部被褐色鱗片

紅柄實蕨

屬名 實蕨屬
學名 *Bolbitis scalpturata* (Fée) Ching

根莖匍匐狀。葉柄及葉軸多少泛紫紅色，葉近生。葉二型，營養葉一回羽狀複葉，羽片4至9對；孢子葉具柄與營養葉同型而較小。孢子囊群散沙狀覆蓋葉遠軸面。

在台灣分布於嘉義、台南及高雄低海拔山區，生長於乾溼分明氣候區域林下溪谷環境岩石或地上。

孢子囊散沙狀著生於葉遠軸面

一回羽狀複葉，羽片橢圓披針形。

葉脈網狀，網眼中偶有游離小脈。

根莖長橫走，密被褐色鱗片。

生長於中南部季節性乾旱溪溝中

海南實蕨

屬名　實蕨屬
學名　*Bolbitis subcordata* (Copel.) Ching

根莖橫走，密被披針形鱗片。葉二型，營養葉橢圓形，一回羽狀複葉，頂羽片基部三裂，其先端常延長入土生根；孢子葉直立，具長柄，羽片顯著小於營養葉。

在台灣分布於全島中低海拔山區，蘭嶼及龜山島亦有，生長於濕潤林下遮蔭溝谷環境之岩石或土坡上。

葉柄基部被深褐色披針形鱗片　　葉脈網狀，網眼中有游離小脈。

頂羽片先端具不定芽

孢子囊散沙狀密布於葉遠軸面

一回羽狀複葉

肋毛蕨屬 CTENITIS

莖 短直立或斜生。葉一回羽狀複葉至二回深裂，基部羽片最長，羽軸和葉軸上均具肋毛。孢膜圓腎形。

愛德氏肋毛蕨

屬名	肋毛蕨屬
學名	*Ctenitis eatonii* (Baker) Ching

本種最主要鑑別特徵為葉柄上具有平射狀的細長鱗片。

在台灣廣泛分布於全島低海拔潮濕環境，岩生或坡生。

葉軸上密被先端膨大的短肋毛

葉全面被毛

孢子囊群圓形，孢膜早凋。

生長於林緣乾燥坡面上

葉柄密被平展之狹長形褐色鱗片

肋毛蕨

屬名　肋毛蕨屬
學名　*Ctenitis subglandulosa* (Hance) Ching

葉四回羽狀複葉，葉軸上密被鏽棕色平貼鱗片。
在台灣廣泛分布於全島低中海拔闊葉林下。

孢子囊群圓形，著生於脈上，孢膜早凋。

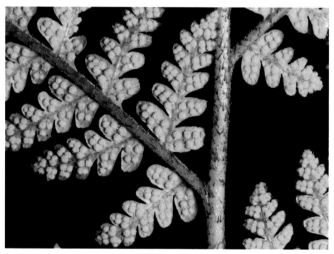

葉軸及羽軸上有伏貼狀褐色披針形鱗片

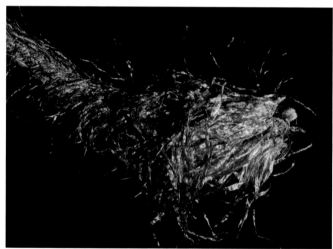

葉柄密被亮褐色鱗片

葉大型，五角形，三回羽狀複葉。

葉軸及羽軸近軸面密被短肋毛

貫眾蕨屬 CYRTOMIUM

葉一回羽狀複葉或偶有單葉，具有獨立之頂羽片，葉脈網狀，具有兩排以上之網眼。

奇葉貫眾蕨

屬名	貫眾蕨屬
學名	*Cyrtomium anomophyllum* (Zenker) Fraser-Jenk.

在形態上與細齒貫眾蕨（*C. caryotideum*，見第182頁）相似，主要的鑑別特徵為本種之羽片基部圓形，僅近軸側有不明顯之耳狀突起。孢膜黑褐色，明顯小於孢子囊群，邊緣不規則齒狀。

在台灣偶見於中海拔山區針闊葉混合林內。

根莖與葉柄基部密被黑色闊披針形鱗片　　側羽片約5至8對，羽軸呈深褐色。

孢膜褐色，明顯小於孢子囊群，不規則齒緣。

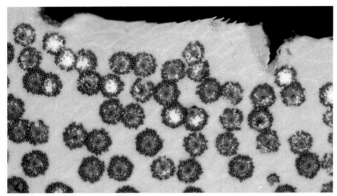

羽片基部近圓形，近無柄。

羽片近軸側有時具耳狀突起，邊緣具稍不規則之銳鋸齒緣。

生長於中海拔山區針闊葉混合林下

細齒貫眾蕨

屬名　貫眾蕨屬
學名　*Cyrtomium caryotideum* (Wall. *ex* Hook. & Grev.) C.Presl

本種羽片基部兩側常有銳頭之耳狀突起，羽片邊緣銳鋸齒狀。孢膜與孢子囊群約略等大，白色，邊緣撕裂狀。

在台灣生長於中海拔地區潮濕林下環境。

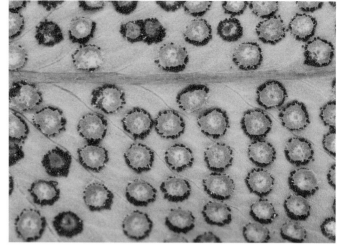

孢膜圓形，邊緣撕裂狀，散布於葉遠軸面。

側羽片基部心形至截形，於上側有一耳狀或肩狀突起。

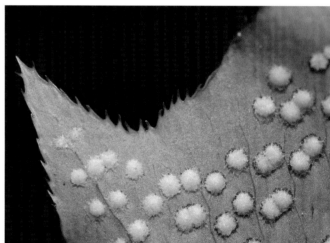

葉緣細鋸齒狀，齒突具非常尖銳之芒尖。

生長於中海拔地區潮濕林下環境

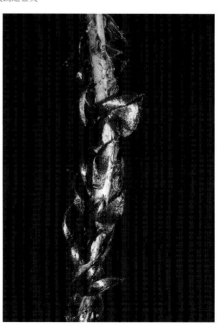

葉基被黑色闊卵形鱗片

披針貫眾蕨

屬名	貫眾蕨屬
學名	*Cyrtomium devexiscapulae* (Koidz.) Koidz. & Ching

根莖短而直立，密被披針形棕色鱗片。葉奇數一回羽狀複葉，羽片先端漸尖成短尾狀，基部圓楔形，葉全緣，偶爾具有不規則波浪緣。孢膜圓形，全緣。

　　在台灣生長於中海拔地區林緣環境。

側羽片鐮形，邊緣不規則波浪狀。

根莖短而直立，密被披針形棕色鱗片。

孢膜散布於葉遠軸面

生長於低中海拔地區林緣環境岩石上

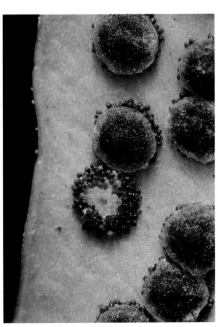
孢膜圓形，全緣，中央紅棕色。

全緣貫眾蕨

屬名　貫眾蕨屬
學名　*Cyrtomium falcatum* (L.f.) C.Presl subsp. *falcatum*

根莖短直立，密被卵狀披針形鱗片。葉叢生，奇數一回羽狀複葉，羽片全緣。圓盾形孢膜邊緣有小鋸齒；孢子囊內有 32 顆孢子，為三倍體，行無配生殖。

在台灣生長於本島及離島近海岸之半開闊岩石縫隙。

羽片近軸面具光澤，基部圓形。

生長於近海岸之半開闊岩石縫隙

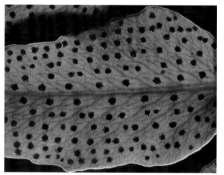

葉脈網狀，孢子囊群位於網眼內游離小脈上。

葉奇數一回羽狀複葉，羽片全緣。

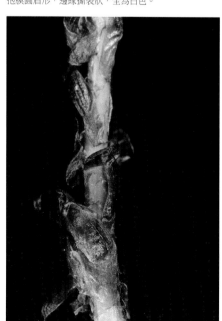

孢膜圓盾形，邊緣撕裂狀，全為白色。

與闊片烏蕨共域生長於海岸民居牆縫間

葉柄密被卵狀披針形鱗片

濱海全緣貫眾蕨

屬名　貫眾蕨屬

學名　*Cyrtomium falcatum* (L.f.) C.Presl subsp. *australe* S.Matsumoto *ex* S.Matsumoto & Ebihara

外觀與承名變種（全緣貫眾蕨，見前頁）極為相近，主要區別在於羽片質地略薄，且孢子囊內有 64 顆孢子，為二倍體，行有性生殖。

　　台灣目前僅在離島蘭嶼有確切紀錄。

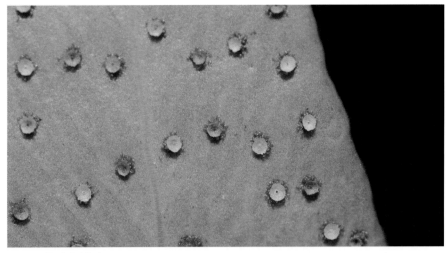

圓盾形孢膜邊緣有小鋸齒

羽片基部圓形

根莖短直立，密被披針形鱗片。

生於近海岸之裸露岩壁

與全緣貫眾蕨極為相近，主要區別在於羽片質地略薄。

貫眾蕨

屬名 貫眾蕨屬
學名 *Cyrtomium fortunei* J.Sm.

羽片通常超過 10 對，長度短於 8 公分，寬度小於 3 公分，鐮狀披針形，邊緣具不顯著細鋸齒。孢膜全緣。

在台灣局限分布於台中及花蓮一帶之中海拔山區，生長於林緣山壁與土坡上。

於花蓮中海拔石灰岩環境有部分族群羽片對數略少（約 6 至 10 對）且略寬，形態符合描述自日本之變種 *C. fortunei* var. *clivicola*，但其分類地位仍有待更完整的系統研究釐清。

側羽片鐮狀披針形，中脈黑色。

具網眼，網眼中有游離小脈。

葉柄密被黑色闊披針形鱗片

孢子囊群遍布羽片遠軸面

羽片對數略少且略寬之族群可見於花蓮石灰岩環境

羽片對數常在 10 對以上

生長於林緣地帶岩石上

大葉貫眾蕨

屬名　貫眾蕨屬
學名　*Cyrtomium macrophyllum* (Makino) Tagawa

根莖短而直立，密被披針形黑棕色鱗片。葉叢生，奇數一回羽狀複葉，頂羽片常為三岔狀，先端急尖成短尾狀，基部圓楔形，羽片接近全緣，或僅有極疏之細齒，葉脈網狀。孢子囊群遍布羽片遠軸面。

　　在台灣零星生長於中海拔地區潮濕林緣環境。

生長於中海拔地區潮濕林緣環境

羽片接近全緣，基部圓，囊群全面散生。

網狀脈，網眼中有游離小脈，孢子囊群著生於游離小脈上。

孢子囊群著生處於葉近軸面些微突起

葉片奇數一回羽狀複葉，頂羽片三岔狀。

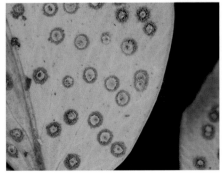
孢膜圓盾形，近白色。

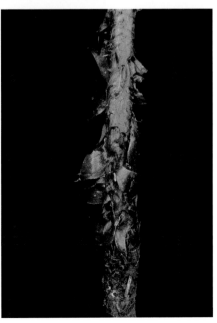
葉柄基部被褐色闊卵形鱗片

尖葉貫眾蕨 特有種

屬名　貫眾蕨屬
學名　*Cyrtomium simadae* (Tagawa) Y.H.Chang

形態上與台灣貫眾蕨（見下頁）相似，主要差異為本種之羽片基部接近楔形，具有較不明顯之細鋸齒緣。

　　特有種，零星分布於台灣中海拔山區林緣。

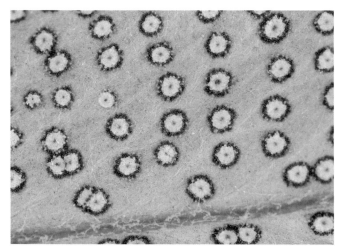

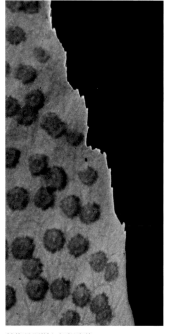

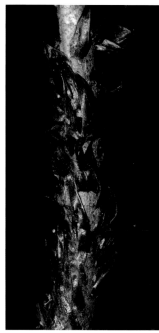

孢膜圓盾狀，白色，中心點帶黃褐色。

葉緣具間斷之細鋸齒緣

葉柄上被黑褐色披針形鱗片

囊群全面散布於羽片遠軸面

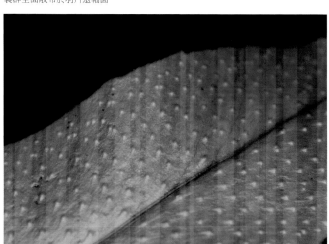

囊群著生處於近軸面，具瘤狀突起。

羽片約 6 至 10 對，基部楔形，無耳狀突起。

台灣貫眾蕨 特有種

屬名　貫眾蕨屬
學名　*Cyrtomium taiwanianum* Tagawa

根莖短而直立，密被披針形黑棕色鱗片。葉片奇數一回羽狀複葉，羽片基部圓形，邊緣銳鋸齒，網狀脈，網眼中具游離小脈。

　　特有種，零星分布於中海拔地區潮濕林下環境。

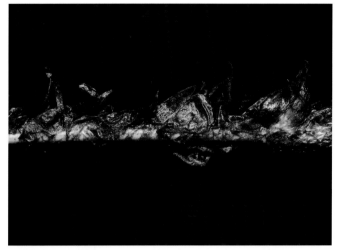

葉柄被黑色闊披針形鱗片

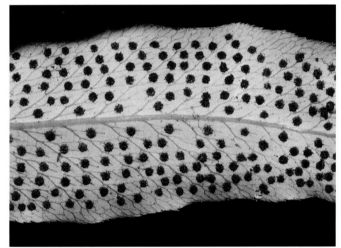

孢子囊群散布於葉遠軸面，著生於游離小脈上。

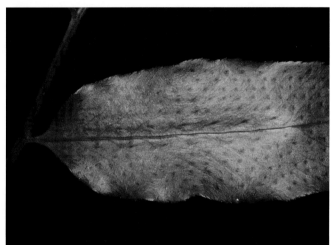

側羽片基部漸狹，邊緣鋸齒狀。

生長於中海拔地區潮濕林下環境

葉片奇數一回羽狀複葉，羽片基部圓形。

鱗毛蕨屬 DRYOPTERIS

根莖短直立，少數橫走。葉柄基部密被鱗片，葉一至四回羽狀複葉，葉脈游離。孢膜圓腎形，少數不具孢膜。本屬依分子親緣研究重新界定後包含過往置於魚鱗蕨屬（*Acrophorus*）、假複葉耳蕨屬（*Acrorumohra*）、紅線蕨屬（*Diacalpe*）擬鱗毛蕨屬（*Dryopsis*）、肉刺蕨屬（*Nothoperanema*）及柄囊蕨屬（*Peranema*）的類群。

尖齒鱗毛蕨

屬名	鱗毛蕨屬
學名	*Dryopteris acutodentata* Ching

形態與鋸齒葉鱗毛蕨（*D. serratodentata*，見第233頁）相當接近，但本種葉緣齒突先端稍鈍，孢膜邊緣嚙噬狀而非撕裂狀。

在台灣零星分布於高海拔山區冷杉林緣。

葉片長橢圓形，二回羽狀深裂至羽軸。

孢膜邊緣嚙噬狀而非撕裂狀

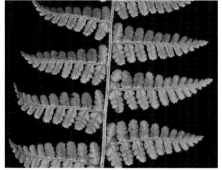

葉緣齒突先端稍鈍

葉脈游離，小脈末端接近葉緣。

生長於高海拔岩屑環境

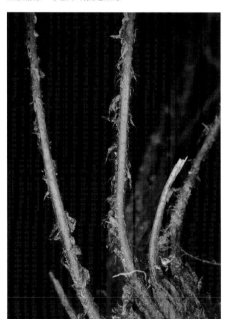

葉柄基部疏被鱗片

腺鱗毛蕨

屬名 鱗毛蕨屬
學名 *Dryopteris alpestris* Tagawa

葉兩面連同葉柄密被腺體為本種主要鑑別特徵。
在台灣見於高海拔岩屑環境。

葉兩面密被腺體

孢膜圓腎形，邊緣鋸齒狀。

葉脈游離，小脈分岔。

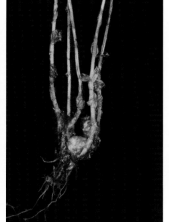

根莖與葉柄密被褐色卵圓形鱗片

末裂片邊緣尖齒狀

生長於高海拔岩屑環境

頂囊擬鱗毛蕨

屬名　鱗毛蕨屬

學名　*Dryopteris apiciflora* (Wall. *ex* Mett.) Kuntze

為軸鱗鱗毛蕨節（sect. *Dryopsis*）成員，共通特徵為葉被多細胞毛，及羽軸、小羽軸近軸面之溝槽不相通。本種特徵為葉片橢圓形，二回深裂達羽軸，裂片近長方形；孢子囊群僅生於裂片近先端處。

　　在台灣見於中高海拔冷溫帶混合林下。

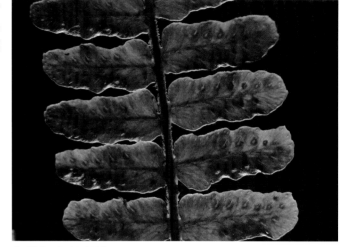

葉脈游離，小脈未達葉緣。

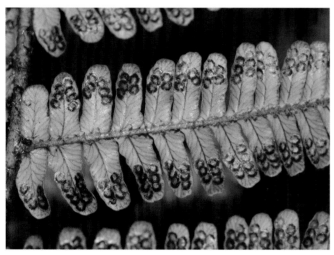

孢子囊群生於裂片的頂部

葉片二回深羽裂

生長於中高海拔冷溫帶混合林下

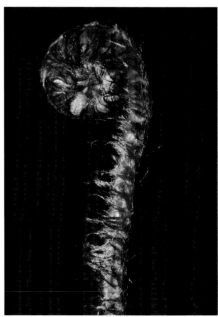

捲旋之幼葉密被褐色披針形鱗片

暗鱗鱗毛蕨

屬名　鱗毛蕨屬
學名　*Dryopteris atrata* (Wall. *ex* Kunze) Ching

為毛柄鱗毛蕨節（sect. *Hirtipedes*）之成員，形態上與杪欏鱗毛蕨（*D. cycadina*，見第197頁）相似，主要區別為本種葉軸遠軸面密被鱗片，基部羽片不明顯短縮或反折，且羽片分裂較深，約達羽片三分之一至二分之一寬度。

　　在台灣分布於中海拔，多生於檜木混合林下。

孢子囊群分布略偏中肋，稍遠離葉緣；葉軸及羽軸上皆密被鱗片。

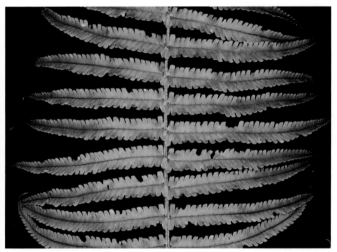

葉二回羽狀淺至中裂

基部羽片不明顯縮小向下反折

葉長橢圓狀披針形

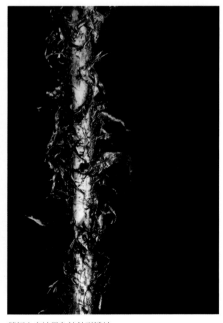

葉柄上密被黑色披針形鱗片

蓬萊鱗毛蕨 特有種

屬名　鱗毛蕨屬
學名　*Dryopteris cacaina* Tagawa

為長葉鱗毛蕨複合群（*D. sparsa* complex）成員之一。本種特徵為小羽片及裂片近卵狀斜方形，先端較圓鈍；且葉柄基部鱗片為卵形，淡褐色。

特有種，主要分布於海拔 2,500～3,000 公尺濕潤森林環境，明顯高於外形接近的長葉鱗毛蕨（*D. sparsa*，見第 235 頁）。

末裂片先端較圓鈍

孢子囊群具圓腎形孢膜

根莖短直立；葉柄基部被卵形鱗片。

基羽片之基下側小羽片明顯延長

生長於中海拔暖溫帶闊葉林緣環境

葉片二回羽狀複葉至三回裂葉

闊鱗鱗毛蕨

屬名　鱗毛蕨屬
學名　*Dryopteris championii* (Benth.) C.Chr. *ex* Ching

為泡鱗鱗毛蕨節（sect. *Erythrovariae*）成員，共通特徵為葉具泡狀鱗片，且基羽片基下側小羽片短於至稍長於相鄰小羽片，因此基羽片多呈披針形至卵狀披針形。本種特徵為二回羽狀複葉，葉柄至葉軸密被淡褐色鱗片，基羽片基下側小羽片略短或近等長於相鄰小羽片，囊群近中生於小羽片邊緣與小羽軸之間，或稍靠近邊緣。

　　分布於金門、馬祖及台北至新竹之淺山丘陵地帶，生長於次生林緣或疏林下。

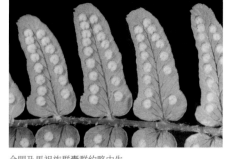
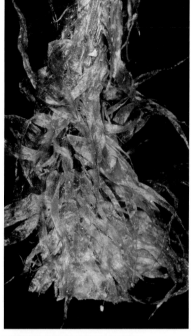

金門及馬祖族群囊群約略中生

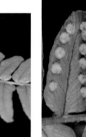

基羽片之基下側小羽片略短或近等長於相鄰小羽片

台灣本島族群囊群稍近邊緣

葉柄基部密被淡褐色膜質披針形鱗片

葉柄、葉軸及羽軸亦密被褐色披針形鱗片。

群生於半開闊林緣邊坡（台灣本島族群）

二回羽狀複葉（馬祖族群）

近中肋鱗毛蕨

屬名 鱗毛蕨屬
學名 *Dryopteris costalisora* Tagawa

葉片披針形，二回羽狀裂葉，羽片長橢圓狀披針形，
邊緣淺裂（基羽片有時達深裂）。孢子囊群位於羽
軸兩側各一行。

在台灣分布於中高海拔冷溫帶針葉林下，生長
於潮濕岩壁縫隙或土坡上。

葉脈游離，小脈未達葉緣。

孢子囊群位於羽軸兩側各一行

葉片二回羽狀淺裂

生長於高海拔冷溫帶針葉林下

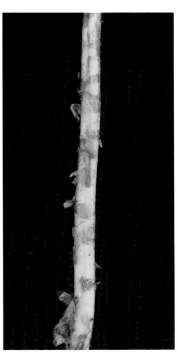

葉柄基部被淺褐色鱗片

桫欏鱗毛蕨

屬名　鱗毛蕨屬
學名　*Dryopteris cycadina* (Franch. & Sav.) C.Chr.

為毛柄鱗毛蕨節（sect. *Hirtipedes*）之成員，共通特徵為葉一回羽狀複葉，羽片狹長，齒緣至淺裂，小脈不分岔。本種主要的鑑別特徵包含羽片僅波浪鋸齒緣而不深裂，葉片基部數對羽片縮短並向下反折，葉柄基部密被近黑色鱗片，葉軸上鱗片較疏。

　　在台灣分布於中海拔山區森林內。

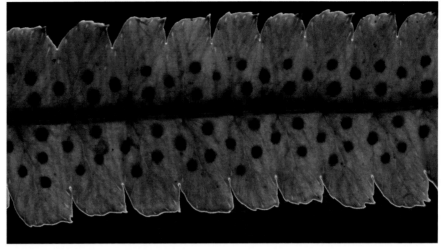

羽片僅波浪鋸齒緣而不深裂

葉片基部數對羽片縮短並向下反折

孢子囊群分布略近於中肋；葉軸遠軸面疏被鱗片。

生長於中海拔暖溫帶闊葉林下

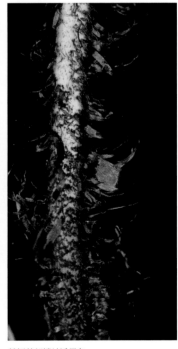

葉柄基部鱗片近黑色

迷人鱗毛蕨

屬名　鱗毛蕨屬

學名　*Dryopteris decipiens* (Hook.) Kuntze

為泡鱗鱗毛蕨節（sect. *Erythrovariae*）成員之一。本種特徵為一回羽狀複葉，羽片約 10 至 15 對，邊緣近全緣，鈍齒緣或淺至深裂；孢子囊群在羽片中脈兩側各 1 至 2 行。

　　在台灣僅見於新北汐止山區及馬祖南竿島，生長於低海拔亞熱帶闊葉林林緣及疏林下通風良好之坡面。於馬祖可見羽片中至深裂之個體，部分研究視為一變種：深裂迷人鱗毛蕨（*D. decipiens* var. *diplazioides*），但本書作者觀察野外族群之羽片形態呈連續性變化，因此暫不區分。

馬祖個體葉邊緣深裂

葉中軸具溝，被泡狀鱗片。

生長於新北之族群一回羽狀複葉，邊緣近全緣。

孢子囊群在羽片中脈兩側各 1 至 2 行

孢膜圓腎形

根莖與葉柄基部被褐色細長形鱗片

生長於馬祖之羽片中至深裂個體

遠軸鱗毛蕨

屬名　鱗毛蕨屬
學名　*Dryopteris dickinsii* (Franch. & Sav.) C.Chr.

為毛柄鱗毛蕨節（sect. *Hirtipedes*）之成員，與台灣產本組其他成員主要的差別為本種之孢子囊群近邊緣生，葉柄鱗片褐色。

　　在台灣局限分布於雪山山脈與中央山脈之間的廊道區域，生長於中海拔混合林內。

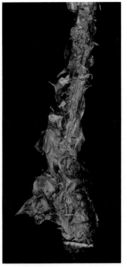
葉柄鱗片褐色

葉末裂片先端平截，近全緣或不顯著鋸齒緣。

葉軸上密被褐色鱗片

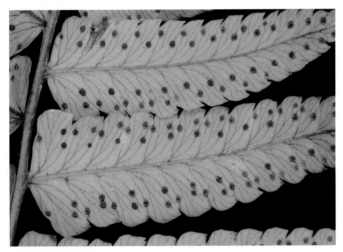
囊群分布偏向羽片邊緣

基部羽片漸縮並向下反折

葉片二回羽狀淺裂

彎柄假複葉耳蕨

屬名　鱗毛蕨屬
學名　*Dryopteris diffracta* (Baker) C.Chr.

之字形折曲之葉軸，顯著反折之羽軸及下彎之羽柄、小羽柄為本種主要的鑑別特徵。
　在台灣零星分布於全島暖溫帶闊葉林或混合林下。

葉軸呈之字形彎曲

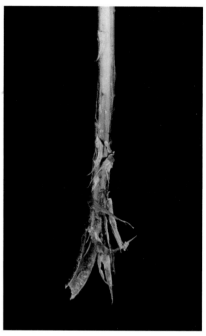

葉柄基部疏被褐色鱗片

羽軸向下反折

生長於暖溫帶闊葉林下

葉片三回羽狀複葉

愛氏鱗毛蕨

屬名　鱗毛蕨屬
學名　*Dryopteris edwardsii* Fraser-Jenk.

為纖維鱗毛蕨節（sect. *Fibrillosae*）成員，共通特徵為葉二回深裂至羽軸，且葉各部被有疏至密之纖維狀鱗片（於基部分裂為數條細絲狀構造之細小鱗片）。本種特徵為葉柄與葉軸遠軸面被有黑色鱗片，葉軸及羽軸近軸面被有稍密之纖維狀鱗片，基羽片不顯著短縮，且末裂片先端圓鈍而非平截。

在台灣僅知分布於高雄、南投與花蓮一帶海拔 2,600 ～ 3,100 公尺高山針葉林內。

葉柄被黑色狹披針形鱗片

葉軸遠軸面被黑色狹披針形鱗片及淡褐色纖維狀鱗片

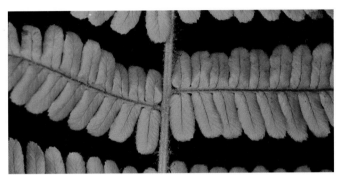
末裂片頂端圓鈍而不為平截

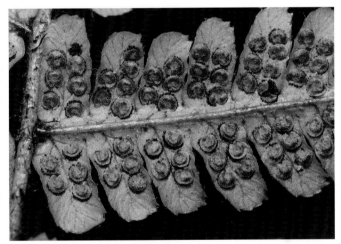
囊群於裂片中肋兩側各一排，孢膜圓腎形。

生長於高海拔山區土坡上

基羽片幾乎不短縮，平展或略反折。

頂羽鱗毛蕨

屬名　鱗毛蕨屬
學名　*Dryopteris enneaphylla* (Baker) C.Chr.

葉為一回羽狀複葉，形態上與大頂羽鱗毛蕨（*D. pseudosieboldii*，見第228頁）相似，但本種之孢子囊群接近中肋。

在台灣零星分布於中海拔暖溫帶闊葉林下。

葉一回羽狀複葉，頂羽片與側羽片近同型。

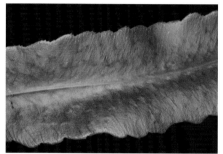

羽片邊緣波狀，具不顯著細鋸齒緣。

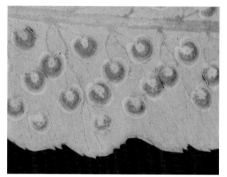

孢膜圓腎形

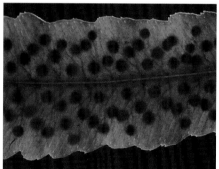

側脈於近葉緣處形成泌水孔

孢子囊群接近中肋

生長於中海拔暖溫帶闊葉林下

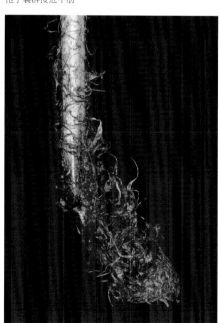

葉柄基部被褐色狹披針形鱗片

紅蓋鱗毛蕨

屬名　鱗毛蕨屬
學名　*Dryopteris erythrosora* (D.C.Eaton) Kuntze

為泡鱗鱗毛蕨節（sect. *Erythrovariae*）成員。本種特徵為葉二回羽狀複葉，葉柄及葉軸密被鱗片；基羽片基下側小羽片顯著短縮；小羽片及裂片淺鋸齒緣，不分裂；孢膜中央紅色。

　　僅紀錄於新北瑞芳一帶山區，生長於次生林下。

二回羽狀複葉；基羽片基下側小羽片顯著短縮。

小羽片近斜方形，先端圓鈍，淺鋸齒緣。

葉柄及葉軸被深褐色狹披針形鱗片；羽軸及小羽軸被泡狀鱗片。

孢膜圓腎形，中央紅色。

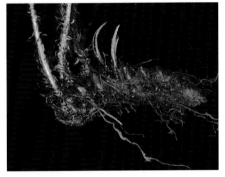

根莖斜倚或匍匐

新葉略帶紅暈

葉柄基部被深褐色帶淺褐色鑲邊之狹披針形鱗片

廣布鱗毛蕨

屬名　鱗毛蕨屬
學名　*Dryopteris expansa* (C.Presl) Fraser-Jenk. & Jermy

葉各處被短腺毛；葉片橢圓形或近三角形，三回羽狀複葉至四回裂葉，羽片 6 至 11 對，末回小羽片長方形或長圓形，先端齒牙具芒刺。

　　在台灣分布於高海拔針葉林下潮濕環境。本種隸屬於一廣布於北溫帶之複雜種群，台灣族群之命名歸屬仍有待區域性的研究確認。

末回小羽片長方形或長圓形，先端齒牙具芒刺。

孢子囊群具圓腎形孢膜，孢膜邊緣撕裂狀。

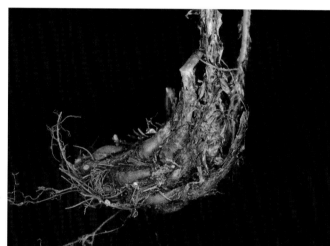

根莖短直立或斜生

葉片橢圓形或近三角形，三回羽狀複葉至四回裂葉。

葉柄基部密被雙色鱗片

台灣鱗毛蕨

屬名　鱗毛蕨屬
學名　*Dryopteris formosana* (Christ) C.Chr.

葉片五角形，三回羽狀複葉，羽片邊緣和頂端均具銳尖齒，葉軸和羽軸密被褐色泡狀鱗片。

　　本種為中海拔及北部低海拔暖溫帶闊葉林下最常見的鱗毛蕨屬植物之一。

羽軸上具泡狀鱗片

葉柄基部被褐色披針形鱗片

基羽片之基下側小羽片顯著長於相鄰小羽片

孢膜圓腎形，拱起呈碗狀。

葉片五角形，三回羽狀複葉。

硬果鱗毛蕨

屬名　鱗毛蕨屬
學名　*Dryopteris fructuosa* (Christ) C.Chr.

葉卵狀三角形至卵狀披針形，二回羽狀深裂至複葉，基羽片可達三回深裂；羽片革質，三角狀披針形；小羽片常略為下垂且邊緣略反捲，先端圓鈍，近軸面青綠色，光澤黯淡，葉脈顯著凹陷，於囊群著生處淺至中裂至孢膜邊緣附近，不孕部分銳鋸齒緣。孢子囊群分布於羽軸及小羽軸兩側，不發育於羽片及小羽片或裂片先端。

　　在台灣偶見於全島高海拔冷溫帶針葉林及混合林環境，生於林下及林緣土坡。

小羽片於囊群著生處淺至中裂至孢膜外側邊緣附近

葉片卵狀三角形至卵狀披針形

葉脈游離，小脈達葉緣。

孢子囊群圓腎形，分布於中肋兩側。

小羽片常略為下垂且邊緣略反捲

生於濕潤林緣土坡

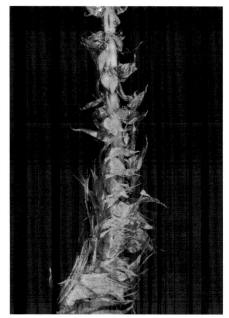

葉柄基部被褐色鱗片

黑足鱗毛蕨

屬名　鱗毛蕨屬
學名　*Dryopteris fuscipes* C.Chr.

為泡鱗鱗毛蕨節（sect. *Erythrovariae*）成員之一。形態上與闊鱗鱗毛蕨（*D. championii*，見第 195 頁）相似，但本種之葉柄基部鱗片較狹窄，質地較厚且為褐色至深褐色，葉軸及羽軸上鱗片較稀疏；孢子囊群分布較貼近小羽軸。

　　台灣本島僅記錄於桃園丘陵一帶，在馬祖南竿島可見較多族群，生於低海拔闊葉林下。

小羽片先端圓鈍

葉片卵狀披針形

二回羽狀裂葉至複葉

孢子囊群分布貼近小羽軸

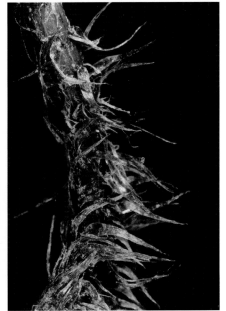

葉軸及羽軸上鱗片較相似種闊鱗鱗毛蕨稀疏

生長於低海拔次生闊葉林下

葉柄基部密被深褐色狹披針形鱗片

哈氏假複葉耳蕨

屬名　鱗毛蕨屬
學名　*Dryopteris hasseltii* (Blume) C.Chr.

葉片披針形，二回羽狀複葉，羽片上先型。孢子囊群生於小脈頂部，無孢膜。
　在台灣廣泛分布於全島低中海拔潮濕闊葉林下。

羽軸及葉軸之近軸面具相通的溝

葉柄基部被深褐色披針形鱗片

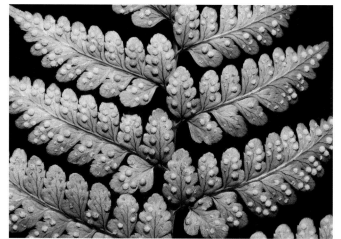

孢子囊群生於小脈頂部

孢子囊群圓形無孢膜

生長於低海拔潮濕闊葉林下溪谷環境

小孢肉刺蕨

屬名　鱗毛蕨屬
學名　*Dryopteris hendersonii* (Bedd.) C.Chr.

葉軸及羽軸紅褐色，葉柄上密被深褐色鱗片，葉片近軸面脈上具有許多直立硬毛。
在台灣零星分布於全島暖溫帶闊葉林下。

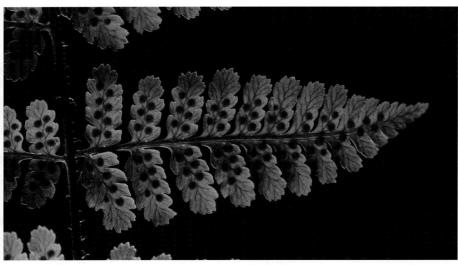

葉脈游離，小脈未達葉緣。

葉柄上密被褐色鱗片

葉片近軸面脈上具有許多直立硬毛

孢子囊群於小羽片中肋兩側各一排

葉卵狀三角形

霍氏鱗毛蕨 特有種

屬名 鱗毛蕨屬
學名 *Dryopteris holttumii* Li Bing Zhang

為軸鱗鱗毛蕨節（sect. *Dryopsis*）成員之一。本種特徵為葉橢圓狀披針形，達三回羽裂，葉柄、葉軸及羽軸遠軸面均密被鱗片。孢子囊群分布偏向小羽片上部，但並非僅集中於小羽片最先端。

　　特有種，零星分布於台灣中海拔濕潤林下。本種於過往文獻常推定為頂囊擬鱗毛蕨（*D. apiciflora*，見第 192 頁）與馬氏鱗毛蕨（*D. maximowicziana*，見第 220 頁）之雜交種，然而其形態並非介於此二種之間，尤其與馬氏鱗毛蕨少有共通特徵，生育地亦未重疊，因此本書暫視為獨立物種。

葉蓮座狀簇生

葉橢圓狀披針形，基羽片反折。

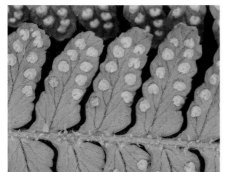

囊群分布偏向小羽片上部，羽軸兩側具不孕帶。

小羽片鐮狀長橢圓形，先端圓鈍。

三回羽狀裂葉，羽片披針形。

葉軸及羽軸密被褐色披針形鱗片

羽片近軸面被有硬毛

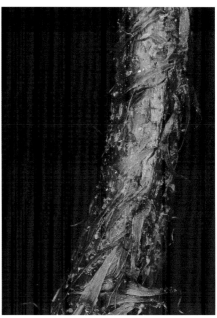

葉柄基部被深褐色披針形鱗片

平行鱗毛蕨

屬名　鱗毛蕨屬
學名　*Dryopteris indusiata* (Makino) Makino & Yamam.

為泡鱗鱗毛蕨節（sect. *Erythrovariae*）成員之一。形態較接近疏葉鱗毛蕨（*D. tenuicula*，見第 243 頁），但本種基羽片基下側小羽片短縮；且中段羽片近無柄，基部小羽片與葉軸多少交疊，且羽軸與葉軸接近垂直。

　　偶見於北部中海拔山區濕潤林下。

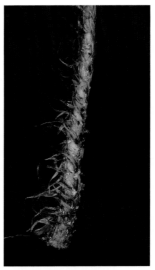
葉柄基部被狹披針形雙色鱗片

羽片近基部之小羽片達三回淺至中裂

葉軸疏被黃褐色披針形鱗片；羽軸及小羽軸遠軸面被泡狀鱗片。

基羽片之基下側小羽片短縮

葉卵狀三角形，基羽片與相鄰羽片約略等長。

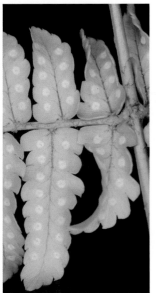
孢膜近白色

側羽片與葉軸接近垂直，基部小羽片與葉軸多少交疊。

羽裂鱗毛蕨

屬名　鱗毛蕨屬
學名　*Dryopteris integriloba* C.Chr.

為泡鱗鱗毛蕨節（sect. *Erythrovariae*）成員之一。葉片卵狀披針形，二回羽狀複葉，基羽片之基下側小羽片近等長或略短於相鄰小羽片；羽軸中上部和小羽軸基部具深棕色泡狀和披針形鱗片；小羽片近全緣，羽片近基部之小羽片基部多少心形且有一對耳狀突起。孢子囊中生於小羽軸與邊緣之間，孢膜圓腎形，淡褐色，全緣。

在台灣僅見於南投低海拔山區。

基羽片之基下側小羽片近等長或略短於相鄰小羽片

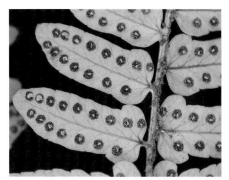

孢子囊群中生於小羽軸與邊緣之間

二回羽狀複葉，小羽片及二回裂片近全緣。

羽軸上具深褐色披針形鱗片及泡狀鱗片

葉片卵狀披針形

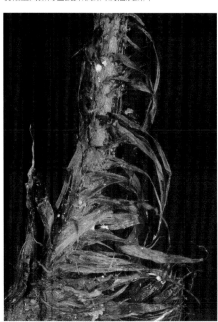

葉柄基部被深褐色及雙色鱗片

川上氏擬鱗毛蕨

屬名　鱗毛蕨屬
學名　*Dryopteris kawakamii* Hayata

為軸鱗鱗毛蕨節（sect. *Dryopsis*）成員之一。本種特徵為葉片披針形，二回羽狀複葉至三回淺裂；小羽片橢圓形，邊緣鈍齒狀，若淺裂則裂片先端平截；孢子囊群自小羽片基部至先端均勻分布，孢膜早凋。

　　在台灣分布於中高海拔針葉林及混合林下。

根莖與葉柄基部被褐色披針形鱗片

囊群生於小脈頂部

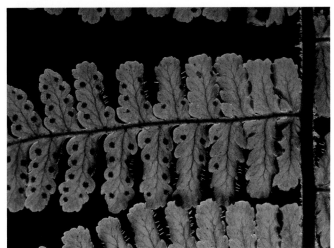

小羽片橢圓形，邊緣鈍鋸齒。

生長於中高海拔冷溫帶闊葉林下

葉片長披針形，二回羽狀複葉。

近多鱗鱗毛蕨

屬名　鱗毛蕨屬
學名　*Dryopteris komarovii* Kossinsky

葉柄、葉軸、羽軸及葉遠軸面皆密被淺棕色披針形和線形鱗片為本種主要之鑑別特徵。

在台灣分布於高海拔岩屑環境。

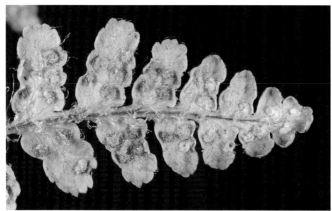

孢膜圓腎形

葉脈游離，小脈分岔。

葉近軸面被線形鱗片

葉遠軸面密被淺棕色披針形和線形鱗片

生長於高海拔岩屑環境

葉柄被淺棕色披針形和線形鱗片

關山鱗毛蕨 特有種

屬名 鱗毛蕨屬
學名 *Dryopteris kwanzanensis* Tagawa

在形態上與逆鱗鱗毛蕨（*D. reflexosquamata*，見第230頁）相似，但本種之羽片先端尾狀，小羽片深羽裂，末裂片邊緣鋸齒較尖銳，孢子囊群分布偏向小羽片上半部，於羽軸周圍不發育（中小型個體較顯著）。

特有種，零星分布於台灣中、南部中央山脈海拔2,600～3,200公尺地區，生於濕潤冷杉林下山壁或土坡。

葉卵狀披針形，二回羽狀複葉。

大型個體僅最基部小羽片囊群分布有所偏向

中小型個體囊群分布顯著偏向小羽片上半部

小羽片深裂，末裂片先端具銳齒。

葉柄至葉軸遠軸面均密被深褐色闊披針形鱗片

羽片披針形，先端尾狀。

葉柄基部被反折之深褐色闊披針形鱗片

二型鱗毛蕨

屬名 鱗毛蕨屬

學名 *Dryopteris lacera* (Thunb.) Kuntze

葉卵狀披針形至橢圓狀披針形，二回羽狀複葉。孢子囊群集中於葉片先端三分之一至四分之一處，可孕羽片及小羽片均明顯較營養羽片窄縮且早凋。

在台灣零星分布於新竹、宜蘭、台中、南投及花蓮海拔2,000～3,000公尺山區，常生於二葉松林或鐵杉林之林緣或林下土坡。

葉柄基部密被黃褐色闊披針形鱗片

葉先端於可孕部分突窄縮而後漸尖

囊群占據可孕小羽片大部分面積，孢膜圓腎形。

二回羽狀複葉

囊群集中於葉片近先端，可孕小羽片顯著窄縮。

生長於中部高海拔冷溫帶針葉林下

脈紋鱗毛蕨

屬名　鱗毛蕨屬
學名　*Dryopteris lachoongensis* (Bedd.) B.K.Nayar & Kaur

形態接近硬果鱗毛蕨（*D. fructuosa*，見第 206 頁），主要區別為本種葉片被深褐色鱗片，小羽片質地更厚，近軸面顏色深綠，光澤強烈，於囊群著生處不裂或淺裂。

　　在台灣零星分布於中海拔山區林緣岩壁或邊坡。

常生於岩壁環境

葉軸及羽軸被深褐色鱗片

小羽片於囊群著生處不裂或淺裂

小羽片色澤深綠，近軸面光亮。

小羽片不孕部分具銳齒緣

葉闊披針形，二回羽狀裂葉或複葉。

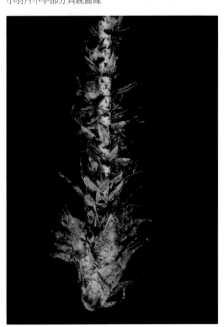

葉柄基部被褐色及深褐色闊披針形鱗片

厚葉鱗毛蕨

屬名　鱗毛蕨屬
學名　*Dryopteris lepidopoda* Hayata

為纖維鱗毛蕨節（sect. *Fibrillosae*）成員。本種特徵為葉軸及羽軸被深褐色線狀披針形鱗片，纖維狀鱗片於羽片兩面甚為稀疏；裂片相對較大（長8～13公釐，寬4～5公釐），先端具顯著鋸齒緣。

　　在台灣廣泛分布於全島冷溫帶針葉林下。

最末裂片先端鋸齒緣

基羽片不短縮，稍反折。

孢子囊群生於中肋兩側，孢膜圓腎形。

葉軸及羽軸近軸面疏被纖維狀鱗片

葉片橢圓披針形，二回羽狀近全裂。

葉柄基部被黑褐色線狀披針形鱗片

三角葉鱗毛蕨

屬名　鱗毛蕨屬
學名　*Dryopteris marginata* (C.B.Clarke) Christ

葉片闊卵狀三角形，大型，可長達 2 公尺，三回羽狀深裂，羽片約 10 對。孢子囊群排列於中肋兩側，孢膜圓腎形。

　在台灣主要分布於南投至屏東一帶中海拔山區，生於濕潤闊葉林、混合林、人工林或竹林底層。

下部羽片之小羽片為歪斜之披針形

上部羽片之二回裂片長橢圓狀披針形

羽軸具狹翼

孢膜圓腎形

葉片闊卵狀三角形為本種顯著特徵

葉柄基部密被褐色鱗片

馬氏鱗毛蕨

屬名　鱗毛蕨屬
學名　*Dryopteris maximowicziana* (Miq.) C.Chr.

葉卵形，三回羽狀複葉，葉柄至葉軸密被基部白色頂端褐色之披針形開展鱗片，葉軸、羽軸與小羽軸近軸面之溝彼此不相通，葉兩面被毛。

　　在台灣僅零星分布於新竹及苗栗一帶中海拔闊葉林及混合林下。

鱗片基部白，先端淡褐。

各級軸及脈上被有多細胞毛，軸上亦雜有細長鱗片。

葉軸鱗片形式與葉柄相同

孢子囊群具圓腎形孢膜，孢膜上具腺體。

葉片卵形，三回羽狀複葉。

葉柄至葉軸密生白色開展鱗片為本種顯著特徵

黑苞鱗毛蕨

屬名　鱗毛蕨屬
學名　*Dryopteris melanocarpa* Hayata

為長葉鱗毛蕨複合群（*D. sparsa* complex）之成員，在形態上近似於長葉鱗毛蕨（*D. sparsa*，第 235 頁）主要區別為本種葉片在相同尺寸下之分裂程度較高，基羽片可達四回羽裂，基羽片之基下側小羽片特別延長，葉柄基部鱗片卵形。

　　零星分布於中海拔山區，生於濕潤林下斜坡或巨木基部。

孢子囊群位於中肋與葉緣中間

葉片披針卵圓形，基羽片之基部小羽片特別延長。

基羽片於較大個體可達四回羽裂

生長於中海拔冷溫帶闊葉林下

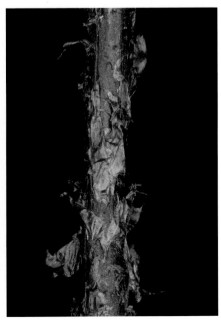

葉柄基部鱗闊披針形

黑鱗遠軸鱗毛蕨

屬名　鱗毛蕨屬
學名　*Dryopteris namegatae* (Sa.Kurata) Sa.Kurata

為毛柄鱗毛蕨節（sect. *Hirtipedes*）成員之一。本種特徵為葉柄及葉軸密被深褐色至近黑色鱗片，囊群分布局限於羽軸及羽片邊緣之間的中央區域。

　　在台灣僅見於宜蘭、台中至南投一帶雪山山脈與中央山脈交界之廊道區域，生於海拔 1,800 ～ 2,500 公尺原生林林下及林緣。

葉脈游離，小脈不分岔。

羽片邊緣淺裂

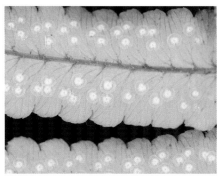

孢子囊群分布於羽軸與葉緣之中部

基部羽片漸縮並向下反折

葉軸遠軸面被深褐色至近黑色鱗片

葉蓮座狀簇生

葉柄上被近黑色鱗片

魚鱗蕨

屬名　鱗毛蕨屬
學名　*Dryopteris paleolata* (Pic.Serm.) Li Bing Zhang

根莖斜生。葉柄密被棕色披針形鱗片，葉叢生，四回羽裂，
各對葉軸羽軸交接處遠軸面具棕色膜質鱗片。孢膜球形，直
徑約 0.5 公釐，著生於小脈頂端。
　　在台灣廣泛分布於中海拔濕潤森林環境。

葉軸羽軸交接處遠軸面具棕色膜質鱗片

孢膜球形，直徑約 0.5 公釐，著生於小脈頂端。

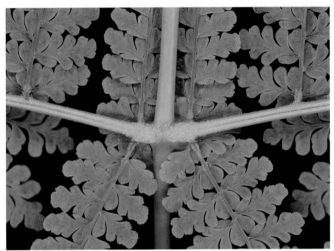

基部羽片對生

生長於中海拔潮溼環境

葉軸羽軸交接處近軸面具毛狀附屬物

柄囊蕨

屬名　鱗毛蕨屬
學名　*Dryopteris peranema* Li Bing Zhang

孢子囊群包覆於具長柄的圓球形孢膜內為本
種最主要之鑑別特徵。

　　在台灣零星分布於中海拔山區，多生於
檜木林帶之濕潤森林底層。

葉軸上被鱗片

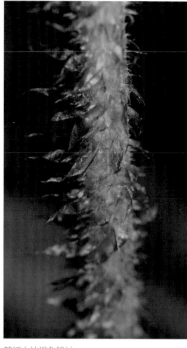

孢子囊群包覆於具長柄的圓球形孢膜

根莖先端密被鱗片

葉柄上被褐色鱗片

圓球形孢膜，具腺體。

葉脈游離，小脈末端未達葉緣。

生長於中海拔暖溫帶闊葉林下

台東鱗毛蕨

屬名　鱗毛蕨屬
學名　*Dryopteris polita* Rosenst.

根莖短直立，被褐色鱗片。葉片三角形，二回羽狀複葉，草質，基羽片具長柄，小羽片及裂片近軸面色澤深綠，近軸面帶有金屬光澤。孢子囊群位於小羽軸與葉緣之間，孢膜不明顯且早凋。

　　在台灣廣泛分布於全島中低海拔亞熱帶闊葉林下。

葉柄基部被褐色鱗片　　　　　基羽片具長柄

孢子囊群位於小羽軸與葉緣之間

孢膜極小且早凋

葉軸羽軸具相通的溝

葉片三角形，二回羽狀複葉。

紅線蕨

屬名　鱗毛蕨屬
學名　*Dryopteris pseudocaenopteris* (Kunze) Li Bing Zhang

本種最主要之區別特徵為具有無柄，球形之下位孢膜，孢子囊群成熟時瓣狀開裂。在台灣僅零星分布於南投、嘉義、屏東的中海拔霧林環境之林緣邊坡。

生長於邊坡環境

葉脈游離，小脈末端未達葉緣。

具球形下位孢膜，孢子囊群成熟時瓣狀開裂。

根莖斜倚，葉簇生。

葉近軸面小脈上具肉刺

葉片五角形，三回羽狀複葉至四回裂葉。

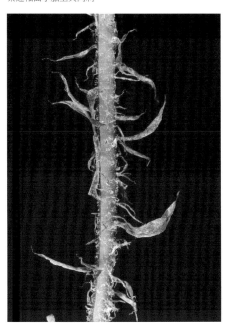

葉柄被狹披針形開展鱗片

擬路南鱗毛蕨 特有種

屬名　鱗毛蕨屬
學名　*Dryopteris pseudolunanensis* Tagawa

為毛柄鱗毛蕨節（sect. *Hirtipedes*）
成員之一。形態上與細葉鱗毛蕨（*D.
subatrata*，見第238頁）最為相近，主
要差異為本種之羽片更為深裂，可達羽
片寬度之一半左右，且葉軸遠軸面密被
褐色鱗片。

　特有種，零星分布於台灣中海拔山
區林緣。

　於南投及花蓮曾發現一疑問類群
（*D.* aff. *pseudolunanensis*），葉柄及
葉軸被有深褐色或近黑色鱗片，羽片中
上部分裂略淺，但其他特徵仍與本種接
近，有待深入研究。

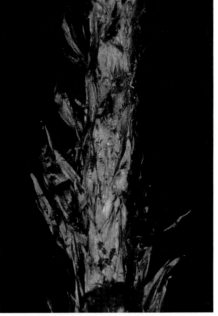

D. aff. *pseudolunanensis* 葉柄及葉軸被深褐色鱗片

*D.*aff. *pseudolunanensis* 羽片中上部分裂較淺

葉柄密被褐色細長形鱗片

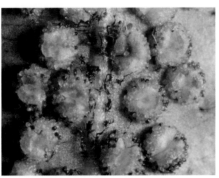

孢子囊群具圓腎形孢膜，靠近中肋。

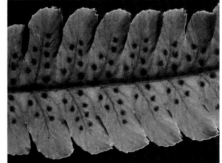

羽片深裂可達葉緣與羽軸之一半

葉片長披針形，二回羽狀裂葉。

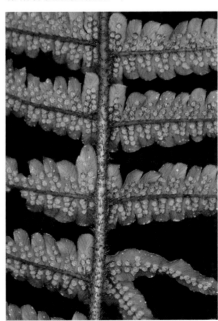

葉遠軸面中肋上密被褐色鱗片

大頂羽鱗毛蕨 特有種

屬名　鱗毛蕨屬
學名　*Dryopteris pseudosieboldii* Hayata

葉片奇數一回羽狀複葉，側生羽片 4 至 8 對，闊披針形，羽片邊緣波狀粗鋸齒或淺裂。孢子囊群分布略靠羽片外側，於羽軸周圍不發育。

特有種，零星分布於台灣全島中海拔林下。

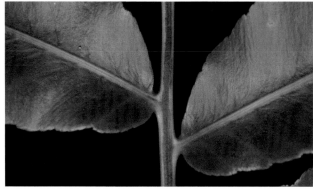

羽片邊緣波狀粗鋸齒或淺裂

孢子囊群近羽片邊緣生

葉片奇數一回羽狀複葉，側生羽片 4 至 8 對。

頂羽片與側羽片形態接近

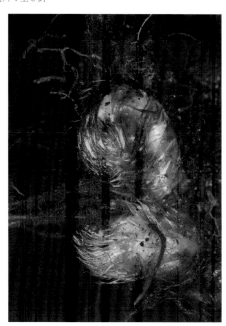

根莖先端被褐色鱗片

藏布鱗毛蕨

屬名　鱗毛蕨屬
學名　*Dryopteris redactopinnata* S.K.Basu & Panigr.

為纖維鱗毛蕨節（sect. *Fibrillosae*）成員。本種特徵為葉柄及葉軸遠軸面密被紅褐色披針形鱗片，葉軸及羽軸近軸面被較密集之纖維狀鱗片，基羽片短縮，末裂片相對較小（長5～10公釐，寬2～3公釐）。

在台灣零星分布於全島高海拔冷溫帶針葉林下。

於南湖大山山區可見少數個體（*D. aff. redactopinnata*）葉柄及葉軸被基部深褐先端淡褐之鱗片，形態特徵似介於本種與共域分布之黃葉鱗毛蕨（*D. xanthomelas*，見第252頁）之間，仍待深入研究。

生長於全島高海拔冷溫帶針葉林下

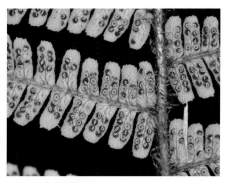

孢子囊群具圓腎形孢膜

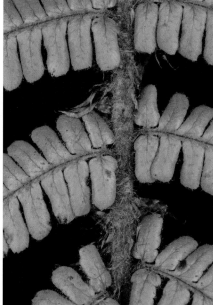

葉片近軸面上密被纖維狀鱗片

D. aff. redactopinnata 外觀與本種幾無分別

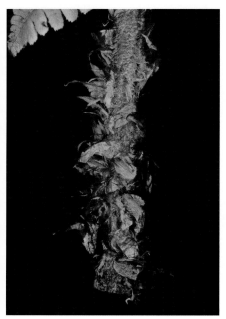

葉柄上被大型披針形鱗片與細小之纖維狀鱗片

葉蓮座狀簇生

D. aff. redactopinnata 葉柄與葉軸被深褐與淡褐色交雜之鱗片

逆鱗鱗毛蕨

屬名　鱗毛蕨屬
學名　*Dryopteris reflexosquamata* Hayata

根莖斜生，葉柄密被多少反折之褐色披針形鱗片，葉叢生。葉片橢圓狀披針形，二回羽狀複葉，小羽片卵狀長橢圓形。孢子囊群於小羽軸兩側各一排。

　　在台灣分布於中高海拔地區濕潤林下。

葉柄上密被褐棕色披針形向下反折鱗片

葉卵形，二回羽狀複葉。

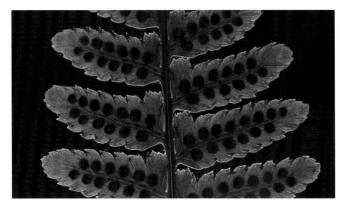

小羽片淺裂，先端淺鋸齒緣。

葉面光亮，具顯著凹陷脈紋。

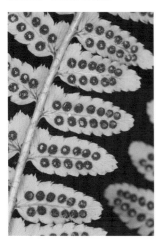

孢子囊群具圓腎形孢膜

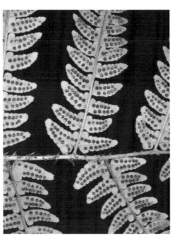

孢子囊群於小羽軸兩側各一排

生於濕潤森林底層

闊羽鱗毛蕨

屬名　鱗毛蕨屬
學名　*Dryopteris ryo-itoana* Sa.Kurata

為泡鱗鱗毛蕨節（sect. *Erythrovariae*）之成員。本種於形態上與同屬之疏葉鱗毛蕨（*D. tenuicula*，見第 243 頁）相近，主要差別為本種葉柄基部鱗片為栗褐色而不為黑色；葉三角形，基羽片最長；以及孢膜中央紅色。

在台灣僅紀錄於宜蘭新竹交界一帶中海拔山區。

葉柄基部鱗片為栗褐色而不為黑色

葉二回羽狀複葉，葉近軸面於孢子囊群著生處略隆起。

圓腎形孢膜具紅暈，葉軸上具泡狀鱗片。

未完全展開之新葉具紅暈

葉三角形，基羽片最長。

史氏鱗毛蕨

屬名　鱗毛蕨屬
學名　*Dryopteris scottii* (Bedd.) Ching

為毛柄鱗毛蕨節（sect. *Hirtipedes*）成員之一。本種葉一回羽狀複葉，羽片闊披針形，寬 1.5 ～ 3 公分，邊緣淺鈍齒狀，孢子囊群不具孢膜，易與其他物種區辨。

　　在台灣廣泛分布於全島中海拔山區濕潤林下。

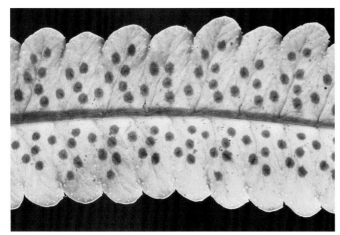

羽片邊緣圓齒狀

囊群分布略近羽軸，不發育於近邊緣處。

根莖先端與葉柄基部密被褐色鱗片

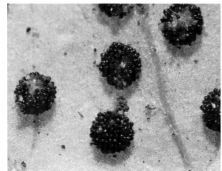

孢子囊群圓形，不具孢膜。

葉軸近軸面疏被絲狀鱗片

一回羽狀複葉，不具獨立頂羽片。

側羽片約 10 對，闊披針形。

鋸齒葉鱗毛蕨

屬名　鱗毛蕨屬
學名　*Dryopteris serratodentata* (Bedd.) Hayata

葉長橢圓狀披針形，達二回羽狀全裂；末裂片長橢圓形，先端圓，邊緣銳鋸齒狀且多少反捲。孢子囊群分布於羽軸及基部裂片中肋兩側，孢膜圓腎形，邊緣顯著撕裂狀，有許多絲狀突起。

　　在台灣分布於高海拔岩屑環境。

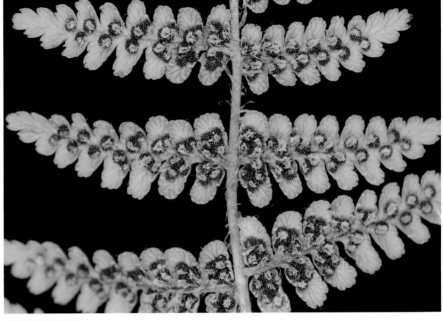

孢膜邊緣顯著撕裂狀

末裂片邊緣具銳鋸齒

小脈單一或二岔，幾乎達邊緣。

葉柄被褐色鱗片

生長於高海拔岩屑環境

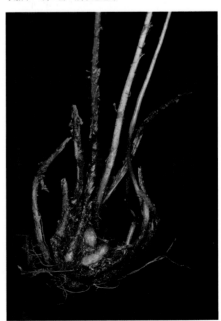

根莖短直立，葉簇生。

落鱗鱗毛蕨

屬名　鱗毛蕨屬
學名　*Dryopteris sordidipes* Tagawa

葉片五角狀卵形，三回羽狀複葉，葉柄、葉軸和羽軸密被深褐色近貼伏之線形鱗片，表皮幾乎不可見。孢子囊群位於中脈與邊緣之間，孢膜圓腎形。

　　本種為中低海拔乾燥林下環境常見之鱗毛蕨屬植物。

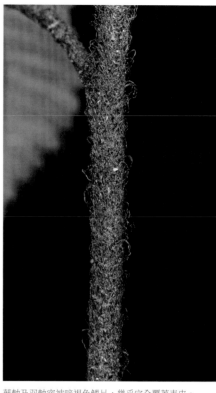

小羽片長圓披針形，淺鋸齒緣。

葉軸及羽軸密被暗褐色鱗片，幾乎完全覆蓋表皮。

基羽片具長柄，且基下側小羽片顯著長於相鄰小羽片。

囊群生於小脈近軸分支先端

孢膜圓形，明顯小於成熟囊群。

葉五角狀卵形，三回羽狀複葉。

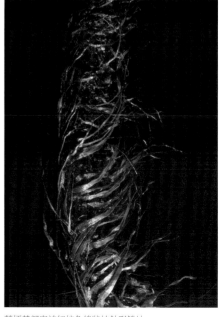

葉柄基部密被紅棕色線狀披針形鱗片

長葉鱗毛蕨

屬名 鱗毛蕨屬
學名 *Dryopteris sparsa* (D.Don) Kuntze

為長葉鱗毛蕨複合群（*D. sparsa* complex）之成員，共通特徵為二至三回羽狀複葉，基羽片之基下側小羽片顯著長於相鄰小羽片，葉軸及羽軸幾乎不被鱗片，小羽片及裂片邊緣有稀疏之小齒突。本種特徵為葉柄鱗片披針形至闊披針形，淡褐色至褐色，葉二回羽狀裂葉至複葉。

本種為長葉鱗毛蕨複合群中於台灣分布最廣之成員，可見於全島中低海拔山區及馬祖，於北部較常見。

小羽片及末裂片先端圓至鈍

生於略濕潤之林緣邊坡

葉脈游離，小脈末端未達葉緣。

孢子囊群圓腎形，位於小脈上，具圓腎形孢膜。

葉裂片圓齒狀淺裂並有稀疏之小齒突

葉二回羽狀複葉至三回裂葉，基羽片之基部小羽片明顯延長。

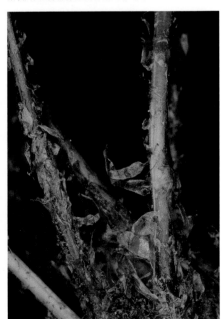

葉柄基部被淺褐色披針形鱗片

阿里山肉刺蕨

屬名　鱗毛蕨屬

學名　*Dryopteris squamiseta* (Hook.) Kuntze

形態上與小孢肉刺蕨（*D. hendersonii*，見第 209 頁）相近，但本種之葉柄及葉軸為草稈色，葉柄上部及葉軸被鑿形鱗片較狹窄，末回裂片齒緣較不明顯，孢子囊群分布略偏向小羽片末端。

在台灣零星分布於中海拔暖溫帶針闊葉混合林下。

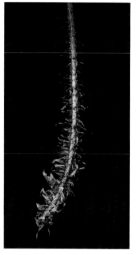

葉柄上鱗片較相似種小孢肉刺蕨狹窄

大型個體達四回深裂

羽軸、小羽軸及側脈分岔處疏被直立剛毛。

葉片卵形，三回羽狀複葉。

葉柄、葉軸及羽軸被鑿形開展鱗片。

囊群分布偏向小羽片先端

生長於中海拔暖溫帶針闊葉混合林下

狹鱗鱗毛蕨

屬名 鱗毛蕨屬
學名 *Dryopteris stenolepis* (Baker) C.Chr.

為毛柄鱗毛蕨節（sect. *Hirtipedes*）成員之一，主要特徵為葉柄至葉軸及羽軸最基部遠軸面密被近黑色狹披針形鱗片，羽軸遠軸面除最基部外被褐色鱗片；羽片邊緣鈍齒狀或淺裂至約三分之一羽片寬度。

在台灣零星分布於中海拔山區，生於多霧雨之森林環境。

孢子囊群具圓腎形孢膜，位於中肋與葉緣中間。

生長於中海拔暖溫帶針闊葉混合林下

葉軸近軸面密被褐色細長鱗片

葉軸遠軸面密被褐棕色至黑褐色狹披針形鱗片

葉片一回羽狀複葉，羽片淺裂。

葉柄上密被黑褐色鱗片

細葉鱗毛蕨 特有種

屬名　鱗毛蕨屬
學名　*Dryopteris subatrata* Tagawa

為毛柄鱗毛蕨節（sect. *Hirtipedes*）成員之
一。本種特徵為葉柄基部鱗片淺褐色，葉
軸遠軸面鱗片稀疏，基羽片反折，羽片邊
緣疏鋸齒狀，幾乎不分裂。

　　特有種，零星分布於台灣中海拔山區
林下。

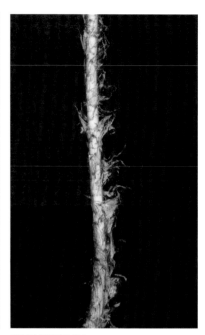

基羽片略短縮並向下反折

葉柄基部鱗片淺褐色

羽片邊緣疏鋸齒狀，幾乎不分裂。

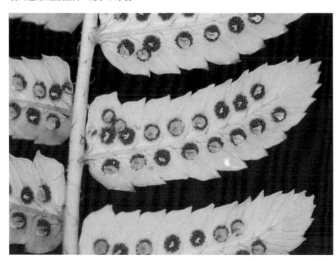

囊群分布較接近羽軸

生長於中海拔林下土坡

早田氏鱗毛蕨

屬名　鱗毛蕨屬
學名　*Dryopteris subexaltata* (Christ) C.Chr.

為長葉鱗毛蕨複合群（*D. sparsa* complex）成員之一，形態上非常接近長葉鱗毛蕨（*D. sparsa*，見第 235 頁），主要區別為本種基羽片之基下側小羽片僅稍長於相鄰羽片；葉柄基部鱗片褐色至深褐色，狹披針形至披針形；相同尺寸下葉片分裂程度略低，且小羽片較為狹長。

　　在台灣零星分布於北部及西部低海拔林緣環境。

葉柄基部被深褐色狹披針形鱗片　　　　葉面幾近光滑

基羽片之基下側小羽片僅略長於相鄰羽片

葉卵形，二回羽狀複葉。

孢膜圓腎形　　　　　　　　　小羽片具疏鋸齒緣　　　　　　　小型個體葉片卵狀披針形

亞二型鱗毛蕨

屬名　鱗毛蕨屬
學名　*Dryopteris sublacera* Christ

葉長橢圓狀披針形，二回羽狀複葉至三回裂葉，羽片三角狀披針形。本種最顯著之特徵在於孢子囊群僅分布於葉片上部二分之一至三分之一區域，可孕與不孕裂片形態相同。

　　在台灣目前僅紀錄於南投至嘉義一帶高海拔針葉林林緣邊坡。本頁照片類群於新近發表之台灣蕨類名錄鑑定為林芝鱗毛蕨（*D. nyingchiensis*），與亞二型鱗毛蕨模式標本之差異僅在於植物體較小且葉軸鱗片顏色較深，本書作者認為現有資訊難以支持二者為不同物種，因此暫不沿用學名異動。

孢子囊群具圓腎形孢膜

囊群分布局限於羽片上部，可孕部分不窄縮。

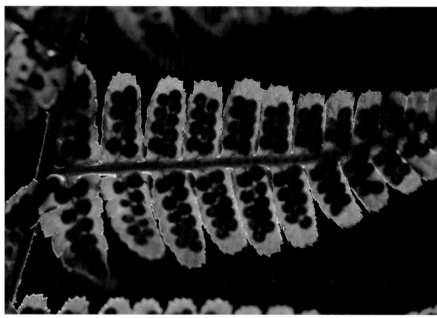

葉末裂片頂端鋸齒緣

生長於中高海拔冷溫帶針葉林下

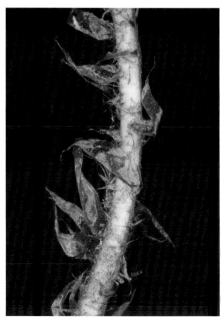

葉柄具披針形褐色鱗片

微彎假複葉耳蕨

屬名　鱗毛蕨屬

學名　*Dryopteris × subreflexipinna* Ogata

本種已證實為哈氏假複葉耳蕨（*D. hasseltii*，見第208頁）與彎柄假複葉耳蕨（*D. diffracta*，見第200頁）之雜交種，形態也介於兩者之間。主要鑑別特徵為葉軸僅些微之字形彎曲。

　　偶見於中海拔山區推定親本共域生長之環境。

葉軸羽軸交接處具肉刺

末裂片先端圓鈍

孢子囊群圓形，孢膜小而不顯著。

葉柄基部被褐色鱗片

基羽片多少反折

常生長於兩親本共域環境

葉軸僅輕微之字形折曲

亞三角鱗毛蕨

屬名　鱗毛蕨屬

學名　*Dryopteris subtriangularis* (C.Hope) C.Chr.

為泡鱗鱗毛蕨節（sect. *Erythrovariae*）成員之一。本種於形態上與同節之疏葉鱗毛蕨（見下頁）相近，但本種植株較小，葉大多短於 60 公分，葉片三角形至卵狀三角形，葉軸、羽軸及小羽軸彼此多少斜交，小羽片及二回裂片先端圓鈍。

　　在台灣零星分布於低至中海拔闊葉林下。台灣目前鑑定為本種之族群實際上與採自印度之模式標本不完全相符（模式標本基羽片基下側小羽片顯著短縮），仍有待進一步釐清。

葉柄基部被深褐色狹披針形鱗片　　　　葉片三角卵形，二回羽狀複葉。

小羽片先端圓鈍

小羽片具疏鋸齒緣

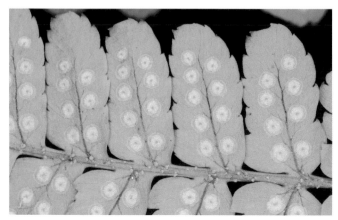

囊群圓腎形，分布稍近小羽軸。

生長於全島暖溫帶闊葉林下

疏葉鱗毛蕨

屬名　鱗毛蕨屬
學名　*Dryopteris tenuicula* C.G.Matthew & Christ

為泡鱗鱗毛蕨節（sect. *Erythrovariae*）成員之一。本種特徵為葉柄基部被中央深褐色，邊緣淺褐色之鱗片；葉片卵狀披針形，二回羽狀複葉，下部羽片之基部小羽片達三回羽裂；基羽片之基下側小羽片等長或略長於相鄰羽片；羽軸與葉軸近乎呈直角；小羽片先端圓截；孢子囊群於小羽片的中脈兩側各一列，孢膜圓腎形，全緣。

在台灣分布於中海拔及北部低海拔濕潤森林底層。

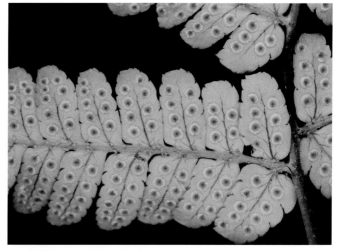

孢子囊群於小羽片的中脈兩側各一列

羽片長橢圓形，邊緣疏鋸齒狀。

羽軸及小羽軸遠軸面被泡狀鱗片

葉近軸面於孢子囊群著生處略隆起

葉片卵狀披針形，二回羽狀複葉。

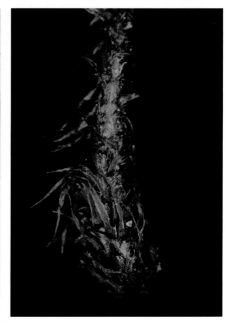

葉柄基部密被黑色披針形鱗片

落葉鱗毛蕨 特有種

屬名　鱗毛蕨屬
學名　*Dryopteris tenuipes* (Rosenst.) Seriz.

為泡鱗鱗毛蕨節（sect. *Erythrovariae*）
成員之一。本種特徵為基羽片常些許反
折，基下側小羽片短至近等長於相鄰羽
片；葉柄、葉軸及羽軸基部遠軸面密被
深褐色鱗片；至少於中下部羽片之基部
小羽片達三回中至深裂。

　　特有種，偶見於台灣北部暖溫帶闊
葉林下。

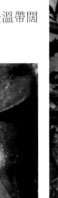

孢膜白色

基羽片之基下側小羽片常短縮

葉軸上被泡狀鱗片與細長形鱗片

本種之小羽片較相似種羽裂鱗毛蕨深裂

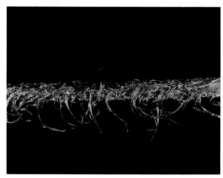

葉柄基部被黑褐色線狀披針形鱗片

生長於暖溫帶闊葉林下

葉軸中下部及羽軸基部於遠軸面密被深褐色鱗片

外山氏鱗毛蕨

屬名　鱗毛蕨屬
學名　*Dryopteris toyamae* Tagawa

葉片卵形至橢圓形，一回奇數羽狀複葉，頂羽片深裂且基部常有數對全裂之瓣片或小型羽片；側羽片 2 至 6 對，狹披針形，基部深裂，此外淺裂或鈍齒狀。孢子囊群圓腎形，於羽軸兩側散生。

　　在台灣零星分布於中部中海拔山區，常生於二葉松林林緣及林下透空處。

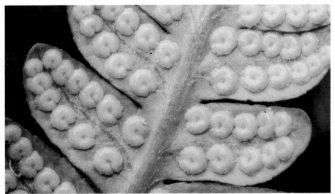

孢膜圓腎形

頂羽片基部常有獨立裂片或小型羽片

一回羽狀複葉

囊群於羽軸兩側散生

生於林緣邊坡環境

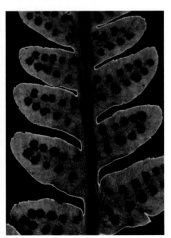

裂片邊緣淺鋸齒狀或近全緣

葉柄基部被黃褐色狹披針形鱗片

玉山擬鱗毛蕨

屬名 鱗毛蕨屬

學名 *Dryopteris transmorrisonense* (Hayata) Hayata

為軸鱗鱗毛蕨節（sect. *Dryopsis*）成員之一。形態上與川上
氏擬鱗毛蕨（*D. kawakamii*，見第 213 頁）相近，但本種之
末裂片邊緣全緣或波浪緣，孢膜宿存。

　　在台灣零星分布於高海拔針葉林下。

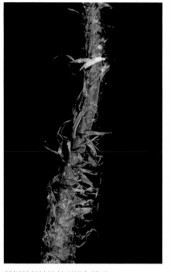

葉柄基部被披針形褐色鱗片

羽片約 20 對，小羽片橢圓形。

葉裂片邊緣全緣或波浪緣

葉片長披針形，二回羽狀深裂。

囊群分布接近裂片邊緣，孢膜宿存。

生長於全島冷溫帶針葉林下

南海鱗毛蕨

屬名　鱗毛蕨屬
學名　*Dryopteris varia* (L.) Kuntze

葉柄基部密被極為狹長之深褐色髮絲狀鱗片；葉片卵狀五角形，二回羽狀複葉，可達三回羽狀深裂，革質，葉軸和羽軸疏被褐色毛狀鱗片；基羽片基下側小羽片顯著長於相鄰小羽片；小羽片及裂片鐮形，除各羽片之最基部外大多不裂或淺裂。

　　在台灣廣泛分布於全島平地至海拔 3,000 公尺山區之林緣山壁及土坡；亦常見於金門、馬祖。本種細部形態變化多端，包含葉近軸面亮面反光或無、孢膜全緣或具指狀突起之不同族群，有待進一步研究釐清。

葉近軸面亮面反光個體

葉近軸面亮面反光與不反光個體比較可看出明顯差異

孢膜全緣個體

孢膜具指狀突起個體

孢子囊群於小羽軸兩側各一排

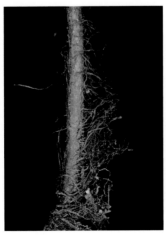

葉柄基部具細長形鱗片

葉近軸面不具亮面反光個體

瓦氏鱗毛蕨

屬名　鱗毛蕨屬
學名　*Dryopteris wallichiana* (Spreng.) Hyl. subsp. *wallichiana*

為纖維鱗毛蕨節（sect. *Fibrillosae*）成員之一。本種特徵為葉柄基部密被褐色披針形鱗片，葉柄中上部及葉軸被褐色線狀披針形鱗片，葉軸及羽軸兩面僅被有少量纖維狀鱗片；羽片約 25 至 30 對，向下明顯漸縮；末裂片相對較大（長 8 ～ 13 公釐，寬 4 ～ 5 公釐），先端近平截，疏鋸齒緣。

　　在台灣廣泛分布於全島海拔 2,500 公尺以上之溫帶森林中。

葉片二回羽狀深裂，羽片向下明顯漸縮。　葉近軸面僅被少量纖維狀鱗片

孢子囊群生於葉緣與中肋之間，孢膜圓腎形。

葉叢生，莖頂與葉柄基部密被褐色披針形鱗片。

葉軸上被褐色線狀披針形鱗片　　　葉柄最基部被褐色披針形鱗片

生長於全島海拔 2,500 公尺以上之溫帶森林中

厚葉瓦氏鱗毛蕨

屬名　鱗毛蕨屬

學名　*Dryopteris wallichiana* (Spreng.) Hyl. subsp. *pachyphylla* Fraser-Jenk. & Ralf Knapp

與承名亞種（瓦氏鱗毛蕨，見前頁）最主要的差別為本亞種之基部羽片不明顯漸縮；與厚葉鱗毛蕨（*D. lepidopoda*，見第 218 頁）區別為葉柄最基部鱗片較寬，及末裂片先端鋸齒不顯著。

　　台灣目前僅發現於嘉義與台中之高海拔山區。

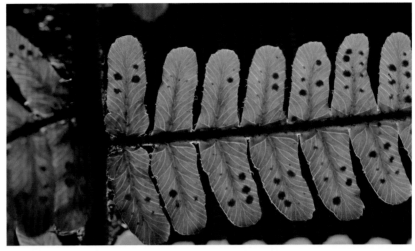

葉脈游離，小脈達葉緣。

孢子囊群生於葉邊與中肋之間，孢膜圓腎形。

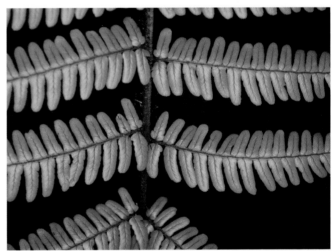

羽片深裂至羽軸

本變種之基部羽片不明顯漸縮

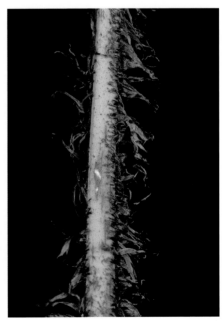

葉柄基部密被褐色披針形鱗片

擬岩蕨

屬名　鱗毛蕨屬

學名　*Dryopteris woodsiisora* Hayata

葉二回羽狀深裂至接近全裂，兩面被短腺毛；羽片長橢圓狀披針形；末裂片卵狀方形。孢子囊群分布於羽軸或裂片中肋兩側，孢膜圓腎形，中央鼓起呈盤狀。

在台灣生於中高海拔林緣岩壁縫隙。

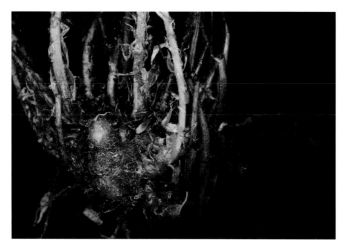

根莖先端被紅棕色線形捲曲鱗片，葉柄基部被淡褐色披針形鱗片。

孢膜圓腎形

葉二回羽狀深裂至接近羽軸

葉脈游離，小脈末端接近葉緣。

多生於岩壁環境

大孢魚鱗蕨

屬名 鱗毛蕨屬
學名 *Dryopteris wuzhaohongii* Li Bing Zhang

形態上與魚鱗蕨（*D. paleolata*，見第223頁）相似，主要差別為本種之孢子囊群球形孢膜較大，直徑約1公釐。

在台灣零星分布於中海拔霧林環境之森林底層。

葉脈游離，小脈末端未達葉緣。

葉闊卵形，四回羽裂。

基部羽片近對生

囊群成熟後孢膜宿存於基部

囊群球形，具碗狀孢膜。

生長於中海拔暖溫帶森林中

葉柄基部密被褐色鱗片

黃葉鱗毛蕨

屬名　鱗毛蕨屬
學名　*Dryopteris xanthomelas* (Christ) C.Chr.

為纖維鱗毛蕨節（sect. *Fibrillosae*）成員之一。本種特徵為葉柄與葉軸上密被黑色披針形鱗片，基羽片稍短縮，約為最長羽片長度之三分之二，葉柄長度約為葉片之四分之一至五分之一，末裂片先端平截。

在台灣僅知分布於宜蘭及南投高海拔針葉林中。於宜蘭及南投山區亦存在一疑問類群（*D.* aff. *xanthomelas*），基羽片不顯著短縮，然其他特徵均與本種接近，有待深入釐清。

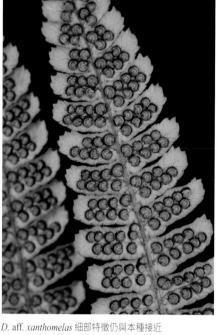

D. aff. *xanthomelas* 細部特徵仍與本種接近

D. aff. *xanthomelas* 基部羽片不顯著短縮

孢子囊群具圓腎形孢膜，末裂片先端明顯鋸齒。

葉軸上密被黑色鱗片

葉叢生，羽片向下漸縮。

生長於高海拔暖溫帶森林中

葉柄上密被黑色鱗片

上先型鱗毛蕨

屬名	鱗毛蕨屬
學名	*Dryopteris yoroii* Seriz.

本種最主要的鑑別特徵為植株小型，葉
短於 40 公分，三回羽狀裂葉，羽片之
基部小羽片上先型。

在台灣零星分布於高海拔山區，生
長於針葉林透空處濕潤山壁。

葉脈游離，小脈幾乎達葉緣。

植株小型，三回羽狀複葉。

羽片之基部小羽片上先型

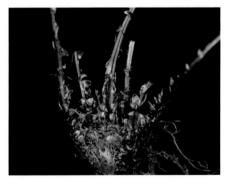

葉叢生，葉柄基部具卵形鱗片。

生長於中高海拔暖溫帶森林中

孢子囊群具圓腎形孢膜

察隅鱗毛蕨

屬名　鱗毛蕨屬
學名　*Dryopteris zayuensis* Ching & S.K.Wu

為纖維鱗毛蕨節（sect. *Fibrillosae*）成員之一。本種在形態上與黃葉鱗毛蕨（*D. xanthomelas*，見第 252 頁）相近，主要差別為本種之羽片向葉片基部顯著漸縮，基羽片長度為最長羽片之三分之一左右，葉柄通常短於葉片長度之五分之一。

在台灣僅確知分布於雪山一帶高海拔冷杉林下。

羽片向葉片基部漸縮

孢子囊群於末裂片中肋兩側各一排

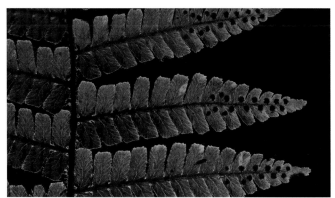

末裂片近長方形，先端平截。

葉軸遠軸面密被黑色披針形鱗片

葉被纖維狀鱗片

葉柄甚短，密被近黑色鱗片。

生長於濕潤冷杉林下；葉蓮座狀簇生。

鱗毛蕨屬未定種 1

屬名　鱗毛蕨屬
學名　*Dryopteris* sp. 1 (*D.* aff. *basisora*)

形態接近硬果鱗毛蕨（*D. fructuosa*，見第 206 頁），但本種羽片長橢圓狀披針形，比例上較為狹長，小羽片及裂片平坦，近軸面小脈不顯著凹陷，可孕部分深裂至超過囊群。

在台灣偶見於中高海拔濕潤森林環境，大多生於山壁上。本種近似分布中國西南之基生鱗毛蕨（*D. basisora*），有待進一步確認。

葉近軸面平坦，光澤黯淡，小脈較不顯著凹陷。

葉片及羽片略較硬果鱗毛蕨狹長

小羽片於囊群著生處深裂，不孕部分則僅有鋸齒緣。

孢膜圓腎形，白色，中央高起呈盤狀。

葉脈游離，小脈二岔。

囊群常僅局限分布於羽軸兩側

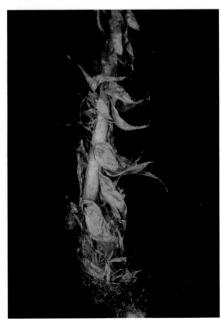

葉柄基部被淡褐色闊披針形鱗片

鱗毛蕨屬未定種 2

屬名　鱗毛蕨屬
學名　*Dryopteris* sp. 2 (*D.* aff. *championii*)

形態接近闊鱗鱗毛蕨（*D. championii*，見第 195 頁），但本種葉達三回深裂，基羽片之基下側小羽片近等長或略長於相鄰小羽片；小羽片鐮形，先端漸尖至鈍。本種於近期文獻錯誤鑑定為分布中國及日本的近畿鱗毛蕨（*D. kinkiensis*），該種之葉長橢圓狀披針形，中下部數對羽片均近等長，小羽片不呈鐮形，先端圓鈍，與台灣族群差異顯著。

　　在台灣僅見於新竹及馬祖淺山丘陵地之次生林下。

葉軸遠軸面密被淡褐色狹披針形鱗片

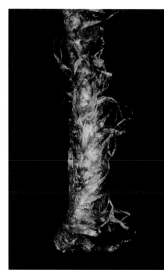

葉柄基部被淡紅棕色披針形鱗片

小羽片鐮形，先端漸尖至鈍。

生於略乾燥之次生林下

孢膜圓腎形

葉近三角形，達三回羽狀深裂。

鱗毛蕨屬未定種 3

屬名　鱗毛蕨屬
學名　*Dryopteris* sp. 3 (*D.* aff. *dehuaensis*)

外觀接近落鱗鱗毛蕨（*D. sordidipes*，見第 234 頁），區別在於本種葉柄及葉軸鱗片較疏，仍可見表皮，小羽片卵形至卵狀橢圓形，孢子囊群不具孢膜。

在台灣僅見於馬祖南竿，生長於略濕潤之次生林下。本種形態接近分布中國東南之德化鱗毛蕨（*D. dehuaensis*），有待深入比對。

小羽片及二回裂片卵狀披針形，淺鋸齒緣。

葉軸及羽軸密被深褐色鱗片，但仍可見部分表皮。

基羽片具較長之柄，且基下側小羽片顯著延長。

小型個體葉卵狀五角形

囊群不具孢膜

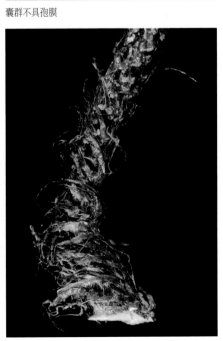

葉長三角狀五角形，三回羽狀複葉。

葉柄基部被深紅褐色狹披針形鱗片

鱗毛蕨屬未定種 4

屬名　鱗毛蕨屬
學名　*Dryopteris* sp. 4 (*D.* aff. *dilatata*)

形態接近廣布鱗毛蕨（*D. expansa*，見第 204 頁），區別為葉片不具腺毛，分裂程度略低，末裂片邊緣齒突不具顯著之軟骨質芒尖。

　　在台灣偶見於中部高海拔山區，生於濕潤冷杉林底層。本種形態近似於原生於歐洲的 *D. dilatata* 及原生於美洲的 *D. intermedia*，實際歸屬仍需進一步確認。

葉末裂片齒突不具顯著芒尖

葉卵狀橢圓形，三回羽狀複葉。

小羽片卵狀長橢圓形，深羽裂。

葉不具腺毛，遠軸面疏被淡褐色小型鱗片。

孢膜小於囊群且早凋

生於濕潤冷杉林下箭竹叢間

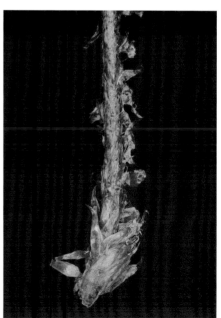
葉柄基部密被褐色闊披針形鱗片

鱗毛蕨屬未定種 5

屬名　鱗毛蕨屬
學名　*Dryopteris* sp. 5 (*D.* aff. *hikonensis*)

形態接近南海鱗毛蕨（*D. varia*，見第 247 頁），主要差異為本種葉柄基部鱗片近黑色且不呈髮絲狀，羽軸及葉軸遠軸面亦被近黑色鱗片；側羽片三角狀披針形，小羽片及裂片之尺寸與分裂程度由羽片基部向先端漸縮而非突縮。

　　在台灣見於馬祖南竿及北竿之林緣環境。本種形態與廣布於東亞地區的太平鱗毛蕨（*D. hikonensis*）大致相符，但因近緣類群間存在複雜之親緣演化關係，實際歸屬仍有待深入研究確認。

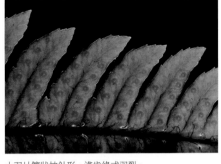

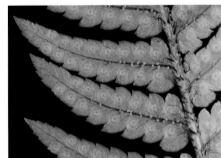

小羽片鐮狀披針形，淺齒緣或羽裂。

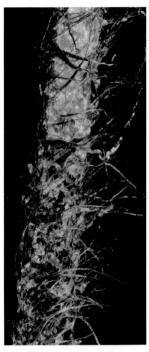

羽軸及小羽軸遠軸面被近黑色鱗片及泡狀鱗片

孢膜圓腎形

葉柄基部密被黑色狹披針形鱗片

基羽片基下側小羽片最長，相鄰小羽片漸短縮。

大型個體葉片卵狀三角形至五角形

較小個體葉片卵狀披針形

鱗毛蕨屬未定種 6

屬名　鱗毛蕨屬
學名　*Dryopteris* sp. 6 (*D.* aff. *indusiata*)

為泡鱗鱗毛蕨節（sect. *Erythrovariae*）成員。本種特徵為葉二回羽狀複葉，葉柄上部及葉軸疏被鱗片；葉卵狀三角形，近先端突窄縮而後漸尖，基羽片基下側小羽片顯著短縮；小羽片大致上均為長橢圓形，疏鋸齒緣至鈍齒緣，先端圓鈍至平截；孢子囊群中生或稍近邊緣，孢膜白色。

　　在台灣偶見於北部低海拔山區，常生於稜線附近通風良好之闊葉林下。

葉柄基部被雙色狹披針形鱗片　　新葉紅色

葉卵狀三角形，葉近先端突窄縮而後漸尖。

基羽片之基下側小羽片顯著短縮

小羽片長橢圓形，先端圓鈍至平截。

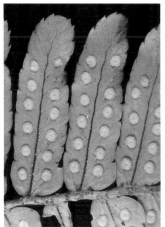

孢膜白色

羽軸疏被鱗片；基部小羽片緊貼羽軸。

鱗毛蕨屬未定種 7

屬名　鱗毛蕨屬

學名　*Dryopteris* sp. 7 (*D.* aff. *lacera*)

形態接近二型鱗毛蕨（*D. lacera*，見第 216 頁），但本種葉卵形，葉柄鱗片深褐色且多少反折，可孕羽片及小羽片較不明顯窄縮。

　　在台灣零星分布於台中、南投及高雄海拔 2,500 ～ 3,000 公尺針葉林下。

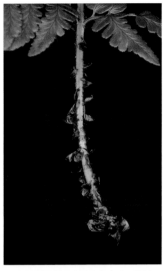

葉柄基部被多少反折之深褐色卵形鱗片

小羽片披針形，先端鈍，疏鋸齒緣至圓齒狀淺裂。

囊群僅分布於葉片先端約三分之一至五分之二範圍

葉卵形，二回羽狀複葉。

葉近革質，近軸面具顯著凹陷脈紋。

可孕之羽片及小羽片較不顯著窄縮

生於濕潤針葉林下

舌蕨屬 ELAPHOGLOSSUM

根莖橫走，密被鱗片。葉單葉，不分裂（限舊世界類群），革質，孢子葉與營養葉二型化。孢子囊全面著生於孢子葉遠軸面。

爪哇舌蕨

屬名　舌蕨屬
學名　*Elaphoglossum angulatum* (Blume) T.Moore

根莖細長匍匐狀，密被亮褐色卵形鱗片，葉近或遠生。營養葉連同葉柄長5～35公分，葉片卵狀橢圓形，基部楔形，不顯著下延，先端漸尖；孢子葉形態與營養葉接近，葉柄較長。

在台灣主要分布於中南部中海拔霧林環境，附生於大樹枝幹或岩壁，常與苔蘚混生。

附生霧林環境大樹主幹之族群（張智翔攝）

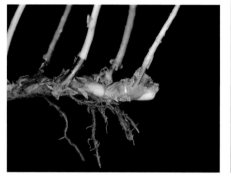

葉基部楔形，不顯著下延。

根莖長橫走，被亮褐色卵形鱗片。

孢子囊成熟時密被整個葉遠軸面

孢子葉形態與營養葉接近，僅葉柄稍長，但壽命短暫。

生於密生苔蘚岩壁之族群

銳頭舌蕨

屬名 舌蕨屬
學名 *Elaphoglossum callifolium* (Blume) T.Moore

根莖短匍匐狀，密被長約 10 公釐之褐色線形鱗片，葉幾近叢生。營養葉連同葉柄長 20 ～ 60 公分，葉片長橢圓披針形，基部多少下延形成極狹之翼但未達葉柄基部，先端銳尖。孢子葉略小於營養葉且具較長葉柄。

在台灣分布於北部、東部、南部及蘭嶼低至中海拔濕潤闊葉林內，但僅於海岸山脈及中央山脈南段海拔 1,000 ～ 1,600 公尺之熱帶山地霧林環境有較豐之族群，多生長於原始森林內樹木中層枝幹，偶生於溪谷或窄稜環境。

幼葉捲曲，密被線形鱗片。　　　　　葉長橢圓披針形，先端銳尖。

根莖具淺褐色線形鱗片

孢子葉具稍長葉柄

孢子囊散沙狀密布於葉遠軸面

葉基部下延

生長於附生植物繁茂之霧林內樹幹

大葉舌蕨

屬名　舌蕨屬

學名　*Elaphoglossum commutatum* (Mett. *ex* Kuhn) Alderw.

根莖短匍匐狀，密被捲曲之亮褐色線形鱗片，葉近生。營養葉連同葉柄長 10 ～ 40 公分，葉片卵狀橢圓形，基部稍下延，先端銳尖或稍鈍。孢子葉顯著小於營養葉，具稍長葉柄。

　　在台灣偶見於中南部中海拔山區，生長於霧林帶林緣岩石上。

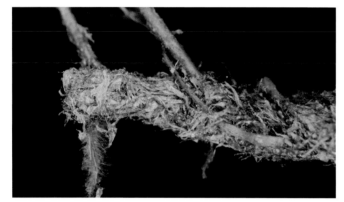

根莖密被捲曲之亮褐色線形鱗片

孢子囊密被於孢子葉遠軸面

孢子葉顯著小於營養葉

成片密生林緣岩石表面

營養葉卵狀橢圓形（張智翔攝）

台灣舌蕨

屬名　舌蕨屬
學名　*Elaphoglossum luzonicum* Copel.

根莖短匍匐狀，密被亮褐色披針形鱗片，葉幾近叢生。營養葉連同葉柄長 30～40 公分，狹橢圓形至線狀長橢圓形，基部楔形，不顯著下延，先端近圓形；幼嫩時葉柄及葉緣密被亮褐色披針形鱗片，葉兩面密被星狀毛，老熟後毛及鱗片多數脫落，僅少許宿存；孢子葉略小於營養葉。

　　在台灣局限分布於台東與屏東交界處，中央山脈南段海拔 1,300～1,600 公尺熱帶山地霧林環境，附生於密生苔蘚之樹木枝幹。

孢子囊散沙狀密被於孢子葉遠軸面

葉面散生星狀毛

幼葉捲曲，密被闊披針形鱗片。

孢子葉較營養葉狹窄，壽命短暫。

葉柄密被亮褐色闊披針形鱗片

生於南部霧林帶樹幹上（張智翔攝）

葉先端圓形

垂葉舌蕨

屬名　舌蕨屬

學名　*Elaphoglossum marginatum* (Wall. *ex* Fée) T.Moore

根莖短匍匐狀，密被長約 5 公釐之亮褐
色披針形鱗片，葉叢生。營養葉連同葉
柄長 15 ～ 40 公分，葉片狹橢圓狀披針
形，先端漸尖或稍鈍，基部窄楔形，不
顯著下延；孢子葉形態與營養葉接近，
僅葉柄略長。

　　在台灣零星分布於中海拔霧林環境，
生長於樹木中層枝幹或稜線岩石上。

根莖及葉柄基部被亮褐色披針形鱗片　　孢子葉（中左二枚較高者）具稍長之葉柄

孢子囊未熟時黃色，成熟時轉為黑色。

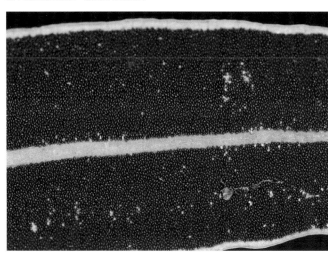

孢子囊散沙狀密布於孢子葉遠軸面

生長於林下樹幹上或稜線岩石上

舌蕨

屬名　舌蕨屬
學名　*Elaphoglossum yoshinagae* (Yatabe) Makino

根莖短匍匐狀，密被長約 5 公釐之亮褐色卵形至卵狀披針形鱗片，葉叢生。營養葉連同葉柄長 20～55 公分，葉片狹橢圓狀披針形，基部狹楔形並顯著下延形成狹翼幾達葉柄基部，先端漸尖；孢子葉略為短狹。

　　在台灣分布於北部及東北部低中海拔山區，常生於濕潤多霧之原生闊葉林或檜木混合林內樹木主幹中低處，或腐質豐富的岩石上。

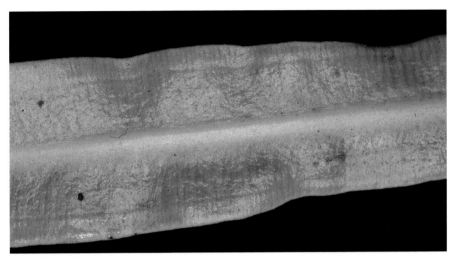

孢子葉近軸面具兩條不明顯縱溝

孢子葉與營養葉同形而略較短狹

孢子囊散沙狀密布於葉遠軸面

生長於闊葉林下樹幹中低處

根莖及葉柄基部覆有亮褐色卵形至卵狀披針形鱗片

舌蕨屬未定種

屬名 舌蕨屬

學名 *Elaphoglossum* sp.

根莖長匍匐狀，密被長約 5 公釐之暗褐色狹披針形鱗片，葉近生。營養葉連同葉柄長 10 ～ 30 公分，葉橢圓狀披針形，基部楔形並下延形成狹翼但未達葉柄基部，先端漸尖或稍鈍，近軸面深綠色略帶金屬光澤。孢子葉略小於營養葉並具較長葉柄。

　　在台灣零星分布於苗栗、台中及南投中海拔霧林環境，生長於稜線附近岩石、樹幹基部或近地生。

孢子葉直立生長，具稍長葉柄。

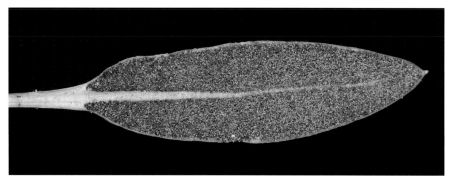

孢子囊成熟時密被整個葉遠軸面

葉色深綠，略帶金屬光澤，有別於台灣其他同屬物種。

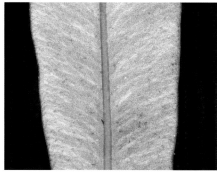

營養葉遠軸面淡綠色，疏被細小鱗片。（張智翔攝）

根莖密被暗褐色狹披針形鱗片

群生於積滿落葉之岩盤

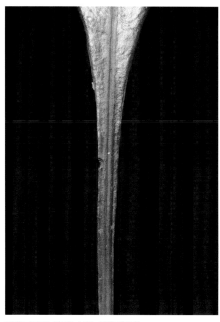

葉基下延形成極狹之翼（張智翔攝）

金毛蕨屬 LASTREOPSIS

根莖橫走或斜生，密被披針形鱗片。葉卵圓形至五角形，三至五回羽狀複葉，基羽片最大，葉脈游離，孢子囊群位於小脈末端，具圓腎形孢膜或無。

金毛蕨

屬名	金毛蕨屬
學名	*Lastreopsis tenera* (R.Br.) Tindale

根莖短直立，頂端與葉柄基部密被棕色線形鱗片，葉叢生。葉片五角形，兩面被短毛，葉遠軸面另疏被單細胞腺毛，二至三回羽狀複葉，至多四回羽狀深裂，羽片約 10 對，葉脈羽狀。孢子囊群著生於小脈近頂部，孢膜圓腎形。

在台灣零星分布於中南部及東部低海拔闊葉林下，常生於岩壁底部之半遮蔭處。

側脈游離

孢子囊群圓形，近裂片邊緣生。

葉軸及羽軸密被針毛

生長於闊葉林內潮濕岩壁下

葉柄密被褐色線形鱗片

網脈突齒蕨屬 PLEOCNEMIA

根莖短直立，密被鱗片。葉片一至四回羽狀複葉，基部羽片最長，羽片於葉緣缺刻處具突齒，葉背脈上具黃色圓柱狀腺體，葉脈網狀，沿羽軸形成網眼。

本屬之系統分類尚未完全明瞭，台灣類群之分類地位及命名仍存在爭議。

網脈突齒蕨

屬名	網脈突齒蕨屬
學名	*Pleocnemia rufinervis* (Hayata) Nakai

根莖短直立，密被棕色線形鱗片。葉叢生，葉片三角形，四回羽裂，羽片缺刻處具突齒，葉脈網狀。孢子囊群圓形，具圓腎形孢膜。

在台灣間斷分布於台北、新北至宜蘭及台東南側至恆春半島低海拔山區，生長於濕潤之闊葉林下。

孢子囊群圓腎形，具孢膜。

葉為網狀脈，各級中脈兩側常具一至二列網眼。

葉緣分裂處具一向上突起之凸尖

葉闊卵形至五角形

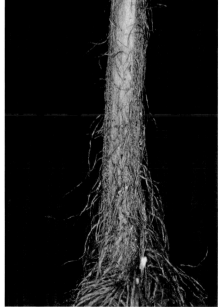

葉柄密被紅棕色線狀披針形鱗片

黃腺羽蕨

屬名　網脈突齒蕨屬
學名　*Pleocnemia submembranacea* (Hayata) Tagawa & K. Iwats.

本種與網脈突齒蕨（見前頁）非常相似，主要差別為本種之孢子囊群不具孢膜。

在台灣間斷分布於新北、南投及台東南側至恆春半島之低海拔山區，生長於濕潤之闊葉林下。

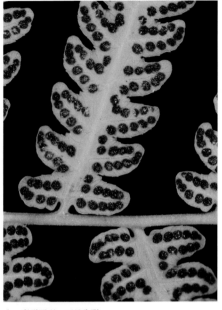

孢子囊群圓形，不具孢膜。

葉片散生黃色腺體

囊群著生處於近軸面稍微隆起

葉緣分裂處具一向上突起之凸尖

葉為網狀脈，各級中脈兩側常具一至二列網眼，網眼中無游離小脈。

葉闊卵形至五角形，三回羽狀分裂。

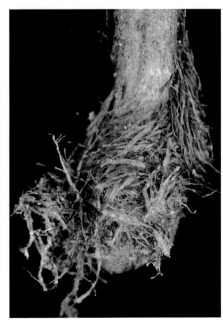

葉柄密被紅棕色線狀披針形鱗片

耳蕨屬 POLYSTICHUM

根莖短直立或斜倚，連同葉柄基部密被褐色至黑色鱗片。葉片一至二回羽狀複葉（台灣類群），羽片及小羽片多具鋸齒緣及軟骨質芒尖，葉脈大多游離，少數網狀。孢子囊群圓形，孢膜盾狀著生，少數孢膜極小且早凋。

羽片硬革質，近軸面光亮，邊緣具尖銳芒刺。

針葉耳蕨

屬名	耳蕨屬
學名	*Polystichum acanthophyllum* (Franch.) Christ

根莖短直立，葉叢生。葉柄密被褐色至深褐色卵形至卵狀披針形鱗片；葉片披針形，二回羽狀深裂至複葉，葉軸遠軸面密被強烈捲曲之線形鱗片；羽片硬革質，卵狀三角形，近軸面光亮，遠軸面側脈刻紋顯著，邊緣具硬質芒刺。孢子囊群圓形，孢膜圓盾形，邊緣不規則齒裂。

主要分布於 2,800 ～ 3,500 公尺高海拔山區之半開闊岩屑環境。生長於中海拔遮蔽岩壁之族群過往常歸入本種，但基於鱗片及羽片特徵之明確差異，本書暫視為不同類群（*P. sp. 1*，見第 309 頁）。

孢膜圓盾形，邊緣不規則齒裂。

生長於岩縫之中

葉軸被強烈捲曲之線形鱗片；羽片遠軸面可見顯著脈紋。

葉柄被卵形至卵狀披針形鱗片

葉披針形，二回羽狀深裂至複葉。

台東耳蕨

屬名　耳蕨屬
學名　*Polystichum acutidens* Christ

本種在形態上與對生耳蕨（*P. deltodon*，見第 279 頁）相近，但羽片為延長的鐮刀狀，先端漸尖。

　　生長於中低海拔山區森林內之多岩石區域，較常見於東部山區，北部則相當少見。

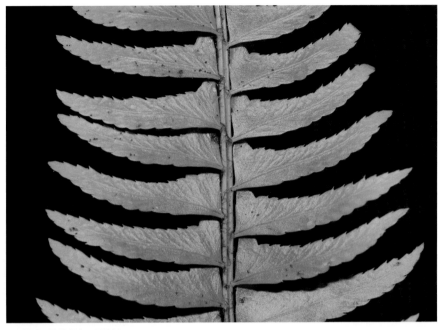

羽片鐮形，邊緣鋸齒，具芒刺。

葉長橢圓狀披針形，一回羽狀複葉。

孢子囊群小，位於小脈上。

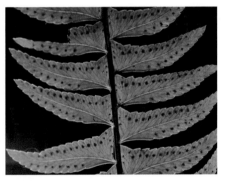

葉脈游離

生於溪谷周邊岩盤之族群（張智翔攝）

根莖短直立，密被卵狀披針形褐色鱗片。

玉山耳蕨

屬名　耳蕨屬
學名　*Polystichum atkinsonii* Bedd.

植株小型，根莖短而直立，密被紅棕色披針形鱗片。葉叢生，葉片線狀披針形，接近頂端著生一枚芽胞，一回羽狀複葉，羽片矩圓形，鋸齒緣，並有多少開展之顯著芒尖。

在台灣生長於高海拔針葉林帶，生於岩壁上具充足遮蔭之縫隙內。

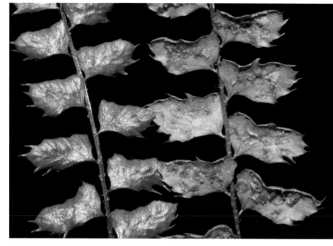

羽片基部上側略為耳狀突起，邊緣鋸齒，具長芒尖。

孢膜圓形，幾乎占滿整個羽片。

長於高海拔岩縫中（張智翔攝）

葉線形，一回羽狀複葉。

葉叢生，葉柄基部被亮褐色披針形鱗片。

長羽芽孢耳蕨

屬名　耳蕨屬
學名　*Polystichum attenuatum* Tagawa & K.Iwats.

形態較接近陳氏耳蕨（*P. chunii*，見第 278 頁），主要區別為本種之葉片較寬大（長 35 ～ 70 公分，寬 7 ～ 16 公分），呈披針形而非線形，以及羽片質地較薄，邊緣之芒刺較不明顯。

　　台灣目前僅紀錄於南投中海拔山區，生於林緣邊坡。

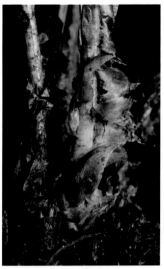

羽片基部被褐色卵狀披針形鱗片　　　基部羽片縮小並向下反折

葉狹卵狀披針形，二回羽狀複葉。

末裂片邊緣具短芒尖

羽片近先端具不定芽　　　孢膜圓形，著生於脈上。　　　群生於林道邊半開闊環境

二尖耳蕨

屬名　耳蕨屬

學名　*Polystichum biaristatum* (Blume) T.Moore

根莖短直立或斜升，密被卵狀披針形雙色鱗片，邊緣棕色，中間黑棕色。葉片三角狀長橢圓形，二回羽狀複葉。

　　在台灣分布於苗栗以南及台東之中低海拔地區林下或林緣邊坡。

葉脈游離，裂片鋸齒緣。

葉片三角狀長橢圓形，二回羽狀複葉。

葉近軸面暗綠色，略具光澤。

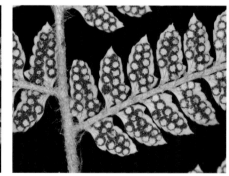

孢子囊群具圓盾形孢膜

生長於中低海拔地區林下或林緣邊坡

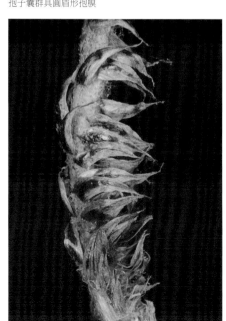

葉柄基部密被卵狀披針形雙色鱗片

小耳蕨

屬名　耳蕨屬

學名　*Polystichum capillipes* (Baker) Diels

根莖短而直立，被棕色披針形鱗片。葉片小型，通常短於 8 公分，披針形，接近二回羽狀複葉（僅中下部羽片有 1 枚或一對完全分離之小羽片），基羽片與葉軸交接處常生有 1 枚芽胞；葉紙質，兩面散生短棍狀之細小鱗片。孢子囊群生於小脈上，中肋兩側各有一排。

　　台灣僅零星紀錄於南投及台東海拔 2,500 ～ 3,000 公尺山區，生長於濕潤之垂直岩壁縫隙。

孢膜盾形，邊緣不規則。

孢子囊群生於小脈上，具圓盾形孢膜。

葉面散生帶灰白色之細小棍狀鱗片

葉披針形，接近二回羽狀複葉。

基羽片與葉軸交接處常生有芽胞

生於被苔蘚之垂直岩壁

根莖短而直立，被棕色披針形鱗片。

陳氏耳蕨

屬名　耳蕨屬

學名　*Polystichum chunii* Ching

根莖斜生，葉叢生。葉柄基部密被卵形及披針形之大型雙色鱗片。葉片線狀披針形，二回羽狀複葉，羽片硬革質，邊緣具芒刺，近頂部生有棕色不定芽。

　　在台灣偶見於宜蘭及台中高海拔山區，生於冷杉林下山壁或土坡。

生於冷杉林下濕潤山壁

葉線狀披針形，羽片硬革質，近軸面光亮。

二回羽狀複葉，羽片及裂片邊緣具芒尖。

葉片近先端生有1或2枚不定芽

葉軸上鱗片與葉柄基部者相似但較小

孢膜近圓形，與囊群近等寬，邊緣不規則嚙蝕狀。

葉柄被卵形及披針形之大型雙色鱗片

對生耳蕨

屬名　耳蕨屬
學名　*Polystichum deltodon* (Baker) Diels

根莖短而斜升至直立，頂端及葉柄基部密被棕色鱗片，葉叢生。一回羽狀複葉，羽片葉緣粗鋸齒，互生或近對生，羽片矩圓形，先端銳尖或圓鈍，基部上側三角形耳狀突起。孢子囊群生於小脈頂端，接近羽片邊緣，圓盾形孢膜邊緣嚙噬狀。

　　在台灣生長於中海拔地區林下有遮蔭之濕潤岩壁。部分分子證據顯示台灣族群之分類歸屬存有疑義，此外個體間羽片形態存在圓鈍至銳尖之變異，有待深入釐清。

基部羽片輕微向下反折

葉柄密被深褐色披針形鱗片

葉先端漸縮成魚骨狀

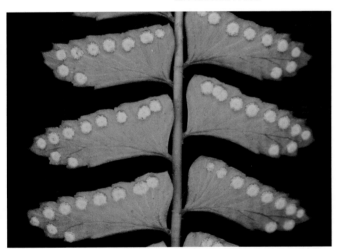
孢子囊群圓形，長於近羽片上緣。

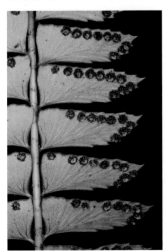
羽片先端銳尖之個體

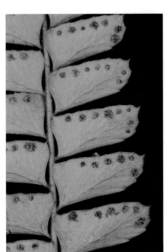
羽片先端較圓鈍之個體

生長於中海拔地區潮濕林下環境

台灣耳蕨

屬名　耳蕨屬

學名　*Polystichum formosanum* Rosenst.

根莖短而斜升，頂端及葉柄基部密被披針形鱗片。葉片長橢圓披針形，一回羽狀複葉，羽片鐮狀。孢子囊群位在羽片主脈兩側各有一排，孢膜圓盾形，邊緣齒狀。

　　在台灣生長於中低海拔山區溝邊岩石壁面上。

孢子囊群位在羽片主脈兩側各有一排

一回羽狀複葉，羽片鐮狀。

孢膜圓盾形，邊緣鋸齒。

葉柄基部密被披針形鱗片

生長於潮濕溪谷環境

網脈耳蕨

屬名	耳蕨屬
學名	*Polystichum fraxinellum* (Christ) Diels

根莖短直立，葉叢生。葉片披針形，一回羽狀複葉；頂羽片與側羽片同型，基部楔形，先端漸尖，網狀脈。孢子囊群於羽軸兩側各一排，圓形；孢膜圓盾狀，小型且早凋。

　　台灣僅分布於宜蘭南部至花蓮北部一帶低至中海拔山區，生於石灰岩壁縫隙間。

羽軸兩側各一排孢子囊群，生於側脈中部。

上部羽片互生，頂羽片與側羽片同型。（張智翔攝）

孢膜圓形，早凋。

葉脈網狀

生長於石灰岩環境

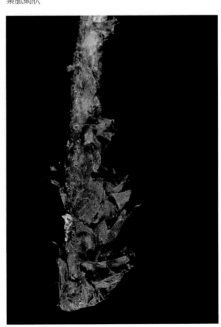

葉柄基部被褐色卵狀披針形鱗片

玉龍蕨

屬名　耳蕨屬
學名　*Polystichum glaciale* Christ

全株密被淡褐色鱗片。葉叢生，線狀披針形，一回羽狀複葉，羽片近無柄，橢圓形至歪卵形，近全緣或圓齒狀淺裂，偶於基部中至深裂，邊緣顯著反捲。孢子囊群圓形，彼此緊靠，幾乎占滿羽片遠軸面，無孢膜。

　　在台灣零星分布於海拔 3,000～3,800 公尺森林界線以上之濕潤岩縫中。

生於高海拔開闊岩屑地（張智翔攝）

葉線狀披針形，一回羽狀複葉。

偶見羽片分裂較深之個體

葉柄及葉軸密被淡褐色鱗片

囊群幾乎占滿羽片遠軸面，不具孢膜。

羽片歪卵形，近軸面散生淡褐色鱗片。

羽片邊緣顯著反捲

九州耳蕨

屬名 耳蕨屬
學名 *Polystichum grandifrons* C.Chr.

本種特徵為葉較大，可長達一公尺；葉片長橢圓形，二回羽狀複葉，近先端突縮為尾狀；孢子囊群圓形，孢膜極小且早凋。

在台灣僅紀錄於宜蘭大同鄉，生長於海拔約 1,700 公尺之濕潤原生林下。

孢子囊群圓形，孢膜極小且早凋。

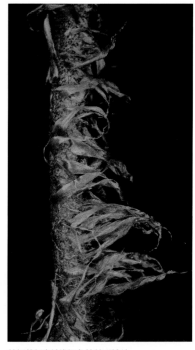

小羽片鐮狀卵形，鋸齒緣，具芒尖。

葉軸兩面密被褐色纖維狀鱗片

葉柄基部密被淺褐色披針形鱗片

葉簇生，二回羽狀複葉。

生於濕潤原始林內稍透空處

葉先端突縮為尾狀

韓氏耳蕨

屬名　耳蕨屬
學名　*Polystichum hancockii* (Hance) Diels

本種葉戟形，具三出狀之二回羽狀複葉，側羽片遠短於頂羽片，小羽片斜長方形，易與同屬其他類群區分。

　　在台灣廣泛分布於中低海拔山區，常生於森林內溪谷周邊濕潤山壁或岩石上。

葉片常三出狀

羽片斜長方形，鋸齒緣。

孢子囊群圓形，孢膜小而不明顯。

生長於低海拔潮溼溪谷環境

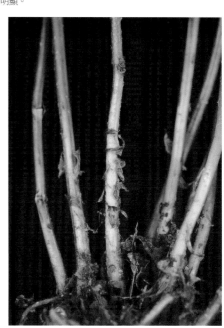

葉叢生，葉柄基部被披針形褐色鱗片。

鋸齒葉耳蕨

屬名 耳蕨屬
學名 *Polystichum hecatopterum* Diels

形態上與芽苞耳蕨（*P. stenophyllum*，見第 303 頁）相近，但本種葉直立或斜出，無不定芽，且羽片邊緣具明顯鋸齒。

在台灣零星分布於中高海拔濕潤針葉林下。

一回羽狀複葉，羽片斜方形，邊緣鋸齒，具長芒尖。

羽片向下漸縮，基羽片向下反折。

孢子囊群圓形，著生於羽軸及基上部側脈兩側。

孢膜圓盾狀

地生於高山地帶濕潤森林底層

葉柄基部被褐色至深褐色披針形鱗片

草葉耳蕨

屬名　耳蕨屬
學名　*Polystichum herbaceum* Ching & Z.Y.Liu

形態與馬祖耳蕨（*P. tsus-simense*，見第307頁）接近，主要區別為本種羽片闊披針形至三角狀披針形，小羽片鐮狀三角形至闊披針形，先端漸尖，常有較顯著間距；半育葉片之孢子囊群分布於葉片上部及邊緣。

　　台灣目前僅紀錄於花蓮中海拔山區，生長於溪谷周邊帶石灰岩質之岩壁環境。

生於溪流兩岸之半開闊岩壁

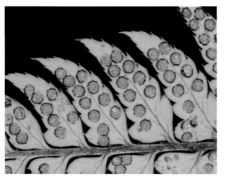
囊群中生於小羽片中肋與邊緣間

羽軸遠軸面密被褐色至黑色線形鱗片

小羽片鐮狀三角形至闊披針形，先端漸尖。

葉柄基部被深褐色至黑色闊披針形鱗片

基上側小羽片顯著延長且深裂

二回羽狀複葉，小羽片間常有較顯著間隔。

狹葉貫眾蕨

屬名　耳蕨屬
學名　*Polystichum integripinnum* Hayata

葉橢圓狀披針形，一回羽狀複葉，先端漸尖，不具獨立頂羽片。羽片約 15 至 20 對，鐮狀披針形；葉脈網狀。孢子囊群於羽軸兩側各 1 至 2 排。

　　在台灣生長於中海拔地區潮濕林下，常生於略透空之岩石周遭或土坡。本種之分類地位及與近緣種虎克耳蕨（*P. hookerianum*）之關聯仍有待進一步釐清。

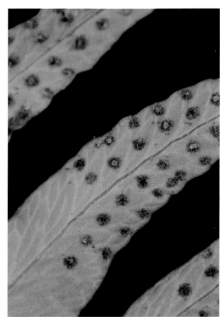

葉柄上被褐色鱗片　　　　孢子囊群具圓盾形孢膜

葉脈網狀，孢子囊群位於網眼內之游離小脈末端。

根莖短直立，先端密被鱗片。　　　　葉一回羽狀複葉，羽片狹窄，羽片對數多。

高山耳蕨

屬名 耳蕨屬

學名 *Polystichum lachenense* (Hook.) Bedd.

夏綠性植物。根莖直立，葉叢生，葉柄多少帶黑色。葉線形，一回羽狀複葉，羽片卵形至卵狀三角形，無柄，近革質，大多淺至深裂，或於基部有一對接近全裂之裂片。孢子囊群通常分布於中上部羽片，於主脈兩側各成一行；孢膜圓形，盾狀著生。

　　在台灣生長於高海拔地區岩縫中。

葉柄中下部常近黑色，被褐色闊披針形鱗片。

基羽片短縮，不反折。

生於高海拔岩縫中，常群生成一整叢。

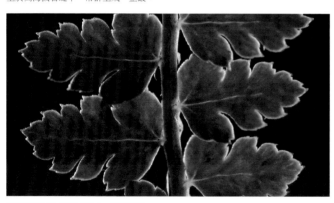

羽片及裂片先端鈍或銳尖，具短芒尖。

孢子囊群多生在上部羽片，於主脈兩側各成一行

羽片卵形至卵狀三角形，淺至深裂。

葉片通常直立向上生長

鞭葉耳蕨

屬名　耳蕨屬
學名　*Polystichum lepidocaulon* (Hook.) J.Sm.

根莖短直立，葉叢生。葉片闊披針形，一回羽狀複葉，先端漸尖，不具獨立頂羽片；部分葉片之葉軸先端延長成鞭狀，頂生一枚芽孢，著地成新植株；側羽片鐮刀狀，上側三角形耳狀突起。孢子囊群多排散生於葉遠軸面，孢膜極小且早凋。

　　在台灣生長於中低海拔地區林緣潮溼邊坡。

孢子囊群圓形

部分葉片葉軸延長並具不定芽

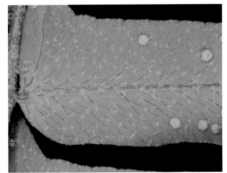

葉遠軸面被小型淺褐色鱗片

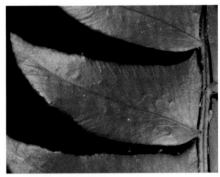

羽片鐮刀狀，上側三角形耳狀突起。

生長於中低海拔地區林緣潮溼環境邊坡

葉柄上被闊披針形鱗片

鐮葉耳蕨

屬名　耳蕨屬

學名　*Polystichum manmeiense* (Christ) Nakaike

根莖直立，密被卵形及披針形雙色鱗片，葉叢生。葉片二回羽狀深裂至複葉，羽片 20 至 24 對，鐮狀披針形，羽片基上側有一枚深裂至全裂之耳狀裂片，此外不裂至全裂。孢子囊群生在裂片主脈兩側或在羽片主脈兩側各一行。

在台灣分布於苗栗及花蓮以南中海拔山區，生於林緣岩壁環境。

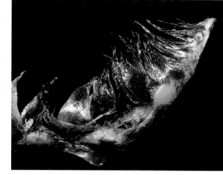
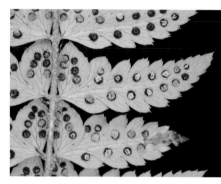

葉柄基部被黑色披針形大型鱗片

羽片基部具一向上耳狀裂片

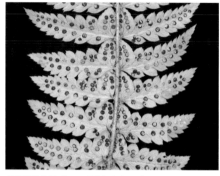

羽片鐮狀披針形，羽片基部上側耳狀突起。

孢子囊群圓形，具圓盾形孢膜。

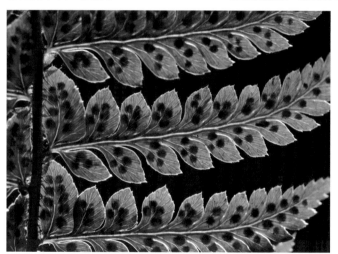

二回羽狀深裂，軟骨邊，邊緣具細芒尖。

較小個體羽片僅基上側之耳狀裂片達深裂或全裂

大型個體為二回羽狀複葉

前原耳蕨

屬名　耳蕨屬
學名　*Polystichum mayebarae* Tagawa

形態與馬祖耳蕨（*P. tsus-simense*，見第307頁）非常接近，主要區別在於本種葉柄及葉軸上被有較寬之褐色至近黑色狹披針狀鱗片；此外在半育之葉片上孢子囊群分布偏向葉片先端及邊緣，而馬祖耳蕨則偏向葉片基部。

　　在台灣零星分布於台中、南投及花蓮中海拔山區林緣岩坡環境。

生長於多岩石之環境

小羽片鋸齒緣，具短芒尖。

二回羽狀複葉，羽片鐮狀披針形。

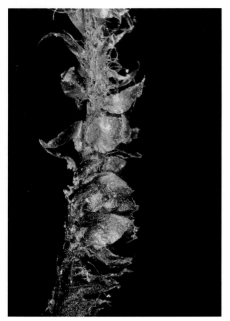
葉柄基部密被深褐色至黑色卵狀披針形及闊披針形鱗片

囊群中生於小羽片中肋與邊緣間

葉柄及葉軸遠軸面被深褐色至黑色狹披針形鱗片

半育葉片之囊群分布偏向羽片中上部及邊緣

兒玉氏耳蕨

屬名　耳蕨屬
學名　*Polystichum mucronifolium* (Blume) C.Presl

根莖短直立或斜生，葉叢生。葉柄基部密被闊卵形雙色鱗片，中間黑色，邊緣棕色。二回羽狀複葉，羽片 16 至 27 對，披針形，小羽片 13 至 25 對，矩圓形，邊緣齒裂具短芒。孢子囊群在主脈兩側各一行。

　　在台灣主要分布於中南部中海拔地區濕潤林下，北部少見。

末裂片鋸齒狀，具芒尖。

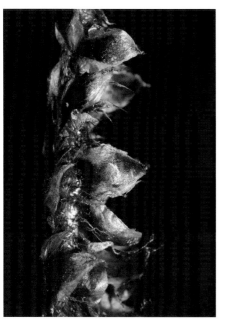

葉柄基部密被闊卵形雙色鱗片

孢子囊群在裂片主脈兩側各一行，具圓盾形孢膜。

生長在中海拔地區林緣環境

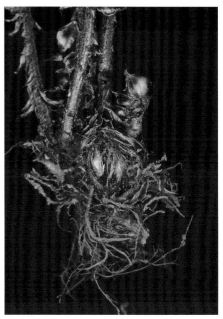

根莖短直立或斜升

硬葉耳蕨

屬名　耳蕨屬
學名　*Polystichum neolobatum* Nakai

根莖直立，葉柄基部密被棕色卵形鱗片。葉片長橢圓狀披針形，二回羽狀複葉，羽片 26 至 32 對，鐮狀披針形，小羽片 5 至 10 對，邊緣具尖齒，羽狀脈。孢子囊群位於小羽軸兩側，孢膜圓盾形，全緣。

　　在台灣零星分布於南投及台東一帶中海拔地區林緣岩壁環境。

葉柄基部密被棕色卵狀披針形鱗片　　　基羽片略短縮且反折

羽片鐮狀披針形，平坦，近軸面光亮。

小羽片菱狀橢圓形，先端具芒尖。

孢膜圓盾形，全緣。　　　　葉軸密被強烈捲曲之線狀披針形鱗片　　　生長在中海拔地區林緣岩壁環境

軟骨耳蕨

屬名　耳蕨屬

學名　*Polystichum nepalense* (Spreng.) C.Chr.

莖短而直立，密生棕色披針形鱗片，葉叢生。一回羽狀複葉，羽片鐮狀披針形，邊緣具軟骨質尖齒。囊群於羽軸及基上側之側脈兩側各一排，孢膜圓盾形。

　　在台灣生長於高山針葉林帶之林緣岩壁。

葉緣具軟骨質邊及芒尖

一回羽狀複葉，羽片鐮狀披針形。

孢子囊群具圓盾形孢膜

葉脈於遠軸面顯著可見

生長在高山針葉林帶之林緣岩壁上

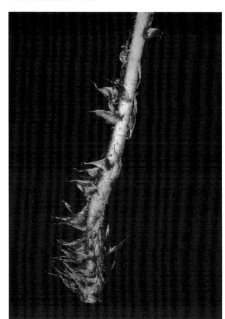

葉柄基部被有黑褐色披針形鱗片

知本耳蕨

屬名　耳蕨屬

學名　*Polystichum obliquum* (D.Don) T.Moore

本種形態上接近台灣耳蕨（*P. formosanum*，見第 280 頁），但本種羽片革質，長寬比小於 2。

在台灣偶見於嘉義及花蓮以南中海拔山區，生於森林內或林緣遮蔭良好之岩壁。

一回羽狀複葉，羽片菱形。

羽片邊緣具明顯鋸齒

葉脈游離

孢子囊群具圓盾形孢膜

生長於中海拔地區潮濕岩壁環境

葉柄基部密被褐色鱗片

尖葉耳蕨 特有種

屬名	耳蕨屬
學名	*Polystichum parvipinnulum* Tagawa

根莖短而直立或斜升，葉柄密被闊披針形褐色鱗片。葉片長橢圓形，二回羽狀複葉，小羽片矩圓形。孢膜圓形，近全緣。

特有種，廣泛分布於台灣中海拔及北部低海拔山區濕潤森林底層。

部分研究另區分出一近緣種草山耳蕨（*P. sozanense*），但該類群除葉軸被較寬之鱗片外，無其他顯著差異。

生長於中低海拔地區林下或林緣

小羽片矩圓形，邊緣鋸齒，具長芒尖。

典型個體葉軸遠軸面被淡褐色線形鱗片

孢子囊群圓形，著生於中脈兩側小脈上。

曾區分為「草山耳蕨」之族群，除葉軸鱗片略寬外均與尖葉耳蕨無異。

葉柄密被淺褐色闊披針形，邊緣不規則狀鱗片。

葉片二回羽狀複葉

黑鱗耳蕨

屬名 耳蕨屬
學名 *Polystichum piceopaleaceum* Tagawa

形態上與尖葉耳蕨（見前頁）相近，但葉柄與葉軸密被近黑色帶淡褐鑲邊之鱗片，小羽片齒緣較不顯著。

在台灣分布於中海拔山區濕潤林下邊坡或岩壁。

本種與尖葉耳蕨之雜交種曾命名為假尖葉耳蕨（*P. × pseudoparvipinnulum*），特徵為葉柄及葉軸被中央深褐色，邊緣顏色略淺之鱗片。偶見於二推定親本共域生長之環境。

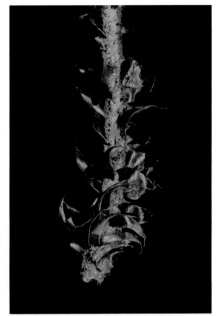

葉軸覆有淺褐色窄鱗片以及黑色闊披針形鱗片

葉柄基部被黑色闊披針形鱗片

裂片斜方形，邊緣鋸齒，具芒尖。

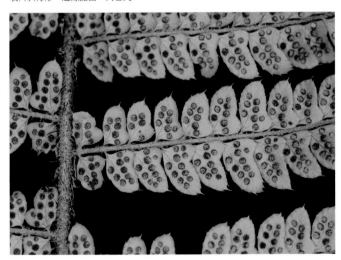

孢子囊群圓形，著生於脈上。

生長於中海拔地區林緣邊坡環境

南湖耳蕨

屬名　耳蕨屬

學名　*Polystichum prescottianum* (Wall. *ex* Mett.) T.Moore

與台灣其他夏綠性高山物種之區別在於本種葉片為甚狹長之線狀倒披針形，寬3～4公分，羽片紙質，裂片邊緣有長而柔軟之芒尖。

在台灣主要分布於南湖大山及雪山山區，於奇萊山區亦有極少個體，常生於海拔 3,200～3,600 公尺圓柏或杜鵑灌叢間半遮蔭且土壤含水較豐之處。受氣候變遷影響，近年族群數量銳減，有區域滅絕之可能。

葉軸上密被淺褐色鱗片

葉柄被淺褐色或雙色鱗片

孢膜圓盾形，邊緣不規則齒狀。

末裂片之齒突具長芒尖為本種重要特徵

生於玉山圓柏灌叢間半遮蔭處

葉線狀倒披針形

鋸葉耳蕨

屬名　耳蕨屬
學名　*Polystichum prionolepis* Hayata

根莖短而斜生，全株被大小二型鱗片，葉叢生。葉闊披針形，一回羽狀複葉，二回淺至深裂，基羽片顯著反折，葉軸上具不定芽；羽片鐮狀披針形，革質。

　　在台灣生長於中海拔地區林緣邊坡環境。

二回分裂，葉軸密被鱗片；羽片近鐮形。

葉片一至二回羽狀分裂，葉片闊披針形

孢子囊群圓形，位於羽軸及裂片中脈兩側。

葉軸遠軸面近頂處偶生不定芽

生長於中海拔地區林緣邊坡環境

葉柄密被紅棕色卵形鱗片

擬芽胞耳蕨 特有種

屬名　耳蕨屬
學名　*Polystichum pseudostenophyllum* Tagawa

形態與芽苞耳蕨（*P. stenophyllum*，見第 303 頁）相似，主要區別為葉身略為寬短（長寬比約 7 ～ 10），羽片邊緣之芒尖多少開展，及孢膜直徑較大（常大於 1 公釐）。

　　生長於高海拔針葉林下濕潤岩壁或土坡。現為台灣特有種，但因此形態之類群過往均與芽胞耳蕨混淆，其世界分布範圍仍待深入確認。

羽片邊緣芒刺稍開展

葉片接近頂端著生一枚芽胞

羽片長寬比略小於芽胞耳蕨

基羽片反折，有時二裂。

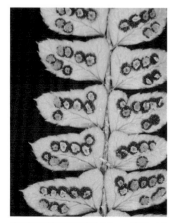
囊群於羽軸兩側不對稱分布，下側常不發育或數量較少。

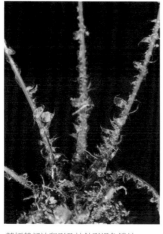
葉柄基部被卵形及披針形褐色鱗片

生長於中海拔地區林緣邊坡潮溼環境

阿里山耳蕨

屬名 耳蕨屬
學名 *Polystichum scariosum* (Roxb.) C.V.Morton

根莖粗短直立，頂端連同葉柄基部密生鱗片。葉片革質，橢圓狀披針形，二回羽狀複葉，近頂部有 1 ～ 2 枚密被棕色鱗片的芽胞。孢子囊群生於小脈先端。

在台灣生長在中海拔及北部低海拔山區濕潤森林底層。

幼葉捲曲，密被大型褐色披針形鱗片。

葉先端突縮，葉軸上具不定芽。

葉片近頂部具被棕色鱗片的芽胞

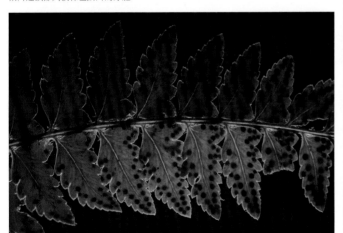

葉裂片軟骨質邊緣

孢子囊群圓形，著生於脈上。

葉片革質橢圓狀披針形，二回羽狀複葉。

中華耳蕨

屬名　耳蕨屬

學名　*Polystichum sinense* (Christ) Christ

夏綠性植物。葉橢圓狀披針形，二回羽狀複葉，小羽片鋸齒緣並有顯著芒尖；葉片各處鱗片均為淺褐色，包含闊卵形鱗片分布於葉柄基部，披針形鱗片散生於葉柄及葉軸遠軸面，以及纖細之線形鱗片於葉片兩面各處全面分布。

在台灣零星分布於海拔 3,000 公尺以上高山草坡、灌叢或岩屑環境。

本種與黑鱗耳蕨（*P. piceopaleaceum*，見第 297 頁）之推定雜交種曾被命名為雪山耳蕨（*P. × silviamontanum*），其葉柄及葉軸被中央深褐色邊緣淺褐色之雙色鱗片可與本種區別，羽片鋸齒緣則可與黑鱗耳蕨分辨。

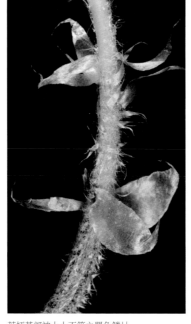

葉柄基部被大小不等之單色鱗片

葉片長披針形，二回羽狀複葉。

葉軸密被淡褐色披針形及線形鱗片，小羽片兩面僅有線形鱗片。

葉具銳鋸齒緣及顯著芒尖

孢子囊群具圓盾形孢膜

生長於高海拔地區岩縫中

根莖粗短直立，葉叢生。

芽胞耳蕨

屬名　耳蕨屬
學名　*Polystichum stenophyllum* Christ

根莖短直立，葉叢生。葉片線形，接近頂端著生一枚芽胞，著地發育成新植株；一回羽狀複葉，羽片矩圓形，基上側耳狀突起，近全緣，有不顯著之軟骨質芒尖。孢子囊群於羽軸兩側各一排，生於小脈先端。

　　在台灣生長於中高海拔針葉林林緣邊坡潮溼環境。

生長於中海拔地區林緣邊坡潮溼環境

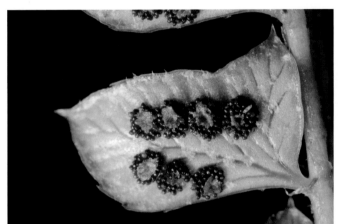

囊群於羽軸兩側各一排，孢膜直徑小於囊群。

羽片邊緣芒尖不顯著

羽片革質，近軸面光亮，囊群著生處稍凹陷。　基羽片反折

葉片接近頂端著生一枚芽胞

葉叢生，基部被褐色鱗片。

台中耳蕨 特有種

屬名　耳蕨屬
學名　*Polystichum taizhongense* H.S.Kung

本種在形態上與高山耳蕨（*P. lachenense*，見第 288 頁）相近，主要差異在於以相同尺寸之植物體相較，本種羽裂程度明顯較深，大多接近二回羽狀複葉，羽片基部常有 1 至 3 對基部收狹不下延之獨立裂片。

　　特有種，主要分布於南湖大山山區，於雪山亦有少量族群，生長於海拔 3,200 ～ 3,700 公尺森林界線以上之岩石環境。

葉柄基部被淡褐色闊披針形鱗片

接近二回羽狀複葉，羽片基部常有 1 至 3 對獨立裂片。

基羽片短縮為卵狀三角形，仍具一對全裂裂片。

孢膜圓盾形，直徑大於囊群。

羽片及裂片先端尖齒狀，具短芒尖。

生於森林界線以上之岩坡遮蔽處

葉線狀披針形，直立生長，葉身通常短於 20 公分。

離脈柳葉蕨

屬名　耳蕨屬
學名　*Polystichum tenuius* (Ching) Li Bing Zhang

形態上與網脈耳蕨（*P. fraxinellum*，見第 281 頁）相似，但本種羽片向葉先端漸縮為一尾狀構造，不具獨立頂羽片，羽片對數較多且較小，側脈游離。

　　在台灣僅見於花蓮北部之中海拔山區，生長於石灰岩壁之縫隙，多與網脈耳蕨共域生長。

孢膜圓形，盾狀著生。

囊群成熟時孢膜受擠壓而幾乎隱藏。a

羽軸兩側各有一排孢子囊群

側脈游離

生長於石灰岩壁縫隙

羽片向葉先端漸縮為一尾狀構造，不具頂羽片。

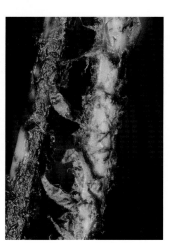
葉柄基部被紅褐色披針形鱗片

尾葉耳蕨

屬名　耳蕨屬
學名　*Polystichum thomsonii* (Hook.f.) Bedd.

葉片披針形，二回羽狀深裂，中下部羽片基上側之耳狀裂片有時近全裂，先端尾狀漸尖；基部漸縮，不具不定芽；小羽片草質，邊緣尖齒狀，芒尖短或不顯著。孢子囊群於羽軸兩側各一排，生於小脈分支頂端，孢膜圓盾形，邊緣不規則齒狀。

　　在台灣零星分布於高海拔山區，常生於針葉林帶之林緣滴水岩壁。

葉二回羽狀深裂

孢子囊群於羽軸兩側各一排

中下部羽片常有 1 對深裂或全裂之裂片

莖短而直立，葉柄基部密被鱗片。

生長在高山針葉林帶之林緣滴水處濕潤岩壁上

小羽片邊緣尖齒狀，芒尖短或不顯著。

馬祖耳蕨

屬名	耳蕨屬
學名	*Polystichum tsus-simense* (Hook.) J.Sm.

葉柄基部密被深褐色至黑色闊披針形鱗片，向上漸縮為線形鱗片。葉片狹橢圓狀披針形，先端長漸尖，厚革質，二回羽狀複葉，葉軸遠軸面密被深褐色至黑色如髮絲狀之線形鱗片；羽片披針形，先端尾狀漸尖，基上側小羽片顯著延長呈耳狀。孢子囊群稍貼近於小羽軸，孢膜圓盾狀，全緣。

　　在台灣生長於中海拔地區林緣半遮蔭岩壁。

小羽片鋸齒緣，具顯著芒尖。

半育葉片之囊群分布於葉片中下部

葉革質，二回羽狀複葉。

葉軸遠軸面密被褐色至黑色之狹線形鱗片

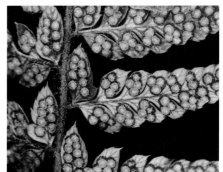

囊群著生位置稍偏向中肋

多生長於岩石環境

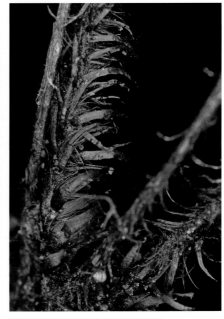

葉柄基部密被深褐色至黑色闊披針形鱗片

關山耳蕨

屬名　耳蕨屬

學名　*Polystichum xiphophyllum* (Baker) Diels

形態上與馬祖耳蕨（*P. tsus-simense*，見第 307 頁）相似，但羽片分裂較淺，除基上側一枚耳狀裂片外，其餘裂片均未達全裂。

　　在台灣零星紀錄於新竹、南投、屏東及台東中海拔山區，生於森林內富含石灰質之半遮蔭岩壁環境。

生於石灰岩壁之半遮蔭夾縫中

葉硬革質，近軸面具光澤。

羽片及裂片先端具軟骨質邊緣及芒刺

葉軸覆有黑色線形鱗片

羽片基上側有一枚獨立之耳狀裂片或小羽片，其餘淺至深裂。

孢子囊群著生於小羽片主脈兩側，孢膜圓盾形。

根莖直立，葉柄基部密被卵狀披針形至披針形深褐色鱗片。

耳蕨屬未定種1

屬名　耳蕨屬
學名　*Polystichum* sp. 1 (*P.* aff. *acanthophyllum*)

外觀接近針葉耳蕨（*P. acanthophyllum*，見第 272 頁），但本種葉柄鱗片較狹，為披針形至卵狀披針形，葉軸鱗片平坦不捲曲；羽片菱狀三角形至三角形，近軸面光澤微弱，小脈於遠軸面幾乎不可見，末裂片大多全緣。

　　在台灣多見於 2,000 ～ 3,000 公尺之中海拔山區，低於針葉耳蕨；生於遮蔽良好之垂直岩壁縫隙間。本種學名可能應採用 *P. spinescens*。

生於遮蔽良好之垂直岩壁縫隙

葉軸鱗片平坦不捲曲；側脈於遠軸面幾不可見。

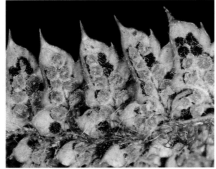

孢膜圓盾形，邊緣不規則齒裂。

羽片顯著不對稱；末裂片近全緣，僅基部裂片偶有粗齒緣。

葉近軸面光澤微弱

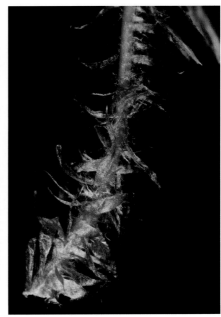

葉柄鱗片披針形至卵狀披針形

耳蕨屬未定種 2

屬名　耳蕨屬
學名　*Polystichum* sp. 2 (*P.* aff. *erosum*)

外觀接近小耳蕨（*P. capillipes*，見第277頁）及尾葉耳蕨（*P. thomsonii*，見第306頁），但本種葉片兩面散生毛狀鱗片，葉軸最先端常生有芽孢，羽片除最基部 1 至 2 對外僅具齒緣或淺裂，可與該二種區辨。

　　在台灣偶見於中部中海拔山區，生於溪谷兩側裸露岩壁遮蔽良好之縫隙內。本種將來可能證實與分布中國之蝕蓋耳蕨（*P. erosum*）同種。

基羽片稍短縮，具一對深裂裂片。

葉軸及羽片散生毛狀鱗片

羽片基上側不顯著耳狀突起，邊緣齒狀。

孢膜圓盾形，邊緣嚙蝕狀。

葉片先端常具不定芽

生於遮蔽良好之岩壁縫隙

葉柄基部被褐色披針形鱗片

耳蕨屬未定種3

屬名　耳蕨屬
學名　*Polystichum* sp. 3 (*P.* aff. *lachenense*)

形態與高山耳蕨（*P. lachenense*，見第288頁）與芽孢耳蕨（*P. stenophyllum*，見第303頁）之推定雜交種芽孢高山耳蕨（*P.* × *gemmilachenense*）幾乎完全相符，但該類群具不定芽而本種則否，因此在尚未能取得遺傳組成資料前仍暫以未定種視之。其羽片兩側均羽狀淺裂，基羽片反折程度較低，葉近先端無不定芽可與芽孢耳蕨及擬芽孢耳蕨（*P. pseudostenophyllum*，見第300頁）區辨；羽片較短且顯著不對稱，基上側呈耳狀突出可與高山耳蕨及耳蕨屬未定種4（見第312頁）分別；葉柄具單色鱗片，羽片分裂程度較低且質地較柔軟亦不同於陳氏耳蕨（*P. chunii*，見第278頁）。

　　在台灣偶見於中部高海拔冷杉林下濕潤土坡。

羽片顯著不對稱，羽狀淺裂。

基羽片略短縮及反折，下部羽片有時基上側具1枚深裂耳狀裂片。

羽片先端無不定芽

葉鋸齒緣，芒尖指向羽片先端。

囊群於羽軸及基上部側脈兩側各一排

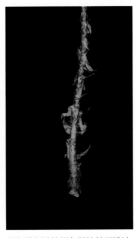

葉柄基部被淡褐色闊披針形鱗片

葉線形，一回羽狀複葉。

耳蕨屬未定種4

屬名　耳蕨屬
學名　*Polystichum* sp. 4 (*P.* aff. *moupinense*)

形態接近高山耳蕨（*P. lachenense*，見第 288 頁），主要區別為本種葉片質地較柔軟，常平展或多少彎垂，葉軸被較寬之披針形鱗片，羽片及裂片先端圓至鈍，芒尖極短而不顯著。

　　在台灣普遍分布於海拔 3,000 ～ 3,500 公尺高山地帶，生於林緣半遮蔭之濕潤山壁。本種形態近於分布中國西南至喜馬拉雅地區之類群如 *P. moupinense* 及 *P. lichiangense*，仍有待更深入之研究比對。

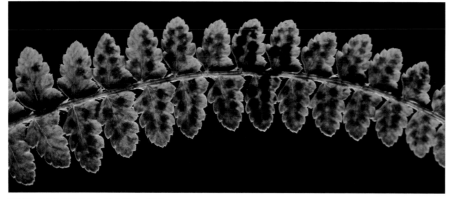

羽片及末裂片先端較鈍，芒尖短或不顯著。

基羽片短縮但不反折

羽軸及羽片近軸面疏被淡褐色線形鱗片

葉片質地較軟，常平展或多少彎垂。

孢膜圓盾狀

葉線形，二回淺至深裂。

葉柄基部被褐色至深褐色闊披針形鱗片

耳蕨屬未定種5

屬名　耳蕨屬
學名　*Polystichum* sp. 5 (*P.* aff. *neolobatum*)

形態接近硬葉耳蕨（*P. neolobatum*，見第293頁）及針葉耳蕨（*P. acanthophyllum*，見第272頁），主要差異為葉柄及葉軸兩面均被極為綿密之亮紅棕色鱗片，羽片長橢圓狀披針形，遠軸面亦全面顯著被有捲曲之線形鱗片，基部有1至6對獨立小羽片，小羽片近菱形，常於先端及兩側各有一枚芒刺，邊緣多少反捲。孢膜圓盾形，近全緣。

　　在台灣偶見於嘉義中海拔山區，生於略乾燥且遮蔭良好之岩壁縫隙。

生於略乾燥之岩壁縫隙

羽片長橢圓狀披針形，遠軸面全面被線形鱗片。

孢膜圓盾形，全緣。

葉柄密被捲曲之紅棕色卵狀披針形鱗片

葉軸密被紅棕色強烈捲曲之線形鱗片

葉披針形，近軸面色澤深綠，具強烈光澤。

小羽片近菱形，先端及兩側各有一枚芒刺。

腎蕨科 NEPHROLEPIDACEAE

全世界僅腎蕨屬（*Nephrolepis*）1屬，約19種，少部分種類為泛熱帶地區分布，多數物種僅局限分布於東南亞或美洲熱帶地區。腎蕨科成員同時具有直立與橫走之根莖，少數物種會於地下形成球莖；葉片長橢圓形，羽片與中軸交接處具關節；孢子囊群圓腎形為主，具孢膜；孢子豆形。

腎蕨屬 NEPHROLEPIS

特徵同科。

長葉腎蕨

屬名	腎蕨屬
學名	*Nephrolepis biserrata* (Sw.) Schott

形態上明顯較腎蕨（*N. cordifolia*，見第316頁）大型，葉片常超過1公尺，一回羽狀複葉，羽片狹長披針形，基部楔形，不具三角形耳狀突起。

　　在台灣廣泛分布於低海拔林緣環境。

群生於低海拔岩壁或樹幹上

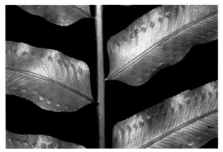

羽片基部楔形，葉緣具泌水孔。

孢膜圓腎形，生於離中脈約三分之二處。

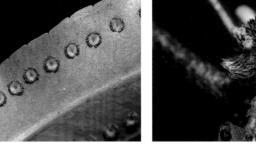

匍匐莖密被雙色鱗片

一回羽狀複葉，羽片狹長。

葉柄密被蜘蛛絲狀毛以及淺褐色鱗片

毛葉腎蕨

屬名　腎蕨屬
學名　*Nephrolepis brownii* (Desv.) Hovenkamp & Miyam.

形態上與腎蕨（*N. cordifolia*，見第316頁）較相似，但全株疏被鱗片，羽片長鐮刀形，基部不為心形，上側具三角形耳狀突起。

在台灣常見於林緣向陽開闊處。

羽片基部具一向上耳狀突起

孢膜圓腎形，生於葉緣。

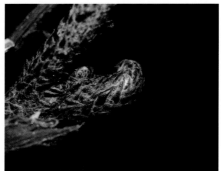

匍匐莖密被雙色鱗片

葉軸密被纖維狀鱗片

生長於林緣向陽開闊處

葉柄覆有雙色披針形鱗片

腎蕨

屬名　腎蕨屬
學名　*Nephrolepis cordifolia* (L.) C.Presl

根狀莖直立，被棕色鱗片，下部具匍匐莖，匍匐莖上生有卵
形的球莖。葉叢生，一回羽狀複葉，羽片基部心形覆蓋葉軸，
上側具三角形耳狀突起。孢子囊群腎形，位於主脈兩側。
　　在台灣廣泛分布於中低海拔林緣受干擾環境。

葉柄密被淺褐色鱗片

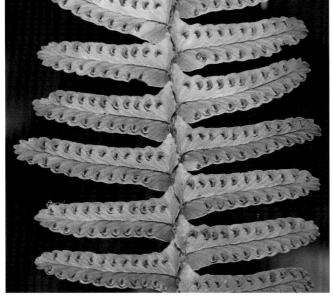

羽片基部心形覆蓋葉軸，上側具三角形耳狀突起。

孢膜腎形，亞緣生。

群生於林緣開闊處

具特化儲水球莖

科氏腎蕨

屬名 腎蕨屬

學名 *Nephrolepis × copelandii* W.H.Wagner

種間雜交是蕨類植物中常見的現象，雜交產生的後代在形態上通常介於親本之間。本種形態上與腎蕨（見前頁）相似，但羽片基部不為心形且葉軸羽軸密被纖維狀鱗片與毛葉腎蕨（*N. brownii*，見第315頁）特徵類似，多數形態特徵都介於腎蕨與毛葉腎蕨之間，推測為兩者之雜交後代。

在台灣偶見於腎蕨與毛葉腎蕨共域處。

羽片形狀介於腎蕨與毛葉腎蕨之間

葉軸羽軸密被纖維狀鱗片與毛葉腎蕨特徵類似

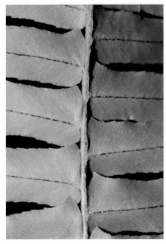

羽片基部楔形，輕微凸尖。

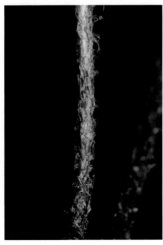

葉柄密被淺褐色鱗片與腎蕨特徵類似

生長於易受人為干擾之邊坡環境

馬蹄腎蕨

屬名　腎蕨屬
學名　*Nephrolepis × hippocrepicis* Miyam.

形態上介於腎蕨（*N. cordifolia*，見第316頁）與長葉腎蕨（*N. biserrata*，見第314頁）之間，整體來說與長葉腎蕨較為相似，但羽片密度明顯較密，且上側略具突起。分子證據也已證實本種為腎蕨與長葉腎蕨之雜交後代。

　　在台灣偶見於腎蕨與長葉腎蕨共域處。

羽片基上側稍突起呈耳狀

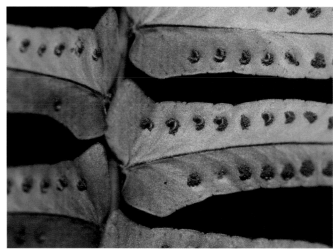

孢膜腎形，不如長葉腎蕨般圓腎形。

葉柄密被淺褐色鱗片與腎蕨特徵類似

下部羽片漸縮成耳狀

葉軸疏被纖維狀鱗片與腎蕨特徵類似

附生於棕櫚樹幹上

假長葉腎蕨

屬名　腎蕨屬
學名　*Nephrolepis* × *pseudobiserrata* Miyam.

本種形態上與長葉腎蕨（*N. biserrata*，見第314頁）相似，但羽片基部具明顯耳狀突起，許多特徵都介於毛葉腎蕨（*N. brownii*，見第315頁）與長葉腎蕨之間，推測為兩者之雜交後代。

　在台灣偶見於毛葉腎蕨與長葉腎蕨共域處。

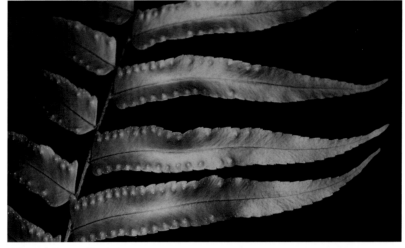

葉緣疏鋸齒狀，具 2 排泌水孔。

葉柄鱗片具長纖毛緣

孢膜圓腎形

可見於人類活動頻繁區域

羽片基上側具耳狀突起

蘿蔓藤蕨科 LOMARIOPSIDACEAE

全世界 5 屬約 70 種，分別為擬貫眾蕨屬（*Cyclopeltis*）、*Dracoglossum*、*Dryopolystichum*、羅蔓藤蕨屬（*Lomariopsis*）與 *Thysanosoria*。本科主要形態特徵為根莖橫走或攀緣（僅 *Dryopolystichum* 具短直立根莖），先端具非窗格狀鱗片；葉多為兩型較少同型，單葉至二回羽狀裂葉，羽片與中軸相接處具關節或無，葉脈游離；孢子囊群圓形，具孢膜或無，或孢子囊呈散沙狀密被於葉遠軸面；孢子橢球形，紋飾多樣。

蘿蔓藤蕨屬 LOMARIOPSIS

半著生性，根莖攀緣於樹幹，營養葉與孢子葉明顯二型，孢子葉羽片細長，孢子囊散生於葉遠軸面。

生長於林下遮蔭環境岩石或樹幹上

蘿蔓藤蕨

屬名	蘿蔓藤蕨屬
學名	*Lomariopsis boninensis* Nakai

根莖攀緣，密被褐色披針形鱗片，葉遠生。一回羽狀複葉，葉二型，營養葉長橢圓形，羽片狹披針形，孢子葉羽片長線形，孢子囊群滿布於遠軸面。

在台灣偶見於本島及蘭嶼低海拔林下潮濕環境岩石或樹幹上。蘭嶼族群與台灣本島族群形態上存在細微差異，前者營養葉全緣，後者則具淺鋸齒緣。

植株生長初期為單葉

根莖攀緣，葉遠生，一回羽狀複葉，幼株常為單葉，羽片長線形，具頂羽片。

根莖密被褐色披針形鱗片

孢子葉一回羽狀複葉，羽片長線形，孢子囊群布滿於遠軸面。

側羽片基部具關節

台灣本島族群營養葉淺鋸齒緣

蘭嶼族群營養葉全緣

三叉蕨科 TECTARIACEAE

全世界 8 個屬約 250 種，廣泛分布於全世界熱帶與亞熱帶地區。本科之屬間分類尚待進一步研究後釐清，部分學者傾向將本科進一步細分為三個科，分別為藤蕨科（Arthropteridaceae）、突齒蕨科（Pteridryaceae）與三叉蕨科（Tectariaceae），但本書依據 PPG I 採用一個廣義的三叉蕨科。本科成員形態特徵多樣，根莖橫走或斜生，少數成員為攀緣性植物；根莖具鱗片，鱗片窗格狀或非窗格狀；葉柄維管束多條環狀排列；葉片單葉至多回羽狀複葉皆有，被毛或光滑；少數成員葉柄與根莖相接處有關節；葉脈游離或網狀，偶有游離小脈；孢子囊群具圓腎形孢膜或無。

特徵

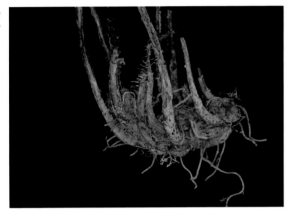

根莖斜生（變葉三叉蕨）

根莖攀緣如藤狀（藤蕨）

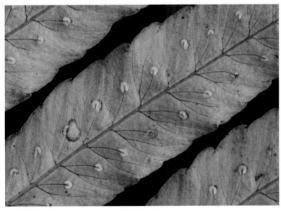

葉脈游離（突齒蕨）

葉脈網狀，網眼內具游離小脈。（翅柄三叉蕨）

孢膜圓腎形（大葉三叉蕨）

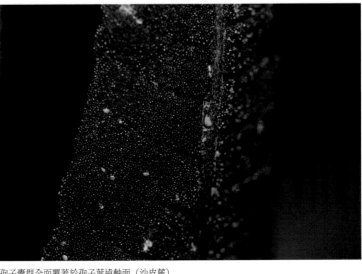

孢子囊群全面覆蓋於孢子葉遠軸面（沙皮蕨）

藤蕨屬 ARTHROPTERIS

本屬成員多為攀緣性植物，根莖纖細橫走，具鱗片。葉片一回羽狀複葉為主，葉柄與根莖相接處有關節；葉脈多游離。孢子囊群圓形，孢膜圓腎形或無。

藤蕨

屬名	藤蕨屬
學名	*Arthropteris palisotii* (Desv.) Alston

根莖攀緣如藤狀。葉二列互生，以關節著生於莖上，葉片一回羽狀，羽片鐮刀狀，基部耳形突起。孢膜圓腎形。

在台灣生於低海拔闊葉林下潮濕環境，攀緣於樹幹或岩石上。

葉脈游離，先端具泌水孔。

攀附於枝條或樹幹上

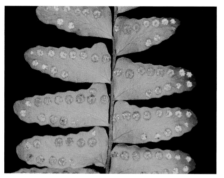

羽片基上側具耳狀突起，淺波狀緣。

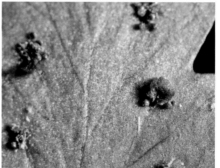

孢膜圓腎形

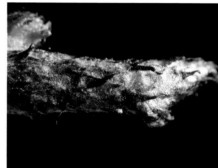

根莖表面疏被褐色披針形鱗片

攀附岩石上之未熟個體，葉形與成熟個體不同。

具三角狀頂羽片

突齒蕨屬 PTERIDRYS

根莖短直立。葉片二回羽狀複葉，羽片具短柄，邊緣缺刻處具突齒，葉脈游離。孢膜圓腎形。

突齒蕨

屬名	突齒蕨屬
學名	*Pteridrys cnemidaria* (Christ) C.Chr. & Ching

根莖粗壯斜生，密被暗棕色披針形鱗片。葉片橢圓形，二回深羽裂。孢膜圓腎形。

在台灣偶見於南投、嘉義、台南及花蓮低海拔闊葉林下。

裂片間凹刻處具向上隆起之小尖突

囊群位於小脈先端，具圓腎形孢膜。

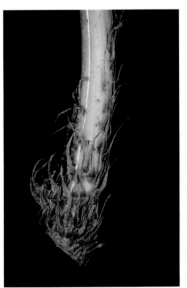

葉柄基部被淺褐色鱗片

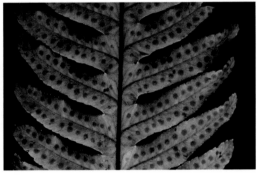

葉脈游離

囊群成熟時孢膜受擠壓而不顯著

生長於林緣土坡

葉卵形，二回羽狀深裂。

三叉蕨屬 TECTARIA

根莖橫走或直立，被褐色披針形鱗片。葉一至三回羽狀複葉，基部羽片之基部下側小羽片最長，葉脈多網狀或游離，網眼中具游離小脈或無。孢子囊群圓形，多具圓腎形孢膜或無。

陰地三叉蕨

屬名	三叉蕨屬
學名	*Tectaria coadunata* (J.Sm.) C.Chr.

根莖粗壯，短斜生，莖頂與葉柄基部密被淡棕色披針形鱗片。葉紙質，葉片闊卵形，三回羽裂，羽片 2 至 5 對，葉脈網狀，網眼狹長。孢子囊群圓形，在小羽軸或主脈兩側各有一行，具圓腎形孢膜。

　　在台灣常見於中低海拔滴水潮濕岩壁。

孢膜圓腎形，被毛。

葉兩面具短毛

偶見二回羽裂之小型成熟葉

長於滴水石灰質岩壁上

葉柄基部被深褐色大型鱗片

翅柄三叉蕨

屬名　三叉蕨屬
學名　*Tectaria decurrens* (C.Presl) Copel.

根莖短斜生，莖頂與葉柄基部密被褐色披針形鱗片。葉片長卵形，一回羽裂，葉兩型，葉軸及葉柄有翅為本種重要特徵。

在台灣廣泛分布於低海拔潮濕闊葉林下，但僅在新北、宜蘭、南投、恆春半島東側及離島（蘭嶼、綠島、龜山島）等多雨區域較為常見。

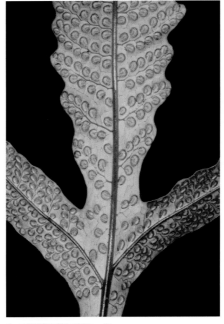

孢子囊群於側脈兩側各一排

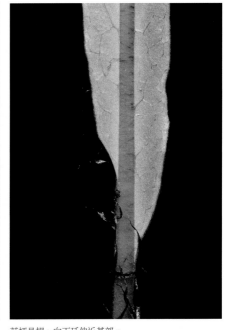

葉柄具翅，向下延伸近基部。

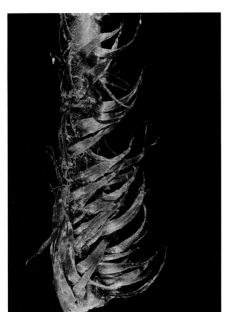

葉柄密被褐色大型鱗片

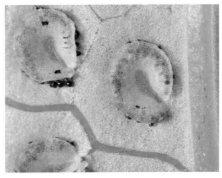

孢膜圓腎形，生於游離小脈上。

網眼內具分岔之游離小脈

營養葉近軸面多少有白斑

葉略為二型

薄葉三叉蕨

屬名　三叉蕨屬
學名　*Tectaria devexa* (Kunze) Copel.

根莖短直立，頂部及葉柄均密被褐色窄披針形鱗片。葉片卵形，二至三回羽裂，羽軸兩側具一排弧形網眼，網眼中無游離小脈。

在台灣常見於中南部林緣乾燥邊坡或岩縫，北部少見。

羽軸兩側具一排弧形網眼

孢膜圓腎形，略靠裂片邊緣。

葉柄基部密被褐色窄披針形鱗片

基羽片為歪斜三角形

生於略乾燥之岩壁環境

葉片卵形，二至三回羽裂

薄葉三叉蕨×三叉蕨

屬名　三叉蕨屬
學名　*Tectaria devexa* × *T. subtriphylla*

羽裂程度、毛被及脈型皆介於薄葉三叉蕨（見前頁）與三叉蕨（*T. subtriphylla*，見第342頁）之間，且與二種共域生長，因此推定為二者之雜交種。

在台灣僅發現於屏東低海拔山區，生於乾燥林緣土坡。

根莖橫走

葉近軸面有稀疏毛被

基羽片達三回淺裂

網眼內有游離小脈

孢子囊群具圓腎形孢膜

葉柄及葉軸紅褐色，表面光亮。

葉近五角形

南洋三叉蕨

屬名 三叉蕨屬
學名 *Tectaria dissecta* (G.Forst.) Lellinger

根莖短直立，頂部及葉柄均密被褐色鱗片。葉片披針形，二至三回深羽裂，基部一對羽片最大，葉脈游離。

在台灣主要分布於南部闊葉林溪谷環境。

葉脈游離

葉兩面被短毛

孢膜圓腎形，早凋。

葉片披針形，二至三回深羽裂

葉柄鱗片暗褐色鑲黃邊

根莖短直立，葉叢生。

生長於闊葉林下邊坡

大葉三叉蕨

屬名	三叉蕨屬
學名	*Tectaria dubia* (C.B.Clarke & Baker) Ching

本種為台灣最大型之三叉蕨屬物種，葉可達約 2 公尺，葉片三角形，三回羽裂，葉脈網狀。孢子囊群圓形，具孢膜。
在台灣分布於花蓮及台東低海拔闊葉林下，主要生長於溪谷環境。

葉近軸面可見孢子囊群著生處突起

葉三回羽裂，孢子葉具略窄之裂片。

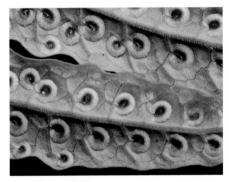

孢膜圓腎形，中央顏色較深。

具網眼，網眼內有分岔之游離小脈。

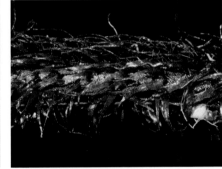

葉柄密被褐色狹披針形鱗片

植物體達 2 公尺高

根莖短直立，葉叢生。

傅氏三叉蕨

屬名　三叉蕨屬
學名　*Tectaria fauriei* Tagawa

本種在形態上與翅柄三叉蕨（*T. decurrens*，見第 325 頁）最為接近，但本種之葉軸上具不定芽。

　　在台灣零星分布於本島及蘭嶼低海拔山區，生長於闊葉林下。

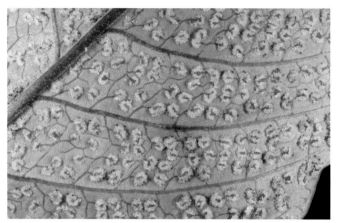

囊群圓形，孢膜早凋，受成熟孢子囊擠壓而不顯著。

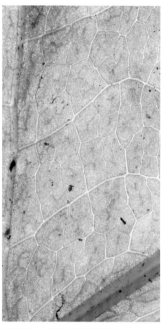
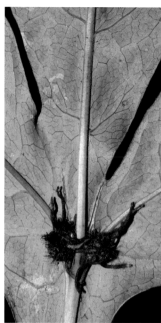

葉脈網狀，網眼內有游離小脈。

葉軸上具不定芽

孢子囊群全面散生於葉遠軸面

葉柄上部具翼

葉柄基部具褐色狹披針形鱗片

生長於低海拔闊葉林下

屏東三叉蕨

屬名　三叉蕨屬
學名　*Tectaria fuscipes* (Wall. *ex* Bedd.) C.Chr.

根莖短直立。葉稍兩型，葉脈主要游離，在葉軸及羽軸兩側具一至二排網眼，網眼中不具游離小脈。

　　在台灣主要分布於南部低海拔闊葉林邊坡環境。

孢子羽片較窄小，孢膜圓腎形。

根莖斜生

具一至二排網眼

葉略為二型

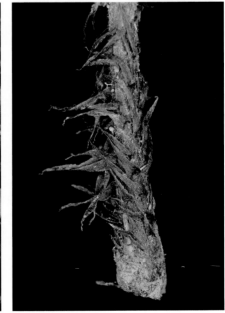

葉柄基部密被黑褐色鱗片

雲南三叉蕨

屬名　三叉蕨屬
學名　*Tectaria griffithii* (Baker) C.Chr.

根莖粗壯，短而斜生，莖頂與葉柄基部被披針形褐色鱗片。葉紙質，葉片闊卵形，二回羽裂，羽片 4 至 6 對，羽片深裂達有闊翅羽軸，葉兩面均被淡棕色短毛，葉脈網狀，網眼中有分岔小脈。孢子囊群圓形，孢膜全緣。

　　在台灣主要分布於北部低海拔潮溼闊葉林溪谷環境。

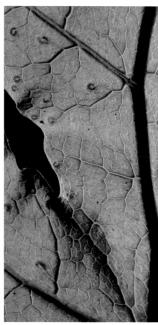

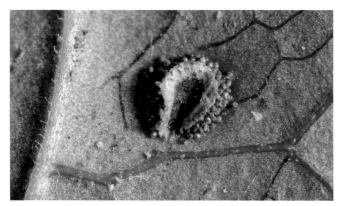

孢膜圓腎形，生於游離小脈上。

孢子囊群於裂片側脈兩側各一排

具網眼，網眼內有分岔之游離小脈。

生長於低海拔潮溼闊葉林溪谷環境

葉遠軸面羽軸、小羽軸及主脈上疏被短毛

葉柄基部覆有褐色披針形鱗片

葉為闊卵形，大型。

沙皮蕨

屬名　三叉蕨屬
學名　*Tectaria harlandii* (Hook.) C.M.Kuo

根莖短橫走至斜升，頂部及葉柄基部均密被褐色披針形鱗片。葉叢生，二型葉，營養葉奇數一回羽狀複葉或三叉；孢子葉較營養葉狹長，孢子囊群沿葉脈著生，成熟時布滿葉遠軸面。

　　在台灣主要分布於大台北地區、南投及恆春半島，它處少見，生長於闊葉林林緣或透空處山壁或土坡。

孢子葉明顯較營養葉狹長

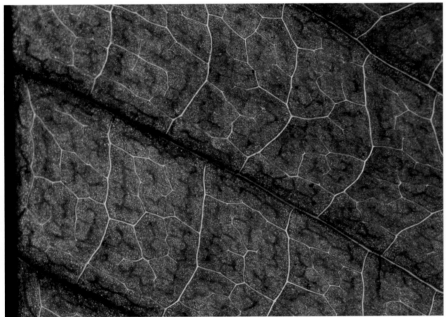

葉脈網狀，網眼中具游離小脈。

孢子囊群全面覆蓋於孢子葉遠軸面

生長於闊葉林下邊坡環境

葉柄基部密被鱗片

沙皮蕨 × 三叉蕨

屬名　三叉蕨屬
學名　*Tectaria harlandii* × *T. subtriphylla*

推定為沙皮蕨（*T. harlandii*，見第 333
頁）與三叉蕨（*T. subtriphylla*，見第
342 頁）之天然雜交後代，外觀上與沙
皮蕨較為接近，主要差異在於營養葉頂
羽片邊緣粗鋸齒狀至淺羽裂，基羽片基
下側常具額外裂片，且孢子葉囊並未完
全覆蓋孢子葉遠軸面之葉表。

　　在台灣偶見於台北市郊淺山林緣環
境，與其推定親本共域生長。

基羽片基下側常有額外裂片

孢子囊散沙狀全面分布，但未完全覆蓋葉表。

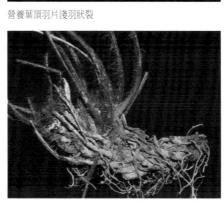

營養葉頂羽片淺羽狀裂

孢子葉顯著小於營養葉

葉柄上部有時具狹翼

根莖粗壯斜倚

葉柄基部密被紅棕色狹披針形鱗片

變葉三叉蕨

屬名　三叉蕨屬
學名　*Tectaria impressa* (Fée) Holttum

在形態上與屏東三叉蕨（*T. fuscipes*，見第331頁）相似，但本種之葉脈網狀，網眼中具游離小脈，營養葉與孢子葉明顯兩型。

　　在台灣主要分布於南部乾濕季分明環境闊葉林下乾燥邊坡。

孢膜圓腎形，早凋。

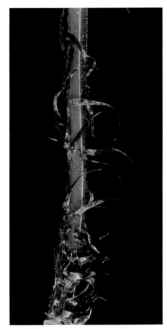

葉柄基部被深褐色狹披針形鱗片

囊群著生處於近軸面顯著突起

葉脈網狀，網眼內有游離小脈。

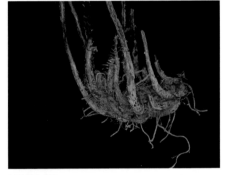

根莖粗大斜倚

葉兩型化，孢子葉分裂程度較高且具長柄。

基羽片之基下側小羽片明顯延長

高士佛三叉蕨

屬名 三叉蕨屬
學名 *Tectaria kusukusensis* (Hayata) Lellinger

根莖短直立。葉寬披針形，基羽片基下側達三回羽裂，此外二回羽狀分裂，葉脈游離，全株密被長毛。

在台灣分布於終年降雨之低海拔山地，包含新北、基隆、宜蘭、南投、恆春半島及蘭嶼，生長於高濕度之闊葉林下。

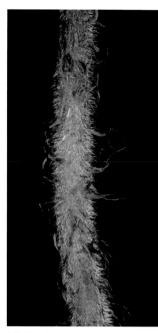

葉脈游離；孢子囊群於羽片側脈兩側各一排。

葉柄基部被毛及鱗片

基羽片呈歪斜三角形，基下側裂片最長且達三回羽裂。

葉兩面與葉軸上密被長毛

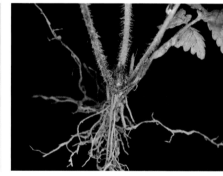

根莖直立，葉叢生。

葉寬披針形，二回羽狀分裂

孢膜圓腎形，早凋。

多尾三叉蕨

屬名　三叉蕨屬
學名　*Tectaria multicaudata* (C.B.Clarke) Ching

根莖短而直立，頂部及葉柄密被褐棕色
披針形鱗片。葉叢生，葉柄栗褐色，葉
片五角形，二回羽狀至三回羽裂，羽片
4 至 5 對，葉脈網狀，具狹長網眼。

　　在台灣偶見於台南至屏東一帶低海
拔闊葉林溪谷環境。

孢子囊群大型，圓形，成熟時孢膜凋萎反捲。

生於季節性降雨區域之河岸土坡

孢子囊群散生於末裂片中肋兩側

葉近軸面僅主脈上被毛；囊群處稍隆起。

葉脈網狀具狹長網眼

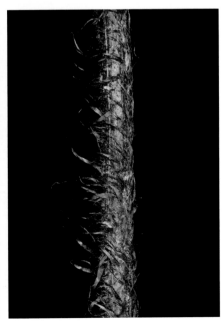

葉五角形，達三回羽裂。

葉柄基部密被暗褐色狹披針形鱗片

蛇脈三叉蕨

屬名　三叉蕨屬
學名　*Tectaria phaeocaulis* (Rosenst.) C.Chr.

根莖短斜生，莖頂與葉柄基部密被黑褐色披針形鱗片。葉紙質，葉片卵形至五角形，二至三回羽裂，葉脈網狀，內有分岔之游離小脈。孢子囊群圓形，生於游離小脈末端，於葉近軸面形成突起。

　　在台灣主要分布於南北兩端及南投低至中海拔山區，生於濕潤闊葉林下。

生長於低海拔潮濕闊葉林下

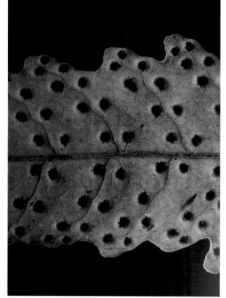

羽片之側脈多少呈之字形彎曲

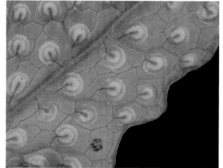

孢膜圓腎形，長於游離小脈上。

葉近軸面於孢子囊群著生處明顯隆起

葉卵形至五角形，二至三回羽狀裂葉。

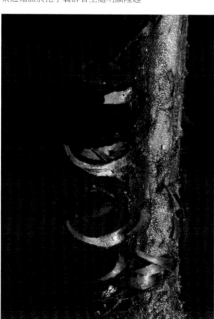

葉柄基部覆有黑褐色鱗片

南投三叉蕨

屬名　三叉蕨屬
學名　*Tectaria polymorpha* (Wall. *ex* Hook.) Copel.

一回羽狀複葉（小型個體偶具三或五叉狀單葉），葉軸無翼，頂羽片不裂或三叉狀，基羽片基下側有一枚大型裂片，其它側羽片均不分裂。

　　在台灣廣泛分布於中低海拔山區，但於中南部較常見，多生長於季節性氣候之林緣環境。

根莖短直立，葉叢生。

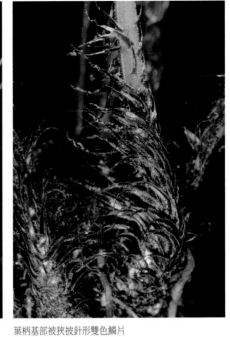
葉柄基部被狹披針形雙色鱗片

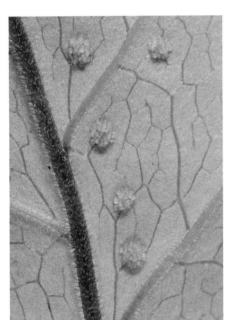
孢子囊群球形，孢膜早落。

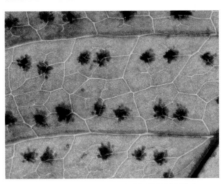
網狀脈，網眼內有游離小脈，囊群生於小脈交接處。

葉近軸面光滑

葉一回羽狀複葉，基羽片基下側常有下延裂片。

葉形變化大，小型成熟個體具三叉之單葉。

紫柄三叉蕨

屬名　三叉蕨屬
學名　*Tectaria simonsii* (Baker) Ching

本種在形態上與三叉蕨（*T. subtriphylla*，見第 342 頁）相似，但本種之葉柄和葉軸為暗紫色，表面光亮；葉三出狀，頂羽片與側羽片形態接近，不具有條狀裂片。

　　在台灣分布於全島低海拔略乾燥之闊葉林下。

具網眼，網眼內有分岔之游離小脈。

小型個體葉片三叉狀

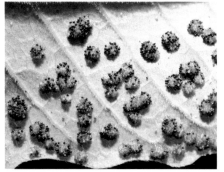

孢子囊群不規則排列於側脈兩側，無孢膜。

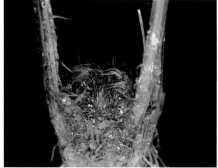

根莖頂端連同葉柄基部密被深褐色狹披針形鱗片

根莖斜升至短橫走

生長於低海拔闊葉林下

葉柄為紫褐色，表面光亮。

排灣三叉蕨

屬名　三叉蕨屬

學名　*Tectaria subfuscipes* (Tagawa) C.M.Kuo

本種在形態上與南洋三叉蕨（*T. dissecta*，見第 328 頁）相似，但本種之葉片僅二回羽裂，且根莖及葉柄基部之鱗片為黑色。

　　在台灣主要分布於南部低海拔闊葉林邊坡環境。

營養葉於羽軸及裂片中脈基部，具一至二排網眼。

孢子葉分裂較營養葉深，葉脈多游離。

孢膜圓腎形，生於游離脈上。

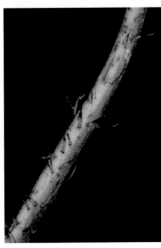

葉柄覆有黑褐色鱗片

生長於低海拔闊葉林邊坡環境

三叉蕨

屬名　三叉蕨屬
學名　*Tectaria subtriphylla* (Hook. & Arn.) Copel.

本種在形態上與紫柄三叉蕨（*T. simonsii*，見第 340 頁）相似，但本種之葉柄和葉軸為草稈色至褐色，表面光澤薄弱；且頂羽片近先端多少羽裂，與側羽片形態不同。

　　在台灣分布於全島中低海拔闊葉林下。於恆春半島及台東存在部分族群葉兩面明顯被毛，且植物體略小，分類地位有待研究。

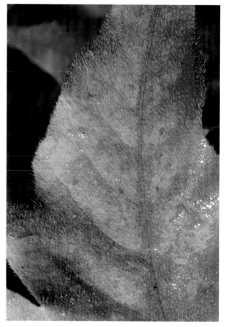

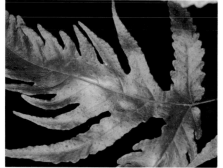
一般族群葉面除主脈外幾近光滑

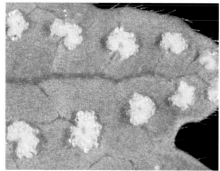
孢膜圓腎形，邊緣撕裂狀（此為多毛族群）。

多毛族群，葉兩面密被短毛。

生長於低海拔闊葉林下

多毛族群植物體通常略小

網眼內具分岔之游離小脈

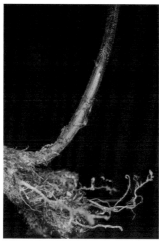
葉柄基部被褐色鱗片

多羽三叉蕨

屬名　三叉蕨屬
學名　*Tectaria sulitii* Copel.

本種在形態上與翅柄三叉蕨（*T. decurrens*，
見第 325 頁）相似，但本種成熟個體之裂片
對數達 8 至 16 對（翅柄三叉蕨僅 2 至 8 對），
且排列較緊密；基羽片基下側裂片無或甚短。

　　在台灣僅見於離島蘭嶼，生長於潮濕闊
葉林下。

生長於潮濕闊葉林下

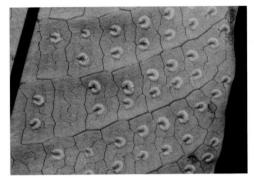

孢膜圓腎形，生於游離小脈上。

側裂片長橢圓狀披針形，全緣，先端漸尖。

葉柄基部密被大型淺褐色鱗片

根莖粗壯，直立或倒伏。

側裂片多對密生，基部裂片基下側偶有耳狀之額外裂片。

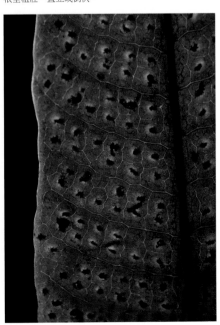

具數排網眼，網眼內有分岔之游離小脈。

地耳蕨

屬名　三叉蕨屬
學名　*Tectaria zeilanica* (Houtt.) Sledge

本種為台灣最小型之三叉蕨屬物種，葉明顯二型，孢子葉羽片強烈狹縮呈線形，孢子囊群密生於葉遠軸面。

在台灣分布於全島低海拔乾燥林緣環境，但以中南部較為常見，多生長於土坡、山壁或石縫間。

營養葉大多接近貼伏

葉片通常具一對分離之側羽片

孢子囊群全面著生於葉遠軸面

根莖匍匐，被淺褐色鱗片。

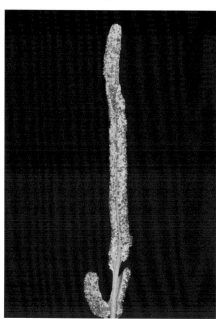

孢子葉為三出狀，近線形。

葉兩面顯著被毛

具網眼，網眼內有分岔之游離小脈。

三叉蕨屬未定種

屬名	三叉蕨屬
學名	*Tectaria* sp.

形態近似紫柄三叉蕨（*T. simonsii*，見第340頁）及三叉蕨（*T. subtriphylla*，見第342頁）。本種葉柄中上部及葉軸紫褐色，表面光亮可與三叉蕨區分；而頂羽片呈羽裂狀則不同於紫柄三叉蕨。在過往研究中類似形態的類群曾被鑑定為 *T. linloensis* 或 *T. rockii*，由於相關學名之分類地位仍未明確，本書暫不予定名。

在台灣偶見於中、南部低海拔季節性氣候區域之闊葉林內。

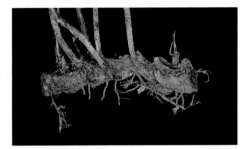

孢膜邊緣撕裂狀，早凋。

根莖橫走

葉脈網狀，網眼內有單一或分岔之游離小脈。

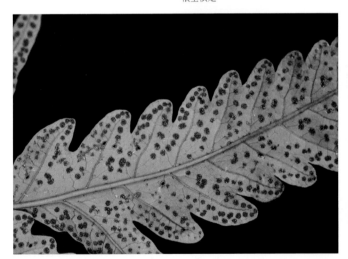

囊群圓形，於主要側脈兩側各1至2排。

葉柄及葉軸紫褐色，表面光亮。

葉柄基部被深褐色狹披針形鱗片

葉五角形，二回羽狀複葉，頂羽片羽裂至近先端。

蓧蕨科 OLEANDRACEAE

全世界僅蓧蕨屬（*Oleandra*），約 15 種，泛世界熱帶地區分布。本科成員從地生、岩生到附生皆有，主要形態特徵為根莖長橫走，密被鱗片；葉單葉全緣，同型或少數兩型，葉脈游離，葉柄基部與根莖連接處具關節；孢子囊群位於中肋兩側，具圓腎形孢膜，孢子豆形。

蓧蕨屬 OLEANDRA

特徵同科。

蓧蕨 | 屬名 蓧蕨屬
| 學名 *Oleandra wallichii* (Hook.) C.Presl

根莖長橫走，密被褐色披針形鱗片。葉疏生，葉片披針形，兩面被毛。孢子囊群圓腎形，貼近主脈兩側。

　　在台灣主要分布於南投至屏東中海拔雲霧盛行之檜木林帶，成片附生於林緣半遮蔭處與開闊處之懸崖岩壁、巨木主幹，或近地生於通風良好之稜線環境。

成片長於中海拔大樹上

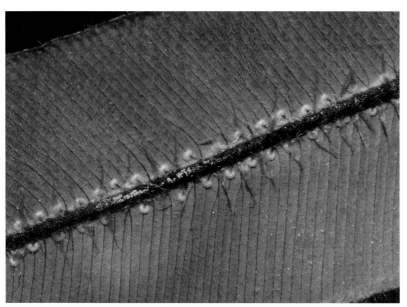

葉兩面被毛，葉軸上有淡褐色披針形鱗片；孢子囊群圓腎形，貼近主脈兩側。

葉疏生，葉片披針形。

長走莖，密被褐色披針形鱗片。

生長於開闊環境之懸崖岩壁上

骨碎補科 DAVALLIACEAE

根據不同之分類系統，全世界 1～5 屬，約 65 種，本書採用 PPG I 之分類系統，僅接受骨碎補屬（*Davallia*）一屬。本科成員多為附生或岩生，廣泛分布於舊世界地區，但馬來植物區系擁有最高的多樣性。主要之形態特徵為根莖長橫走，密被鱗片且具背腹性，葉柄與根莖連接處具關節；葉片 1～4 回羽狀複葉，少數種類為單葉，葉脈游離；孢子囊群位於小脈末端，具杯狀或腎形孢膜；孢子豆形，黃色。

特徵

本科成員多為附生或岩生（小膜蓋蕨）

根莖長橫走，密被鱗片。（圓蓋陰石蕨）

葉片多為三角形至五角形（杯狀蓋骨碎補）

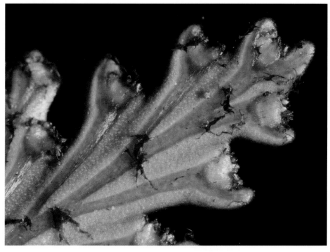

孢子囊群位於小脈末端，具杯狀或腎形孢膜。（鱗葉陰石蕨）

骨碎補屬 DAVALLIA

特 徵同科。

阿里山陰石蕨

屬名　骨碎補屬
學名　*Davallia chrysanthemifolia* Hayata

根莖長橫走，密被盾狀著生鱗片。葉遠生，葉柄疏被卵形鱗片，葉片闊卵形，三回羽狀深裂，稍兩型，孢膜扁圓扇形。典型的阿里山陰石蕨之營養葉葉片分裂較淺，羽片之末裂片較寬，於台灣另外可見部分族群之營養葉明顯分裂較深，羽片之末裂片較細，此一形態與發表於菲律賓之 *Humata obtusata* 一致。

在台灣主要分布於中南部中海拔霧林帶環境岩壁上。

研究顯示本書中介紹之阿里山陰石蕨、鱗葉陰石蕨（*D. cumingii*，見第 350 頁）與陰石蕨（*D. repens*，見第 354 頁）同屬於一複合種群，目前台灣所發現的族群均為多倍體，且多數族群為雜交起源，更細緻的分類處理有待進一步研究。

營養葉三回羽狀淺裂（典型之族群）

營養葉分裂較深之族群

孢膜扁圓扇形（典型之族群）

生長於霧林帶環境岩壁上（葉片分裂較深之族群）

植株附生於中海拔霧林帶環境樹幹上（典型之族群）

小膜蓋蕨

屬名　骨碎補屬
學名　*Davallia clarkei* Baker

根莖粗壯匍匐，密被褐色寬披針形鱗片。葉卵形，四回羽狀分裂，羽片橢圓狀披針形，葉脈分岔，每裂片有小脈 1 條。孢子囊群著生小脈分岔處，孢膜半圓形。
　在台灣生長於中海拔地區，附生於樹幹或岩石。

孢膜半圓形

根莖密被褐色寬披針形鱗片

具休眠性，冬季葉片轉黃凋萎。

葉軸及羽軸具相通的溝

生長於岩縫中之族群

在台灣常見於中海拔森林環境

鱗葉陰石蕨

屬名　骨碎補屬

學名　*Davallia cumingii* Hook.

葉柄疏被披針形鱗片，葉片三角形或五角形，三回羽狀深裂。孢膜扇形。

　　在台灣零星分布於全島低海拔闊葉林下，岩生或附生。

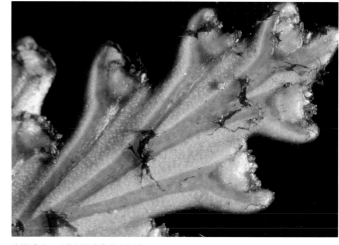

孢膜扇形，下半部邊緣與葉肉相連。

葉柄上被披針形褐色鱗片

葉片三回羽狀裂葉

植株附生於低海拔闊葉林樹幹上

葉軸、羽軸、葉柄上均密被鱗片。

大葉骨碎補

屬名　骨碎補屬
學名　*Davallia divaricata* Blume

根莖粗大匍匐狀，密被紅棕色蓬松的闊披針形鱗片。葉遠生，葉片卵狀三角形，四至五回羽狀深裂，葉草質。孢子囊群杯狀，生於小脈彎折處或生於小脈分岔處。

　　在台灣生於林緣稍開闊環境，地生或岩生。

側脈游離

葉片卵狀三角形，四至五回羽狀深裂。

孢子囊群杯狀

根莖密被紅棕色闊披針形鱗片

生於岩石或陡坡環境

杯狀蓋骨碎補

屬名　骨碎補屬
學名　*Davallia griffithiana* Hook.

根莖橫走，密被灰白色披針形鱗片。葉遠生，葉片五角形，四回羽裂。孢子囊群生於小脈頂端，孢膜杯狀。

　　在台灣廣泛分布於全島低海拔地區，於都市中公園大樹上亦可見。

葉片五角形，四回羽狀分裂。

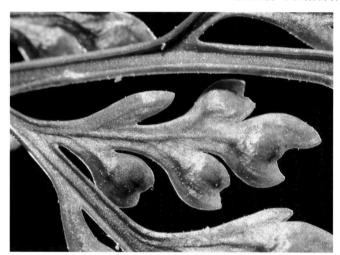
葉軸及羽軸上的溝相通

孢子囊群生於小脈頂端，孢膜杯狀。

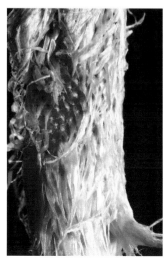
根莖密被灰白色披針形鱗片

常見於低海拔地區，附生於樹幹上。

馬來陰石蕨

屬名	骨碎補屬
學名	*Davallia pectinata* Sm.

根莖長橫走。葉遠生，葉片披針形，一回羽狀深裂，羽片線狀披針形，葉革質。孢膜半圓形。

在台灣僅於離島蘭嶼存在較大族群，附生於成熟闊葉林內大樹枝幹；本島曾紀錄於恆春半島山區，族群現況不明。

孢膜半圓形，位於小脈末端。

葉一回羽狀深裂

根莖長橫走，密被披針形鱗片。

在台灣僅見於蘭嶼，附生於苔類豐厚之樹幹上。

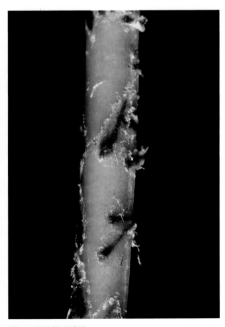

葉柄上被披針形鱗片

陰石蕨

屬名　骨碎補屬
學名　*Davallia repens* (L.f.) Kuhn

根莖長橫走，密被鱗片。葉遠生，葉柄疏被披針形鱗片，葉片卵狀三角形至卵狀披針形，二回羽狀深裂。孢子囊群近葉緣，孢膜扁圓扇型。

在台灣偶見於中低海拔稜線岩石上。

孢子囊群近葉緣，孢膜扁圓扇型。

根莖密被褐色鱗片

葉片二回羽狀深裂

植株附生於岩壁上，根莖長橫走。

葉柄疏被披針形鱗片

闊葉骨碎補

屬名　骨碎補屬
學名　*Davallia solida* (G.Forst.) Sw.

根莖長橫走，密被披針形鱗片。葉遠生，葉片五角形，三至四回羽裂，葉革質。孢子囊群著生於小羽片上部，孢膜管狀。

　　在台灣分布於恆春半島及蘭嶼。

葉三至四回羽裂，孢子囊群著生於小羽片上部。

孢膜管狀

根莖密被披針形鱗片，鱗片邊緣毛狀。

根莖長橫走，葉柄基部疏被鱗片。

植株附生於於低海拔環境樹幹或岩壁

海洲骨碎補

屬名　骨碎補屬

學名　*Davallia trichomanoides* Blume

形態上與杯狀蓋骨碎補（*D. griffithiana*，見第 352 頁）相似，但本種之根莖鱗片為褐色，孢膜為管狀。

　　在台灣廣泛分布於全島中低海拔，附生於樹幹上。

根莖橫切面可見多條維管束

孢膜管狀

葉片四回羽裂，葉脈游離。

根莖密被褐色鱗片

植株附生於樹幹上

圓蓋陰石蕨

屬名　骨碎補屬
學名　*Davallia tyermanii* (T.Moore) Baker

形態與杯狀蓋骨碎補（*D. griffithiana*，見第352頁）相似，但本種之孢膜近圓形，僅以基部附著於葉遠軸面。

　　在台灣僅分布於離島金門及馬祖，生於淺山林緣岩壁或樹幹。

根莖長橫走，葉遠生。

根莖鱗片灰白，僅基部帶褐色。

葉五角形，四回羽裂。

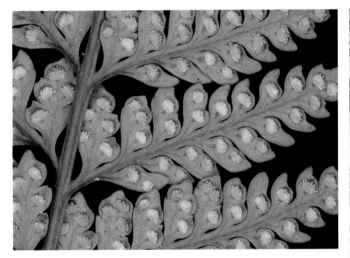
孢膜近圓形

末回裂片全緣或有一齒突

植株群生於岩壁上

水龍骨科 POLYPODIACEAE

全世界65個屬，約1,650種，根據分子親緣關係研究結果，禾葉蕨科成員應歸併至本科。水龍骨科下包含六個亞科，分別為劍蕨亞科（Loxogrammoideae）、槲蕨亞科（Drynarioideae）、鹿角蕨亞科（Platycerioideae）、星蕨亞科（Microsoroideae）、禾葉蕨亞科（Grammitidoideae）與水龍骨亞科（Polypodioideae）。本科成員主要為附生或岩生植物，廣泛分布於全世界，尤其以熱帶地區多樣性最為豐富。本科重要的形態特徵包含根莖多橫走，被鱗片；葉片以單葉至一回羽狀複葉為主，葉脈多為網狀（禾葉蕨亞科及少數其它類群具游離脈）；孢子囊群圓形、橢圓形、長線形或散沙狀，無孢膜，常具孢子囊群側絲；孢子多為黃色豆形（禾葉蕨亞科為綠色球形）。

特徵

葉一回羽狀複葉（南亞穴子蕨）

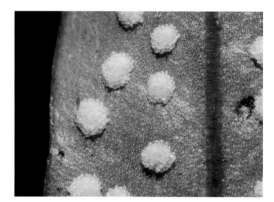

孢子囊群圓形，無孢膜。（表面星蕨）

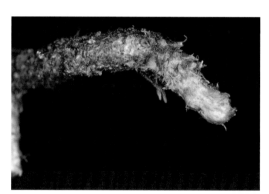

根莖長橫走，密被鱗片。（栗柄水龍骨）

孢子囊群線形（二條線蕨）

葉單葉（斷線蕨）

葉脈網狀，網眼中具游離小脈。（台灣萹蕨）

膜葉星蕨屬 BOSMANIA

本屬新近（2019 年 8 月）方依據分子證據自星蕨屬（*Microsorum*，見第 409 頁）分出，與星蕨屬之差異為葉柄及葉軸具顯著稜脊，橫截面呈三角形；葉膜質，乾季時轉黃脫落。

膜葉星蕨

屬名	膜葉星蕨屬
學名	*Bosmania membranacea* (D.Don) Testo

葉片單葉，大型帶狀，寬度可達約 12 公分，葉軸遠軸面具顯著稜脊；側脈顯著，於近軸面凹陷，遠軸面隆起。孢子囊群小型，圓形，散布於側脈間。

在台灣廣泛分布於全島低中海拔林緣及溪岸，地生或岩生。

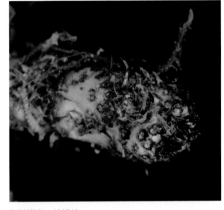

根莖橫走，被鱗片。

孢子囊群小，不規則散布於葉遠軸面。

葉片薄紙質，葉脈網狀。

生長於暖溫帶闊葉林下，岩生。

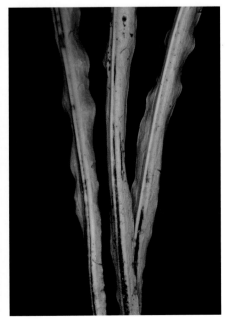

葉遠軸面中肋具稜脊

荷包蕨屬 CALYMMODON

為禾葉蕨亞科之成員，本亞科共通特徵為葉片被剛毛、分岔毛或腺毛而不具鱗片，葉脈大多游離，以及孢子綠色。本屬特徵為植物體小型，根莖短直立，葉螺旋排列，葉一回羽狀近全裂，每個裂片僅具一枚孢子囊群，被反折之裂片所覆蓋。

疏毛荷包蕨

屬名　荷包蕨屬
學名　*Calymmodon gracilis* (Fée) Copel.

本種特徵為不孕裂片相對較寬（寬約 1.3 ～ 1.8 公釐），且葉兩面各處均被有相對較密之長毛（長約 0.5 ～ 1 公釐）。

在台灣零星分布於北部、東部及南部海拔 800 ～ 1,600 公尺霧林環境，生於闊葉林內樹幹中低處，偶生於岩石上。

葉螺旋狀排列

葉一回深裂至接近葉軸（張智翔攝）

大多生長於蘚苔密被之樹幹基部（張智翔攝）

葉面毛被長達 1 公釐左右

側脈不分岔，於背光下可見。

可孕裂片邊緣反捲呈荷包狀，包覆孢子囊群。

可孕裂片與不孕裂片近等長

寡毛荷包蕨 特有種

屬名　荷包蕨屬
學名　*Calymmodon oligotrichus* T.C.Hsu

本種特徵為不孕裂片相對狹窄（寬約 0.5 ～ 1 公釐），葉兩面僅在葉軸、主脈上被有極稀疏之長毛（長約 0.5 ～ 1 公釐）。
特有種，零星分布於花蓮及台東海拔 2,000 ～ 2,500 公尺霧林環境樹幹中低處。

可孕部分約達葉片一半長度（張智翔攝）

著生於覆滿鮮苔與膜蕨之樹幹低處

葉一回深裂至接近葉軸

側脈於背光下不顯著

遠軸面可見深色葉軸

葉面被極疏之長毛

可孕裂片呈荷包狀

姫荷包蕨

屬名 荷包蕨屬

學名 *Calymmodon ordinatus* Copel.

本種特徵為不孕裂片略窄（寬約 1 ～ 1.3 公釐），葉兩面各處疏被短毛（短於 0.3 公釐）。

在台灣零星分布於台東與屏東交界處，中央山脈南段海拔 900 ～ 1,500 公尺霧林環境樹幹或岩石上。

不孕裂片略狹窄且間距較大

囊群每裂片各一枚，由反捲之裂片邊緣部分包覆。

根莖密被淡褐色狹披針形鱗片

葉軸遠軸面疏被二叉或三叉毛，其餘毛被均為單毛。

葉面毛被短而疏

側裂片較纖細且間距較大

側脈於背光下不顯著

金禾蕨屬 CHRYSOGRAMMITIS

禾 葉蕨亞科之成員，植株小型，根莖短橫走，葉柄兩列排列於根莖，鱗片不為窗格狀，邊緣具毛。葉一回羽狀深裂，被單一或分岔之腺毛，葉脈游離，羽狀分岔，末端不具泌水孔。孢子囊群圓形，表面生。

金禾蕨

屬名	金禾蕨屬
學名	*Chrysogrammitis glandulosa* (J.Sm.) Parris

本種特徵為葉一回深羽裂，裂片具粗齒緣，兩面均散生短棍棒狀腺毛。

在台灣僅見於中央山脈南段及海岸山脈中段海拔 1,200 ～ 1,700 公尺之熱帶山地霧林環境，生於樹幹基部遮蔽處。

根莖鱗片亦被短棍狀毛

生於蘚苔豐厚之熱帶山地霧林環境

生於樹幹基部背陽一面

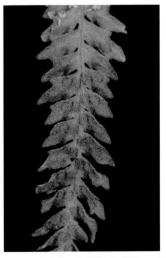

葉遠軸面及孢子囊間同樣散生短棍狀毛

葉羽狀深裂至接近葉軸

葉全面散生短棍狀毛為本種重要鑑別特徵

裂片邊緣粗齒狀，囊群於葉軸兩側各一至數排。

毛禾蕨屬 DASYGRAMMITIS

禾 葉蕨亞科之成員，根莖短，葉柄螺旋排列於根莖上，葉柄上密被毛。葉一回羽狀深裂至全裂，葉脈游離，末端不具泌水孔。孢子囊群圓形，表面生或略陷於葉肉中。

毛禾蕨

屬名	毛禾蕨屬
學名	*Dasygrammitis mollicoma* (Nees & Blume) Parris

本種特徵為葉蓮座狀簇生，一回羽狀深裂至接近葉軸，裂片全緣，葉兩面及葉柄均散生約 2 公釐長之紅棕色單生剛毛。孢子囊群圓形，於裂片中肋兩側各一排，近表面生。

在台灣僅見於中央山脈南段海拔 1,450 ～ 2,200 公尺之熱帶山地霧林環境，生於樹幹中低處。

生於樹幹基部遮蔭處

葉一回羽狀深裂至近葉軸（張智翔攝）

葉全面散生紅棕色長剛毛

囊群圓形，近表面生。

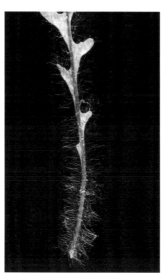

葉柄密被紅棕色長剛毛

根莖短直立，葉螺旋狀簇生。

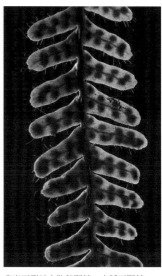

背光下裂片中肋稍顯著，小脈不顯著。

槲蕨屬 DRYNARIA

附 生蕨類，根莖粗壯，密被鱗片，生長於樹幹上或岩壁上，基部羽片彼此重疊形成腐植質收集構造，或具特化之腐植質收集葉。

崖薑蕨

屬名　槲蕨屬
學名　*Drynaria coronans* (Wall. *ex* Mett.) J.Sm. *ex* T.Moore

外形與連珠蕨（*D. meyeniana*，見第366頁）相似，但孢子囊群散生於葉遠軸面，孢子羽片並不驟縮。常高位附生環繞於樹幹上，葉片互相緊靠形成鳥巢狀。

在台灣廣泛分布於全台中低海拔闊葉林中。

葉片多一回羽狀深裂，偶見二回羽裂個體。

葉長橢圓形，一回羽狀深裂。

環繞於樹幹上，葉片互相緊靠形成鳥巢狀。

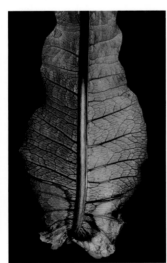

葉脈網狀，網眼內有游離小脈。

葉片基部具腐植質收集構造

台灣最大型附生蕨類之一，於樹木主幹形成醒目群叢。

連珠蕨

屬名　槲蕨屬

學名　*Drynaria meyeniana* (Schott) Christenh.

根莖粗壯，密被紅棕色狹披針形鱗片。葉一回羽狀深裂，基部擴大聚集腐殖質。孢子羽片強烈驟縮為線形，著生圓形孢子囊群。

在台灣分布於東部花蓮以南至恆春半島東側低海拔闊葉林中，附生樹木中高層枝幹或岩石上。

孢子羽片強烈驟縮為線形，著生圓形孢子囊群。

生長於低海拔闊葉林中，附生樹幹上。

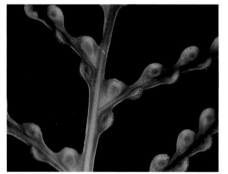

孢子羽片驟縮成鏈珠狀

葉一回羽狀深裂，孢子羽片位於營養羽片之上。

葉脈網狀，網眼內具游離小脈。

葉片基部具腐植質蒐集構造

葉一回羽狀深裂

槲蕨

屬名　槲蕨屬

學名　*Drynaria roosii* Nakaike

根莖橫走，密被盾狀著生鱗片。葉二型，具特化之腐植質收集葉與一般之營養兼繁殖葉，營養兼繁殖葉一回羽狀深裂。孢子囊群橢圓形，密布在裂片中肋與葉緣之間。

在台灣廣泛分布於全島低中海拔山區，較常見於具乾濕季節之區域，附生於闊葉林內喬木中高層枝幹或開闊岩壁，亦可見於都市中大樹或圍牆上。

群生於向陽岩壁

腐植質收集葉卵形，淺裂，乾枯而宿存。

營養／繁殖葉一回羽狀深裂，裂片互生。

孢子囊群橢圓形，散生於營養／繁殖葉遠軸面。

葉脈網狀

生長於樹幹上

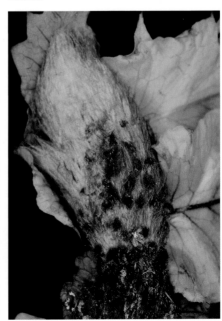

根莖粗大，密被亮褐色鱗片。

棱脈蕨屬 GONIOPHLEBIUM

根 莖長橫走，密被披針形窗格狀鱗片，葉遠生。葉柄基部具關節，葉片一回羽狀裂葉或複葉，葉脈網狀，網眼中具游離小脈。孢子囊群圓形，於羽片中肋兩側各一排。

阿里山水龍骨 特有種

屬名	棱脈蕨屬
學名	*Goniophlebium amoenum* (Wall. *ex* Mett.) Bedd. var. *arisanense* (Hayata) Rödl-Linder

葉片一回羽狀深裂，葉緣具明顯缺刻，葉脈網狀，葉軸兩側各具一行狹長網眼，裂片中脈兩側各具 1 至 2 行網眼，內具游離小脈。

特有變種，零星分布於台灣全島中海拔森林中。

根莖長橫走，密被披針形窗格狀鱗片。

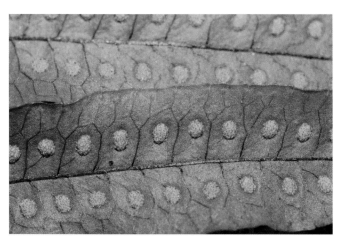

孢子囊群位於羽片中肋兩側各一排

葉脈網狀，網眼中具游離小脈。

生長於中海拔冷溫帶森林中，附生於樹幹上。

葉基部裂片常向下反折

栗柄水龍骨

屬名　棱脈蕨屬
學名　*Goniophlebium fieldingianum* (Kunze *ex* Mett.) T.Moore

葉片一回羽狀深裂，裂片較其他同屬物種狹窄，葉脈游離。

　　在台灣分布於中部中高海拔針闊葉混合林下。

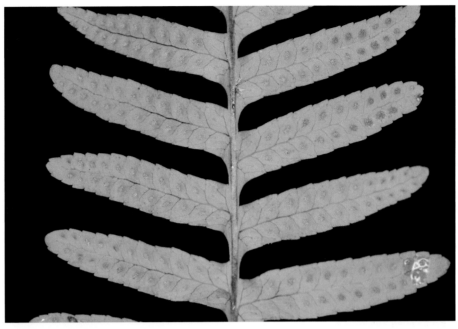

葉緣具缺刻，葉脈游離。

生長於中高海拔針闊葉混合林下

根莖長橫走，密被鱗片。

孢子囊群圓形，於裂片中肋兩側各一排。

葉片一回羽狀深裂，裂片狹窄。

台灣水龍骨

屬名　稜脈蕨屬
學名　*Goniophlebium formosanum* (Baker) Rödl-Linder

葉片一回羽狀深裂，葉緣近全緣，根莖鱗片早落，呈光滑粉綠色。

　　在台灣廣泛分布於全島中低海拔闊葉林中。

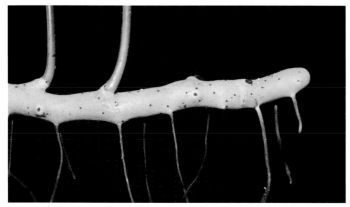

根莖鱗片早落，呈光滑粉綠色。

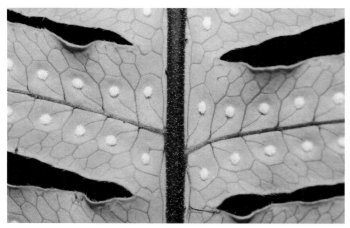

孢子囊群位於網眼中游離小脈末端

生長於中低海拔闊葉林中樹上

葉近軸面於孢子囊群著生處略隆起

葉片一回羽狀深裂

蒙自水龍骨

屬名 棱脈蕨屬
學名 *Goniophlebium mengtzeense* (Christ) Rödl-Linder

葉片一回羽狀複葉，羽片以關節連接於中肋，基部
耳狀。

在台灣零星分布於全島暖溫帶闊葉林或針闊葉
混合林中。

孢子囊群位於羽片中肋兩側各一排

根莖長橫走，密被窗格狀鱗片。

生長於暖溫帶闊葉林中，附生於樹幹上。

基部羽片之基部耳狀

葉緣具明顯缺刻

棱脈蕨

屬名　棱脈蕨屬

學名　*Goniophlebium persicifolium* (Desv.) Bedd.

根莖長橫走，葉遠生。葉片一回羽狀複葉，羽片狹披針形。孢子囊群圓形，於葉遠軸面凹陷，葉近軸面隆起。

　　在台灣僅於新北福山植物園園區內發現一小族群，生長花圃內樹蕨莖幹上。

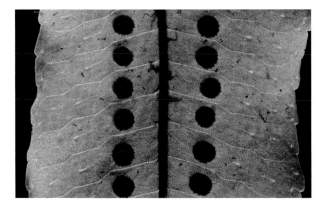

葉脈網狀，網眼中具游離小脈。

孢子囊群圓形，於羽片中肋兩側各一排。

生於半人工環境，但據信非由人為刻意引入。

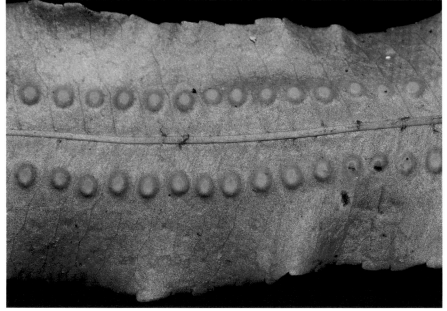

葉近軸面於孢子囊群著生處明顯隆起

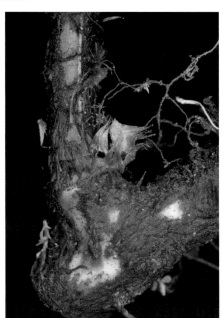

根莖長橫走

大葉水龍骨 特有種

屬名　棱脈蕨屬
學名　*Goniophlebium raishaense* (Rosenst.) L.Y.Kuo

形態上與台灣水龍骨（*G. formosanum*，見第370頁）相近，主要差別為本種之根莖上常具宿存之褐色鱗片，葉近軸面多少被毛。

　　特有種，零星分布於台灣全島中海拔森林中。

根莖上具窗格狀鱗片

根莖長橫走，被褐色鱗片。

偶見於中海拔暖溫帶闊葉林中

葉近軸面多少被毛

孢子囊群圓形，於裂片中肋兩側各一排。

疏毛水龍骨 特有種

屬名 棱脈蕨屬
學名 *Goniophlebium transpianense* (Yamam.) L.Y.Kuo

葉一回羽狀深裂，葉緣全緣不具缺刻，葉兩面及葉柄上均密被短毛。
　　特有種，零星分布於台灣中南部中海拔闊葉林下。

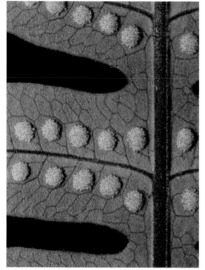

葉遠軸面被短毛，孢子囊群圓形。

葉長橢圓形，一回羽狀深裂至接近葉軸。

生長於中海拔闊葉林下

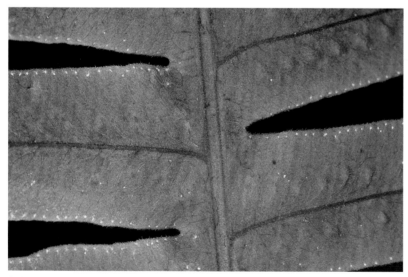

葉密被短毛，葉緣全緣不具缺刻。

長橫走之根莖疏被鱗片

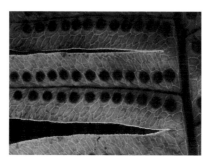

葉脈網狀，於中肋至葉緣間形成兩排網眼。

常著生於裸露之樹木主幹

伏石蕨屬 LEMMAPHYLLUM

小型附生蕨類，具細長匍匐之根莖，葉遠生，葉面不具鱗片。葉常明顯二型，孢子葉常較營養葉窄而長，偶近同型。孢子囊群圓形或長線形，位於中肋兩側。

伏石蕨

屬名	伏石蕨屬
學名	*Lemmaphyllum microphyllum* C.Presl

葉厚肉質，明顯兩型，營養葉近圓形、橢圓形至倒卵形；孢子葉倒披針形至匙形，具長柄。孢子囊群長線形。

在台灣廣泛分布於全島低至中海拔地區森林環境，以及龜山島、綠島、蘭嶼、馬祖南竿，常成片附生於樹幹或岩石表面，偶近地生於稜線或道路邊坡等通風良好環境，亦為都市區域常見蕨類植物之一。

葉顯著兩型，孢子葉較狹長且具長柄。

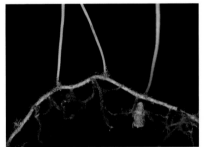
根莖長匍匐狀，被披針形褐色窗格狀鱗片。

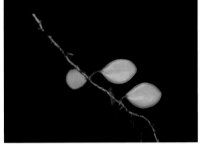
營養葉橢圓形至倒卵形，兩面光滑。

葉較短而肥厚之族群

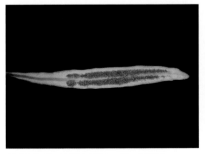
囊群長線形，於葉軸兩側各一排，偶間斷。

葉脈網狀

葉略長而薄之族群

骨牌蕨

屬名　伏石蕨屬
學名　*Lemmaphyllum rostratum* (Bedd.) Tagawa

葉厚肉質，同型。孢子囊群圓形，在主脈兩側各成一行。

　　在台灣廣泛分布於全島中海拔暖溫帶闊葉林中。

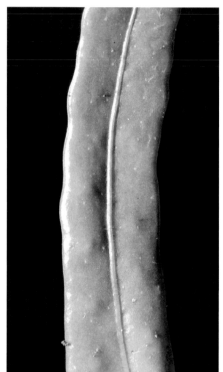

葉厚肉質，近軸面光滑。

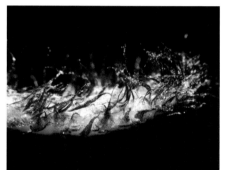

葉單葉，披針形。

根莖長橫走，被褐色窗格狀鱗片。

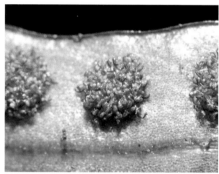

孢子囊群圓形

群生於濕潤森林內樹幹、岩石或土坡上。

孢子囊群於葉軸兩側各一排，中生。

鱗果星蕨屬 LEPIDOMICROSORUM

攀緣性附生蕨類，根莖長橫走，被披針形窗格狀鱗片，葉遠生。葉為單葉，不分裂，網狀脈，網眼中具游離小脈。孢子囊群圓形，散生於葉遠軸面。

攀緣星蕨

屬名	鱗果星蕨屬
學名	*Lepidomicrosorum superficiale* (Blume) Li Wang

葉披針形至帶狀披針形，基部下延，具柄，先端長漸尖，全緣，有時波浪狀起伏，近軸面深綠色，具光澤。孢子囊群球形，散生於葉遠軸面，不具顯著側絲。新近發表之台灣蕨類名錄將本種學名訂正為 *L. ningpoense*，然而本書作者群認為現階段分類處理之證據未盡完備，故仍沿用近期較多文獻接受之種名。

在台灣廣布於全島低至中海拔山區濕潤森林內，攀附於樹幹或岩石上。

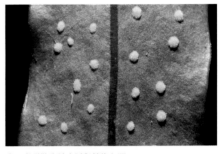

孢子囊群散生於中脈與葉緣之間

孢子囊群無顯著側絲

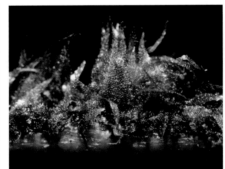

根莖上褐色披針形窗格狀鱗片

葉近軸面光澤強烈

根莖長橫走，具攀緣性。

葉狹披針形，邊緣常波狀起伏。

鱗果星蕨屬未定種

屬名	鱗果星蕨屬
學名	*Lepidomicrosorum* sp. (*L.* aff. *superficiale*)

外觀近似攀緣星蕨（*L. superficiale*，見第 377 頁），主要差異在於葉近軸面呈灰綠色，光澤微弱。

　　在台灣偶見於恆春半島海拔 500 ～ 1,100 公尺濕潤闊葉林內，有時與攀緣星蕨共域生長。

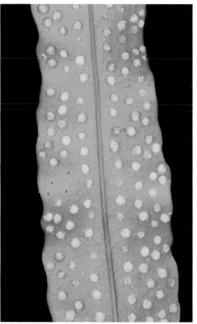

囊群均勻散生於葉遠軸面

常攀緣於樹木中低處

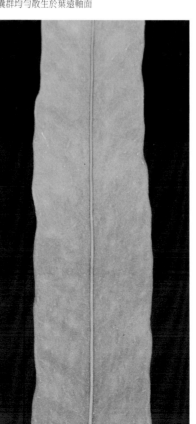

葉面光澤黯淡

根莖綠色，密被鱗片。

根莖鱗片形態與攀緣星蕨雷同

根莖長匍匐狀，葉遠生。

瓦韋屬 LEPISORUS

根莖橫走，被單色或雙色窗格狀鱗片。葉單葉，同型，厚革質。孢子囊群圓形或線形，位於葉遠軸面中肋兩側各一排，或集中於葉片頂端。除本書介紹物種，甫發表之台灣蕨類名錄報導一新紀錄種扭瓦韋（*L. contortus*），然而本書作者群認為該種之鑑定存有疑義，故未予收錄。

網眼瓦韋

屬名	瓦韋屬
學名	*Lepisorus clathratus* (C.B.Clarke) Ching

根莖上被單色窗格狀鱗片，邊緣具長鋸齒。葉片厚紙質，約2公分寬，脈不明顯。

　　在台灣分布於海拔 3,000 公尺以上之岩壁。

　　部分研究認定台灣族群為一特有種，學名為 *L. papakensis*。基於可靠分類資料的欠缺，本書仍暫沿用較廣義的物種定義。

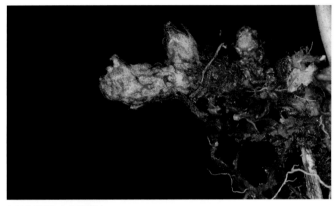

根莖上被單色窗格狀鱗片

葉遠軸面疏被鱗片

生長於高海拔之岩壁上

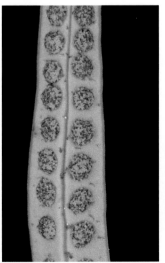

孢子囊群圓形，表面覆具鱗片狀側絲。

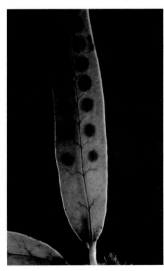

主側脈背光下可見

鱗瓦韋 特有種

屬名　瓦韋屬
學名　*Lepisorus kawakamii* (Hayata) Tagawa

根莖上被單色窗格狀鱗片，鱗片卵圓形，長約 1 公釐，邊緣全緣。葉片披針形。孢子囊群橢圓形，長約 4 公釐。

特有種，分布於台灣中海拔森林環境，岩生或附生。

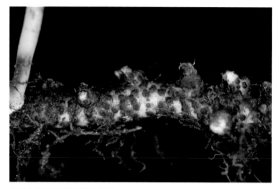

根莖上被卵圓形窗格狀鱗片

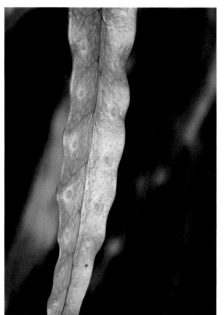

囊群著生處於近軸面稍呈盤狀隆起

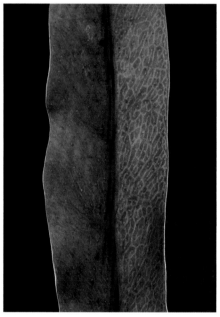

網狀葉脈於背光下可見

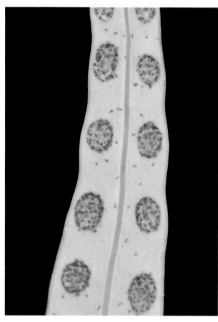

孢子囊群橢圓形，表面覆鱗片狀側絲。

生長於暖溫帶闊葉林下，岩生。

葉基漸狹，具長柄。

猺山瓦韋

屬名　瓦韋屬
學名　*Lepisorus kuchenensis* (Y.C.Wu) Ching

本種可由根莖密被約4公釐長披針形褐色鱗片，葉闊披針形，寬於3公分與台灣其它同屬物種區辨。

　　台灣僅在1940年於今南投溪頭一帶有過一次採集紀錄，現況不明。本書提供現存於京都大學植物標本館（KYO）之存證標本照片。

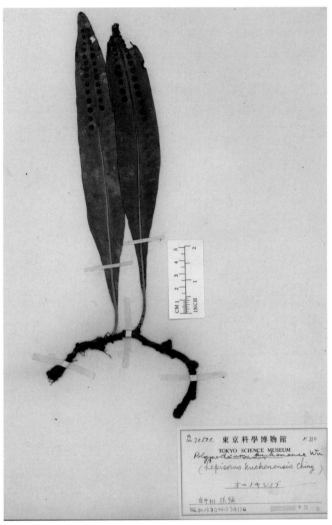

根莖粗壯橫走，密被褐色鱗片。

葉近或遠生，闊披針形。

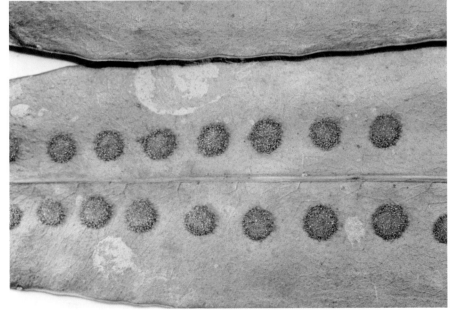

囊群球形，略靠近葉軸。

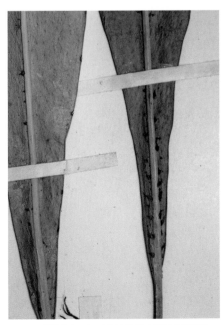

葉遠軸面於葉軸中下部周圍疏被褐色卵狀披針形鱗片

長柄瓦韋 特有種

屬名　瓦韋屬
學名　*Lepisorus megasorus* (C.Chr.) Ching

形態上與鱗瓦韋（*L. kawakamii*，見第 380 頁）非常相近，主要差別為本種之根莖鱗片為橢圓披針形，長約 3 公釐，邊緣多少鋸齒。

　　特有種，零星分布於台灣中低海拔林緣環境，常生於半開闊岩壁上。

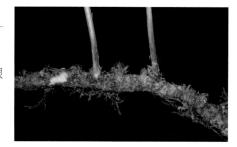

根莖長橫走，被橢圓披針形鱗片。

生長於暖溫帶闊葉林，岩生。

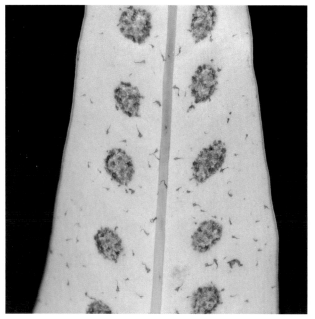

葉遠軸面疏被鱗片

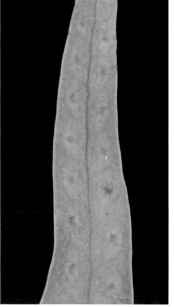

葉近軸面側脈不明顯

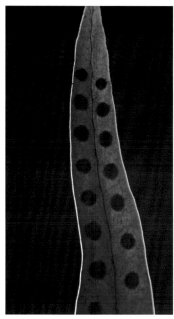

網狀葉脈於背光下稍可見

二條線蕨

屬名　瓦韋屬

學名　*Lepisorus miyoshianus* (Makino) Fraser-Jenk. & Subh.Chandra

葉細長線形，寬約 3 公釐，厚肉質。孢子囊群線形，連續，位於主軸兩側的縱溝內。

　　在台灣零星分布於中高海拔混合林內，附生於樹上。

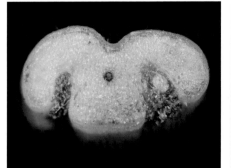
葉片肥厚，可孕部分橫截面近橢圓形。

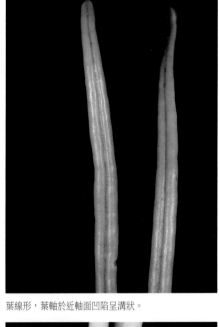

葉線形，葉軸於近軸面凹陷呈溝狀。

成熟之孢子囊群突出溝槽之外

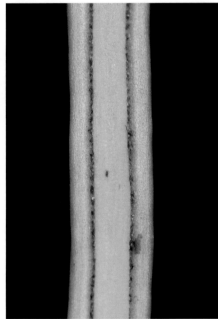
孢子囊群線形，位於主軸兩側的縱溝內

根莖橫走，被鱗片。

常附生於大樹中高層枝幹

外觀略似書帶蕨屬植物，但本種葉片較為肥厚堅韌。

擬茯瓦韋 特有種

屬名　瓦韋屬
學名　*Lepisorus monilisorus* (Hayata) Tagawa

根莖纖細，根莖鱗片中間深色不透明，周圍窗格狀，邊緣不規則。葉片窄披針形，約 5 ～ 15 公分長，1 ～ 3 公分寬。

特有種，廣泛分布於台灣全島低至高海拔森林環境，附生於樹幹。

常附生於通風良好之樹木枝幹

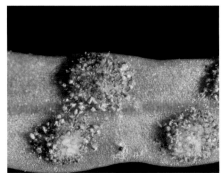

孢子囊群圓形，孢子黃色。

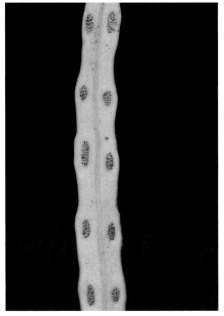

葉肉於囊群間稍窄縮，使葉緣呈波狀，為本種重要鑑別特徵。

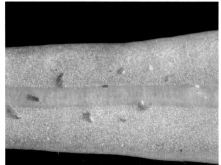

葉遠軸面疏被鱗片

囊群著生於葉片中上部

根莖被雙色鱗片

葉披針形，先端長漸尖。

玉山瓦韋

屬名　瓦韋屬
學名　*Lepisorus morrisonensis* (Hayata) H.Ito

根莖鱗片雙色，中間部分網眼小，顏色較深，邊緣淡棕色。葉近生，葉片狹披針形，草質。在台灣分布於高拔針葉林下，岩生。

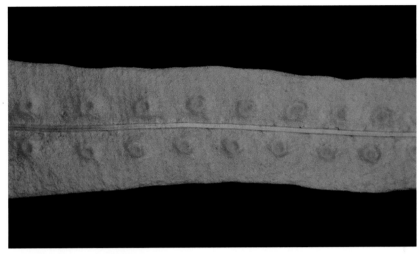

葉近軸面於孢子囊群著生處略隆起

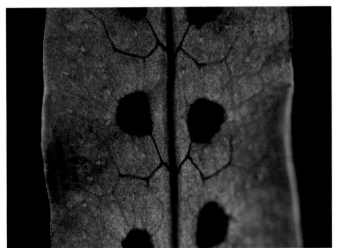

網狀葉脈於背光下可見

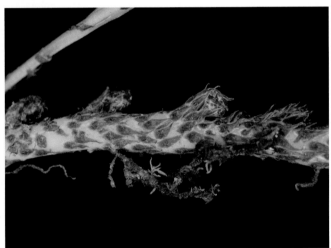

根莖鱗片披針形，雙色，中間部分顏色較深，邊緣淡棕色。

生長於高拔針葉林下，岩生。

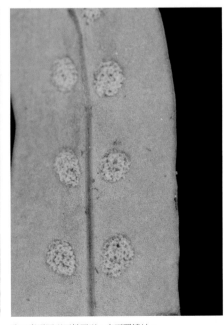

孢子囊群圓形至橢圓形，表面覆鱗片。

尖嘴蕨

屬名　瓦韋屬

學名　*Lepisorus mucronatus* (Fée) Li Wang

葉橢圓狀披針形，孢子囊群集中於葉片先端之尾狀部分為本種顯著鑑別特徵。

　　在台灣零星分布於中南部海拔 700～1,600 公尺山區，生於高濕闊葉林或人工林樹木細枝上。

葉橢圓狀披針形，先端漸縮為尾狀。

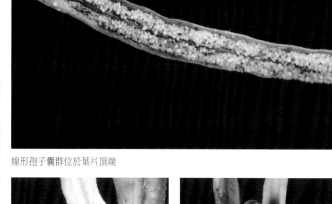

線形孢子囊群位於葉片頂端

常生於樹木細枝上

根莖先端被窗格狀鱗片

捲旋幼葉具紅暈

奧瓦韋

屬名　瓦韋屬
學名　*Lepisorus obscurevenulosus* (Hayata) Ching

根莖鱗片闊披針形，中間黑褐色不透
明，周圍淺褐色透明，邊緣全緣。葉遠
生，葉片闊披針形，最寬處接近基部，
葉革質，遠軸面近光滑。

　　在台灣零星分布於全島暖溫帶闊葉
林下，附生於樹幹。

葉近軸面於孢子囊群著生處略隆起

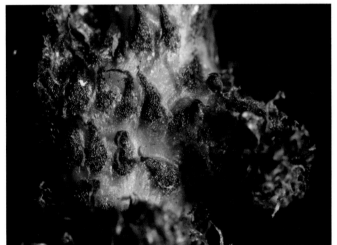
根莖鱗片闊披針形，中間黑褐色不透明。

孢子囊群圓至橢圓形，孢子黃色。

附生於暖溫帶闊葉林下樹幹上

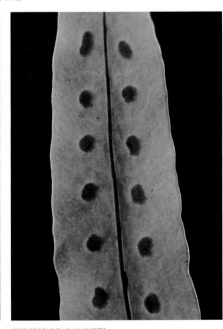
網狀葉脈於背光下不明顯

擬烏蘇里瓦韋 特有種

屬名　瓦韋屬
學名　*Lepisorus pseudoussuriensis* Tagawa

根莖上被單色窗格狀鱗片，邊緣具短鋸齒。葉遠生，葉片線形。孢子囊群圓至橢圓形，寬度不超過 2.5 公釐。

　　特有種，分布於台灣中高海拔冷溫帶針葉林，岩生或地生。

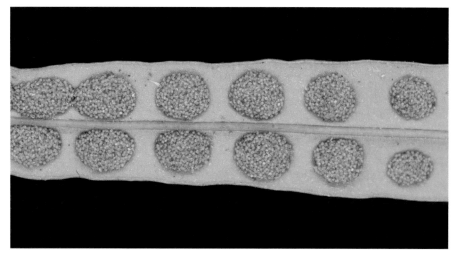

孢子囊群圓至橢圓形，寬度不超過 2.5 公釐。

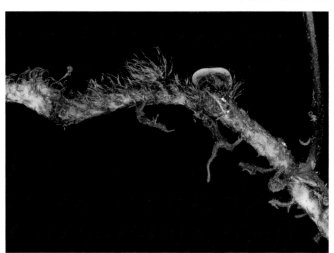

根莖上被單色窗格狀鱗片

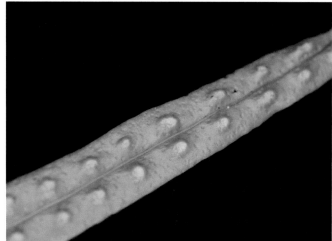

葉近軸面於孢子囊群著生處明顯隆起

岩生於中高海拔冷溫帶針葉林下

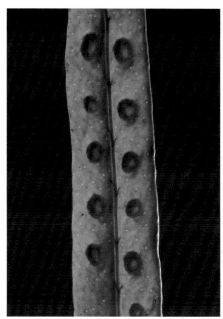

葉脈於背光下不明顯

擬鱗瓦韋

屬名　瓦韋屬

學名　*Lepisorus suboligolepidus* Ching

形態上與奧瓦韋（*L. obscurevenulosus*，見第387頁）接近，主要差別為本種之根莖鱗片邊緣鋸齒，葉軸於遠軸面兩側多少被鱗片。

在台灣零星分布於全島暖溫帶闊葉林下，附生於樹幹或岩石。

此類群仍有分類上之疑義。*L. suboligolepidus* 模式標本及模式產地（中國雲南）之族群葉寬達2～3公分，但多數台灣族群葉窄於1.5公分。此外，部分高海拔山區發育較不良之族群新近被鑑定為扭瓦韋（*L. contortus*），但形態特徵仍與扭瓦韋之模式標本不完全相符。在相關類群之分類未能完整釐清之前，本書仍沿用近代台灣文獻之物種界定。

台灣族群大多具有線狀披針形葉片

常生於覆有苔蘚之樹幹中低處

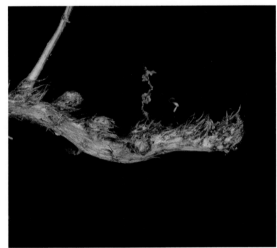

根莖鱗片中央深褐色，邊緣半透明窗格狀。

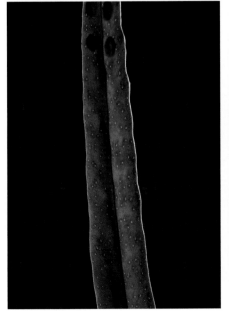

背光下可見顯著泌水孔，葉脈則不顯著。

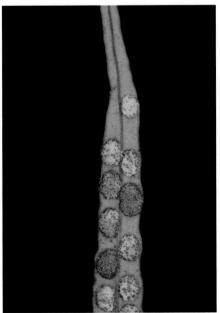

囊群球形，表面散生圓盾狀側絲。

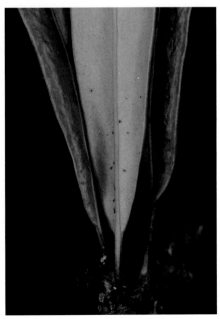

葉遠軸面中肋兩側疏被褐色鱗片

瓦韋

屬名 瓦韋屬

學名 *Lepisorus thunbergianus* (Kaulf.) Ching

根莖鱗片黑褐色，中間部分不透明，僅周圍 1 至 2 列網眼透明，邊緣鋸齒。葉片狹披針形，最寬處接近中間，紙質。孢子囊群圓形或橢圓形，幼時被圓形褐棕色的側絲所覆蓋。

　　為台灣全島低海拔常見蕨類植物之一。

葉近生，狹披針形。

葉近軸面具泌水孔

葉脈網狀，網眼中具游離小脈。

偶見葉片先端不規則分岔之個體

根莖鱗片雙色，中間明顯顏色較深。

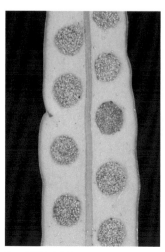

孢子囊群圓形或橢圓形

常見於低海拔闊葉林中

擬瓦韋

屬名　瓦韋屬
學名　*Lepisorus tosaensis* (Makino) H.Ito

形態上與瓦韋（*L. thunbergianus*，見前頁）較為相似，主要差別為葉片較寬，約 1～1.8 公分，質地較厚；孢子囊群稍靠近葉軸。

　　在台灣零星分布於中南部中海拔恆濕環境之闊葉林及檜木混合林內。

葉披針形，最寬處於中段稍偏基部，向兩端漸狹。

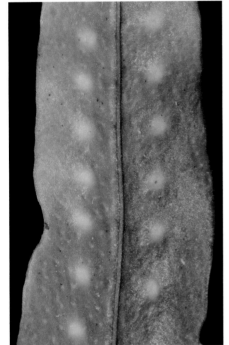
囊群分布於葉片中上部，稍靠近葉軸。

根莖鱗片黑褐色，中間部分不透明。

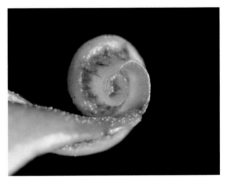
捲旋之幼葉

附生於暖溫帶闊葉林下樹幹上

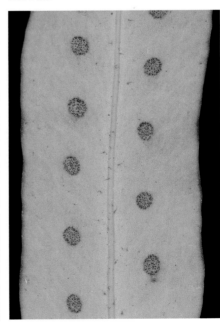
囊群圓形，覆有圓盾狀之側絲。

薄唇蕨屬 LEPTOCHILUS

地生、岩生或附生。根莖長橫走，被窗格狀或亞窗格狀鱗片。葉遠生，同型或兩型。葉片單葉至一回羽狀深裂，葉脈網狀。孢子囊群圓形、線形或全面著生於葉遠軸面。

萊蕨

屬名	薄唇蕨屬
學名	*Leptochilus decurrens* Blume

營養葉與孢子葉明顯兩型，營養葉闊倒披針形，孢子葉狹線形。孢子囊布滿於孢子葉遠軸面。

　　在台灣零星分布於全島暖溫帶潮濕闊葉林下。

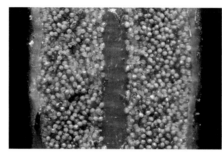

孢子葉狹線形，孢子囊布滿於孢子葉遠軸面面

葉脈網狀，網眼中具游離小脈。

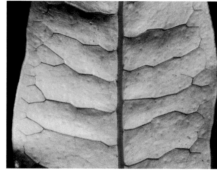

葉遠軸面主側脈可見

根莖橫走

暖溫帶潮濕闊葉林下岩生；葉明顯兩型。

葉柄基部鱗片窗格狀

橢圓線蕨

屬名　薄唇蕨屬

學名　*Leptochilus ellipticus* (Thunb.) Noot.

根莖長橫走，密被披針形鱗片。葉片橢圓形，一回羽裂深達葉軸。孢子囊群線形。

　　在台灣廣泛分布於全島低海拔亞熱帶闊葉林下，常見於潮濕溪谷環境。

孢子囊群線形

常群生於濕潤森林底層或溪谷環境

根莖長橫走，密被披針形鱗片。

葉橢圓形

葉脈網狀

葉一回深裂幾達葉軸

斷線蕨

屬名　薄唇蕨屬

學名　*Leptochilus hemionitideus* (C.Presl) Noot.

葉單葉，倒披針形，頂端漸尖，基部漸變狹並以狹翅長下延。孢子囊群橢圓形、短線形或不規則，在每對側脈間排列成不整齊的一行。

在台灣零星分布於全島暖溫帶闊葉林下，岩生於潮濕溪谷。

幼葉具紅暈

葉單葉，倒披針形。

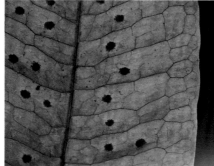

孢子囊群橢圓形至長線形，間斷不連續。

葉脈網狀

根莖橫走，被披針形窗格狀鱗片。

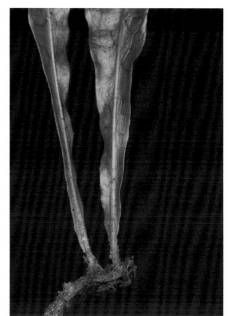

岩生於暖溫帶闊葉林下潮濕溪谷

葉基翼狀下延至葉片最基部

亨利氏線蕨

屬名　薄唇蕨屬
學名　*Leptochilus henryi* (Baker) X.C.Zhang

形態上與萊氏線蕨（*L. wrightii*，見第 400 頁）非常相近，主要差別為本種具有不具翅的長葉柄，葉片中下部常不規則波狀起伏。

在台灣零星分布於全島低海拔潮溼闊葉林下。

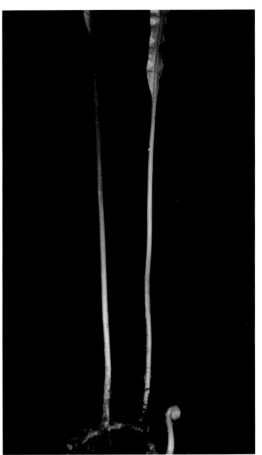

生長於低海拔闊葉林下土坡

葉具不具翅之長柄

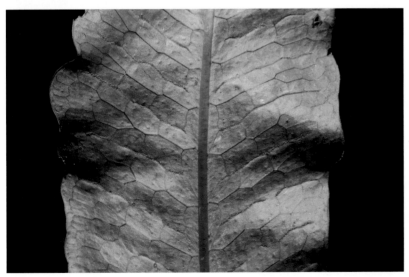

孢子囊沿脈生長，呈線形。

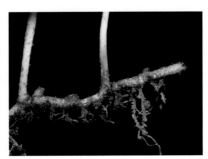

葉脈網狀

根莖長橫走，被鱗片。

葉單葉，遠生。

箭葉星蕨

屬名　薄唇蕨屬

學名　*Leptochilus insignis* (Blume) Fraser-Jenk.

成熟個體形態及尺寸變化甚大，小型個體為橢圓狀倒披針形之單葉，中、大型個體有 1 至 3 對斜出側裂片；葉基翼狀下延至葉片近基部。孢子囊群圓形、短線形或不規則狀散生於葉遠軸面側脈之間，不呈顯著之行列狀。

在台灣零星分布於本島及綠島低海拔闊葉林內，生於潮濕溝谷岩石表面。

於南投山區可見少數個體具有相對較多（3 至 6 對）且略狹之側裂片，分類地位尚待釐清。

根莖粗壯匍匐

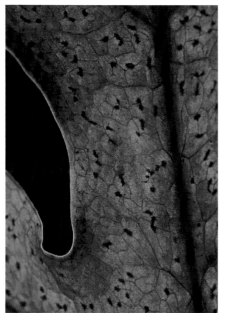

孢子囊群散生於葉片網脈連結處

囊群散生於葉遠軸面側脈間

具較多對裂片及比例上較短葉柄之族群可見於南投山區

大型個體具甚長之翼狀葉柄及 1 至 3 對斜出之側裂片

小型個體葉片不分裂

孢子囊群不規則短線形

水社擬茀蕨

屬名 薄唇蕨屬
學名 *Leptochilus longissimus* (Blume) L.Y.Kuo

根莖橫走，直徑約 5 公釐。葉片羽狀裂葉，裂片約 20 對，近對生。孢子囊群在裂片中脈兩側各一行，在葉片近軸面形成明顯的突起。

　　台灣早期於南投曾有紀錄，但現已消失；目前僅於屏東牡丹、台東長濱及蘭嶼等地存在極小族群。生長於開闊廢耕水田或林緣之濕地。

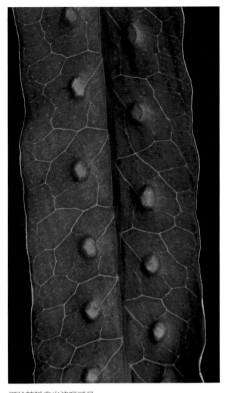

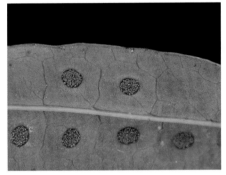

孢子囊群在裂片中脈兩側各一行

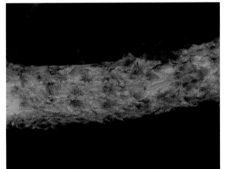

根莖橫走，密被鱗片。

網狀葉脈背光清晰可見

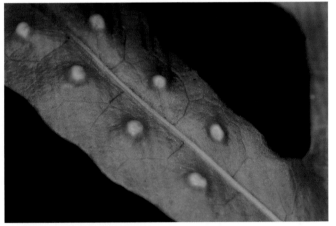

孢子囊群在葉片近軸面形成明顯的突起

常生長於低海拔林緣濕地

孢子囊群分布於葉片中上部

葉長橢圓形，羽狀深裂至幾近葉軸。

薄葉擬茀蕨

屬名　薄唇蕨屬
學名　*Leptochilus nigrescens* (Blume) L.Y.Kuo

根莖橫走，粗壯，直徑約 1 公分。葉片羽狀裂葉，裂片 2 至 10 對，互生。孢子囊群在裂片中脈兩側各一行，在葉片近軸面形成明顯的瘤狀突起。

　　在台灣零星分布於嘉義至台南一帶低海拔闊葉林下，多見於溪流旁岩石上。

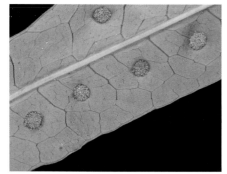

孢子囊群在裂片中脈兩側各一排

生長於低海拔闊葉林下溪流旁岩壁

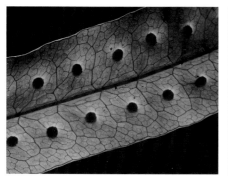

葉脈網狀，網眼中具游離小脈。

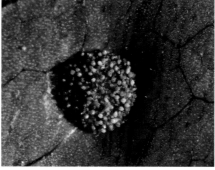

孢子囊群圓形，具側絲。

根莖粗壯橫走

葉片羽狀裂葉，裂片 2 至 10 對。

孢子囊群在葉片近軸面形成明顯的瘤狀突起

三叉葉星蕨

屬名　薄唇蕨屬

學名　*Leptochilus pteropus* (Blume) Fraser-Jenk.

葉單葉或三叉，邊緣略波浪狀。孢子囊群圓形至短線形，散布於側脈間。

　　在台灣廣泛分布於全島低海拔亞熱帶森林，著生於溪流間水流噴濺範圍內之岩石上。

著生於低海拔森林溪流兩側岩石上

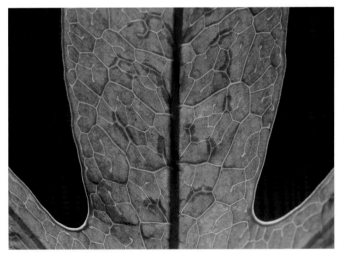

葉單葉或三岔，邊緣略波浪狀。

葉片不裂或三出狀，膜質，葉脈顯著可見。

根莖橫走，被窗格狀鱗片。

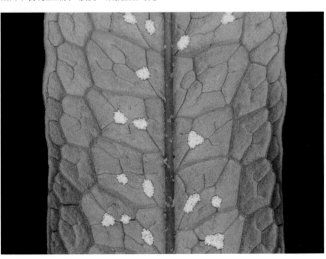

孢子囊群圓形至短線形，不規則散布於側脈間。

萊氏線蕨

屬名　薄唇蕨屬
學名　*Leptochilus wrightii* (Hook.) X.C.Zhang

莖長橫走，密被披針形鱗片。葉片倒披針形，頂端漸尖呈尾狀，基部漸狹並以狹翅長下延近基部。孢子囊群線形，與中肋斜交，連續或有時中斷。

在台灣廣泛分布於全島低海拔亞熱帶森林下。

恆春半島有部分族群（*L.* aff. *wrightii*）葉片較短而狹窄，且色澤有時灰綠，分類地位有待確認。

L. aff. *wrightii* 分布於恆春半島低海拔闊葉林下

L. aff. *wrightii* 孢子葉狹窄，常接近線形。

生長於低海拔闊葉林下

孢子囊沿脈生長，呈線形。

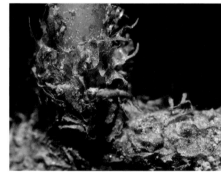

根莖鱗片窗格狀

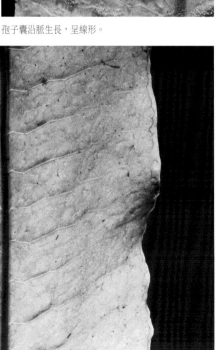

葉脈網狀，網眼中具游離小脈。

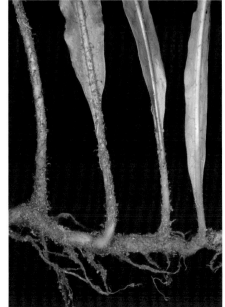

葉柄具翅，向下延伸近基部。

新店線蕨

屬名　薄唇蕨屬
學名　*Leptochilus* × *shintenensis* (Hayata) X.C.Zhang & Noot.

形態上與亨利氏線蕨（*L. henryi*，見第 395 頁）相近，但本種之葉片近基部常有數個不規則之裂片。

在台灣零星分布於全島低海拔闊葉林下，推定為萊氏線蕨（*L. wrightii*，見前頁）與橢圓線蕨（*L. ellipticus*，見第 393 頁）之雜交種。於恆春半島有少數族群具有較狹窄之葉身及裂片，其親本之一可能是「*L.* aff. *wrightii*」而非典型之萊氏線蕨。

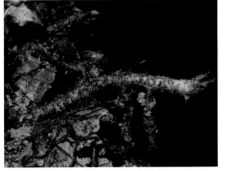

根莖長橫走

根莖上具窗格狀鱗片

葉身及裂片狹窄的族群，偶見於恆春半島。

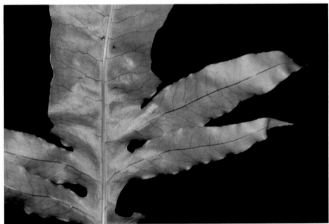

葉片近基部常有接近平展之不規則裂片

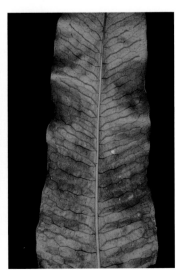

生長於低海拔闊葉林下土坡

葉基翼狀下延但僅達葉柄中部

囊群線形，幾乎不中斷，位於兩側脈之間。

劍蕨屬 LOXOGRAMME

根莖橫走,密被窗格狀鱗片。單葉,營養葉與孢子葉多少兩型,厚革質。孢子囊長條形,斜生於葉遠軸面。

二形劍蕨 特有種

屬名	劍蕨屬
學名	*Loxogramme biformis* Tagawa

根莖長橫走,葉遠生。葉明顯二型,營養葉橢圓形至倒卵形,孢子葉線狀倒披針形。孢子囊群線形,緊密排列於孢子葉遠軸面,與葉軸斜交。

　　特有種,分布於新竹至屏東低海拔具明顯乾濕季之區域,常成片生長於河谷周邊之岩壁及土坡。

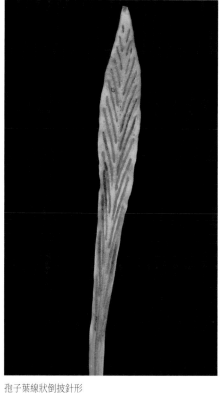

孢子葉線狀倒披針形

葉明顯二型,具寬闊營養葉及狹長孢子葉。

根莖長橫走,被鱗片。

線形孢子囊群與中肋斜交

常群生於溪畔或林緣之岩壁及土坡

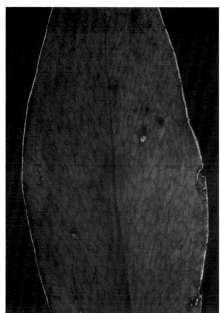

葉脈網狀,背光下不顯著。

中國劍蕨

屬名　劍蕨屬

學名　*Loxogramme chinensis* Ching

根莖短橫走，密被褐色披針形窗格狀鱗片。葉近生，線狀倒披針形，長約 10～15 公分，寬約 1～2 公分，葉軸中下部於遠軸面顯著隆起。孢子囊群與葉軸斜交，囊群間常有較大間距。

　　偶見於南投至嘉義一帶中海拔濕潤闊葉林內，常附生於樹木主幹中下部。

生於被苔蘚之樹幹中下部

孢子囊群分布於孢子葉上部，與葉軸斜交。

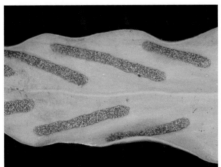

葉軸中下部於遠軸面顯著隆起

囊群線形，常有較大間距。

根莖短橫走，葉近生。

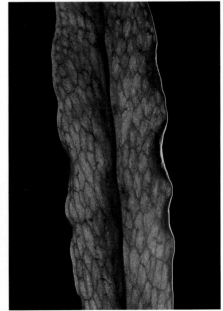

葉線狀倒披針形，營養葉與孢子葉近同型。

葉脈網狀，不具游離小脈。

台灣劍蕨

屬名　劍蕨屬
學名　*Loxogramme formosana* Nakai

根莖短橫走。葉近叢生，葉遠軸面中肋不顯著隆起，約 40 公分長，4 公分寬。孢子囊群與中肋斜交。

　　在台灣零星分布於全島中海拔暖溫帶潮濕闊葉林下，地生或岩生。

葉遠軸面中肋不隆起

生長於暖溫帶潮濕闊葉林下土坡

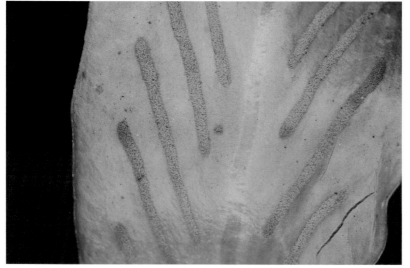

線形孢子囊群與中肋斜交

根莖短橫走

根莖先端密被鱗片

網狀之葉脈背光可見

小葉劍蕨

屬名　劍蕨屬

學名　*Loxogramme grammitoides* (Baker) C.Chr.

根莖長橫走。葉片小，短於 10 公分，匙形，營養葉與孢子葉近同型。

　　在台灣零星分布於中海拔混合林下潮濕岩壁或巨木基部。

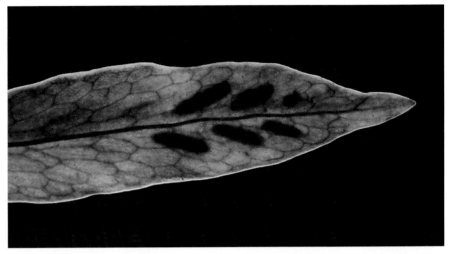

葉脈網狀，網眼中不具游離小脈。

葉片小，短於 10 公分。

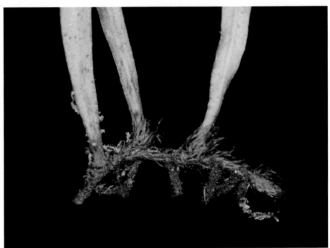

根莖長橫走，葉近生。

生長於中海拔林下潮濕岩壁環境

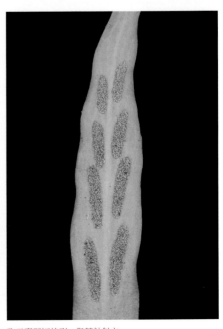

孢子囊群短線形，與葉軸斜交。

長柄劍蕨 特有種

屬名　劍蕨屬
學名　*Loxogramme remotefrondigera* Hayata

根莖長橫走。葉柄基部紫黑色，葉片接近線形。孢子囊群與葉軸近平行。

特有種，零星分布於台灣全島中高海拔濕潤林下。

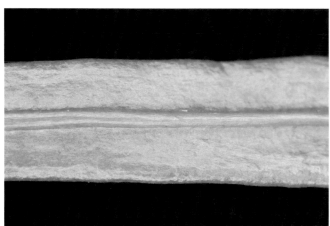

葉軸於近軸面隆起

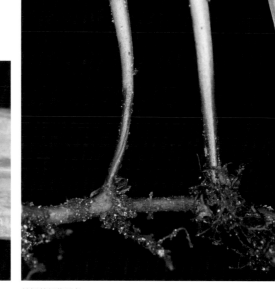

葉柄基部紫黑色

常成片附生於岩壁或樹幹

根莖長橫走，被鱗片；葉近或遠生。

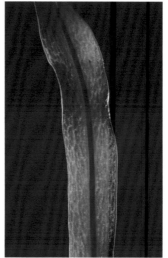

葉脈網狀背光可見

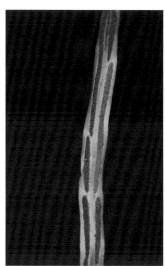

孢子囊群與葉軸近平行

柳葉劍蕨

屬名　劍蕨屬
學名　*Loxogramme salicifolia* (Makino) Makino

根莖長橫走，葉遠生。葉片倒披針形，孢子葉較營養葉稍窄。孢子囊與葉軸斜交，通常密集排列。

在台灣廣泛分布於全島中低海拔森林，附生於樹幹或岩石上。

生長於林緣岩壁

孢子囊群線形，與葉軸斜交。

根莖長橫走，被窗格狀鱗片。

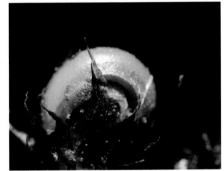

捲旋幼葉

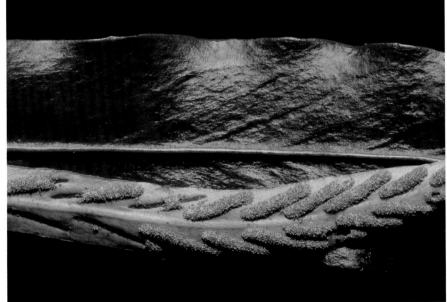

葉片倒披針形，孢子葉較營養葉稍窄。

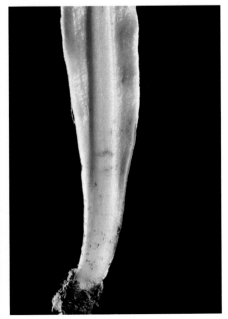

葉中肋於近軸面隆起

梳葉蕨屬 MICROPOLYPODIUM

植株小型，根莖短，葉片螺旋排列，被非窗格狀鱗片。葉片一回羽狀深裂，葉脈游離但不明顯，脈先端具泌水孔。孢子囊群圓形，表面生，每個裂片上僅一枚。

梳葉蕨

屬名　梳葉蕨屬
學名　*Micropolypodium okuboi* (Yatabe) Hayata

小型附生蕨類，葉片常短於 8 公分，根莖短直立。葉螺旋排列，葉片線形，一回羽狀深裂，全面散生紅棕色單生剛毛。孢子囊群圓形，近中肋，不具孢膜。

　　在台灣主要分布於中海拔霧林環境，偶見於高海拔針葉林內。

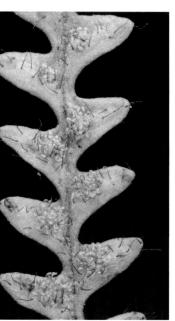

根莖被亮褐色披針形鱗片

葉兩面各處疏被紅褐色單生剛毛

各裂片僅具 1 枚囊群生於基上側

葉螺旋狀簇生

常附生於密被苔蘚之樹木枝幹

葉線形，一回羽狀深裂至近葉軸。

星蕨屬 MICROSOROM

根莖粗壯橫走，被窗格狀或亞窗格狀鱗片。葉單葉或一回羽狀裂葉，厚紙質或革質。孢子囊群圓形，排列於中肋兩側，二至多排或散生。

星蕨

屬名	星蕨屬
學名	*Microsorum punctatum* (L.) Copel.

葉片單葉，線狀披針形，基部下延。孢子囊群圓形，散布於遠軸面中上部。
　　在台灣廣泛分布於中南部低海拔山區。

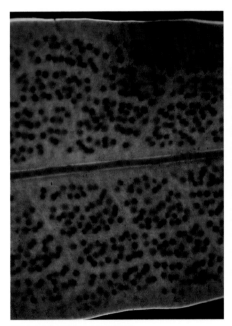
葉片厚肉質至革質，葉脈不明顯。

孢子囊群圓形，散布於遠軸面中上部。

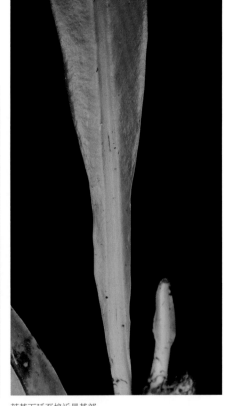
葉基下延至接近最基部

生長於低海拔山區土坡環境

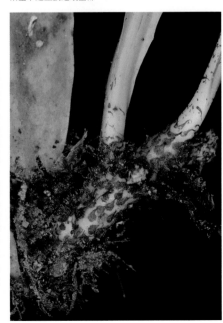
根莖被深褐色卵形窗格狀鱗片

海岸星蕨

屬名　星蕨屬

學名　*Microsorum scolopendria* (Burm.f) Copel.

根莖長橫走，直徑約 5 公釐。葉一回羽裂，裂片通常 3 至 5 對，邊緣全緣，側脈和小脈均不明顯，葉近革質，兩面光滑無毛。孢子囊群在裂片中脈兩側各一列或偶不規則多列，凹陷，在葉近軸面明顯凸起。

　　在台灣廣泛分布於本島及離島近海岸之開闊岩石環境，亦偶見於低海拔林緣地帶。

群生於海岸林投灌叢下之族群

葉近革質，一回羽狀深裂。

孢子囊群圓形，大多於葉軸及裂片中脈兩側各 1 列。

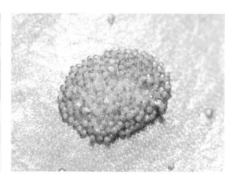

孢子囊群圓形，孢子黃色。

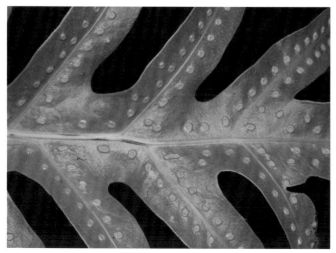

囊群著生處於葉近軸面顯著隆起呈痘狀

根莖長橫走，直徑約 5 公釐。

廣葉星蕨

屬名　星蕨屬
學名　*Microsorum steerei* (Harr.) Ching

形態上與星蕨（*M. punctatum*，見第 409 頁）相似，主要差別為本種葉片橢圓狀倒披針形，寬度可達 8 公分，質地較厚；此外本種植物體較小，不會大片叢生，且葉片通常下垂。

在台灣零星分布於桃園至南投一帶低海拔山區，生長於潮濕岩壁上。

葉多少肉質，囊群稍下陷。

背光葉脈依然不清楚

生於遮蔽良好之濕潤岩壁

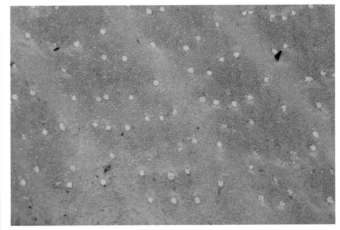

孢子囊群小，散布在葉遠軸面中上部。

葉橢圓狀倒披針形，最寬處於中上部。

葉遠軸面僅葉軸顯著，側脈及小脈均不可見。

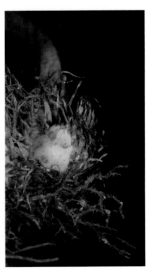

根莖短橫走，被鱗片。

盾蕨屬 NEOLEPISORUS

根莖長橫走，被盾狀或假盾狀著生鱗片。葉遠生，同型，葉片通常為單葉，偶有不規則裂片，葉脈網狀，網眼中具單一或分岔之游離小脈。孢子囊群圓形或長條狀，於中肋兩側一或兩列。

盾蕨

屬名	盾蕨屬
學名	*Neolepisorus ensatus* (Thunb.) Ching var. *ensatus*

葉片單葉披針形，兩端漸尖。孢子囊群圓形或橢圓，於中肋兩側各數排不規則排列。

　　在台灣零星分布於全島中海拔林下。

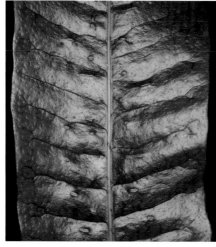

葉近軸面光滑

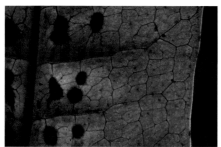

葉脈網狀背光可見

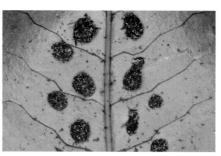

孢子囊群圓形或橢圓，於中肋兩側各數排不規則排列。

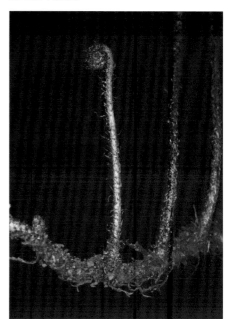

葉片基部平緩漸縮

生長於暖溫帶潮濕闊葉林下

根莖長橫走，密被鱗片。

寬葉盾蕨

屬名 盾蕨屬

學名 *Neolepisorus ensatus* (Thunb.) Ching var. *platyphyllus* Tagawa

與承名變種（盾蕨，見前頁）的主要差異為本變種葉片較寬，可達 6 ～ 8 公分，葉基部向下急縮，呈圓形或寬楔形。

在台灣偶見於苗栗及南投中海拔濕潤林下稍透空處。

囊群圓形至橢圓形，不規則排列。

群生於林間透空處

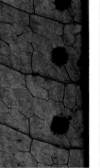

網脈於背光下顯著

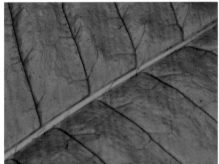

側脈於近軸面顯著可見

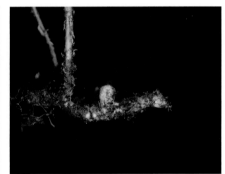

根莖長橫走

葉片較盾蕨寬闊

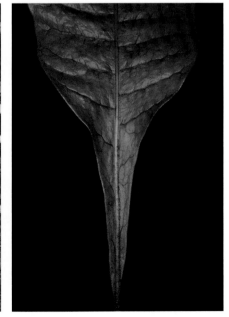

葉最寬處於近基部，向下先急縮而後再轉平緩下延。

大星蕨

屬名　盾蕨屬
學名　*Neolepisorus fortunei* (T.Moore) Li Wang

根莖橫走，被鱗片。葉遠生，葉片單一，線狀披針形，基部下延具狹翅至近基部，葉兩面光滑。孢子囊群圓形，沿葉軸兩側排列各一行。

在台灣廣泛分布於全島中低海拔林緣環境，常為半地生或岩生，偶附生於樹幹上。

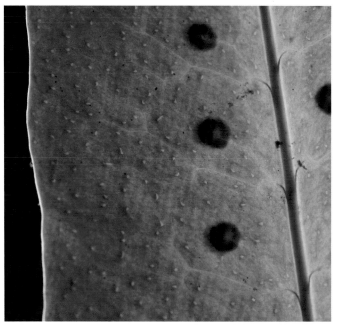

背光下可見散生之泌水孔，網脈則不顯著。

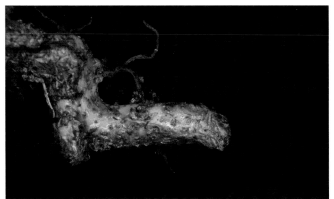

根莖橫走，被鱗片。

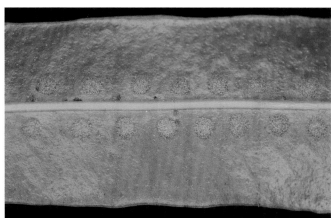

孢子囊群圓形，沿葉軸兩側排列各一行。

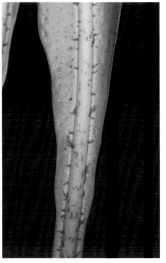

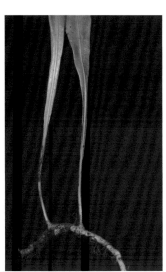

生長於低海拔亞熱帶闊葉林下

葉軸遠軸面疏被鱗片

葉片基部下延具狹翅至近基部

濱禾蕨屬 OREOGRAMMITIS

禾葉蕨亞科之成員。本書依新近系統研究成果採用較廣義概念,使此屬範圍包含輻禾蕨屬(*Radiogrammitis*)與蒿蕨屬(*Themelium*)在內。特徵為根莖鱗片非窗格狀且無毛,葉單葉或羽狀分裂,孢子囊群圓形至橢圓形;單葉類群葉二列或螺旋狀排列,囊群表面生或陷於葉肉中;羽裂類群葉必排成二列,且囊群必為表面生。

葉近軸面平坦,可見顯著泌水孔。

無毛禾葉蕨	屬名	濱禾蕨屬
	學名	*Oreogrammitis adspersa* (Blume) Parris

根莖短懸垂狀,葉二列密生,近無柄。葉線狀倒披針形,裸視下幾近光滑,僅於葉緣疏生極短之單生剛毛,泌水孔顯著。孢子囊群橢圓形,分布較近葉軸,表面生,著生處於近軸面不隆起。

在台灣僅分布台東與屏東交界處,中央山脈最南段海拔 1,200 ～ 1,600公尺熱帶山地霧林環境,常生於稜線附近灌木或小喬木枝幹中低處。

根莖常為垂掛狀,葉二列密生。

根莖密被亮褐色披針形鱗片

生於霧林環境樹木枝幹

葉線狀倒披針形,裸視下幾近光滑無毛。

側脈於背光下不顯著

無鱗禾葉蕨

屬名　濱禾蕨屬
學名　*Oreogrammitis beddomeana* (Alderw.) T.C.Hsu

根莖短斜倚狀，無鱗片。葉螺旋狀簇生，具短柄，葉長通常短於 4 公分，線狀橢圓形，葉緣密生金褐色簇生剛毛，且簇生毛明顯可區分為長、短兩種形式；葉兩面散生長短不等之淡金褐色單生或 2 至 3 枚簇生剛毛。孢子囊群圓形至橢圓形，表面生，通常於羽軸兩側各一排，位置貼近羽軸，發育良好葉片偶具多排囊群。

　　在台灣零星分布於新北、宜蘭、花蓮、台東及屏東海拔 1,000 ～ 2,000 公尺霧林環境，生於闊葉林或檜木混合林內樹幹低處，偶生於樹蕨或岩石上。

群生於樹幹基部背陽一面

葉緣具有兩種長度之簇生毛

囊群分布貼近葉軸

植物體細小，常混雜於蘚苔間不易發現。

側脈於背光下不顯著

發育良好個體具多排孢子囊群沿脈生長

根莖不具鱗片；葉螺旋狀簇生。

蒿蕨

屬名　濱禾蕨屬
學名　*Oreogrammitis blechnifrons* (Hayata) T.C.Hsu

根莖短橫走。葉二列密生，具短柄，密被紅棕色約
2公釐長之單生剛毛；葉橢圓狀披針形，一回深羽
裂至接近葉軸，基部下延呈翼狀；裂片線狀披針形，
全緣，先端鈍，基下側稍下延；葉片兩面僅於近基
部、葉軸周邊及葉緣疏被紅棕色單生剛毛，其餘幾
近光滑；泌水孔顯著。孢子囊群近圓形，於裂片中
肋兩側各一排，略下陷，著生處於近軸面稍微隆起。

　　在台灣分布於全島中海拔雲霧帶森林中，常生
於濕潤岩壁或巨木根部。

葉一回深裂至近葉軸

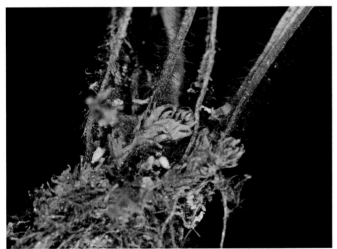

根莖短橫走，被褐色披針形全緣鱗片。

囊群近圓形，於裂片中肋兩側各一排。

群生於中海拔森林內濕潤岩壁

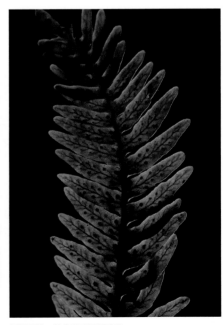

側脈羽狀，於背光下顯著可見。

穴孢禾葉蕨

屬名　濱禾蕨屬
學名　*Oreogrammitis caespitosa* (Blume) Parris

根莖短懸垂狀，葉二列密生，明顯具柄，葉柄被短毛。葉線狀披針形至線狀倒披針形，裸視下幾近光滑，僅於葉緣疏生極短之單生剛毛，泌水孔不顯著。孢子囊群橢圓形，深陷於具有近垂直內壁之孔穴內，著生處於近軸面輕微隆起。

　　台灣目前僅發現於台東海拔約 1,800 公尺之霧林環境，常生於伸展至溪流上方之樹冠枝幹。

囊群成熟時占滿孔穴

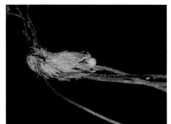

根莖密被褐色狹披針形鱗片；葉排成二列。

附生於密被苔蘚之枝幹（張智翔攝）

囊群顯著下陷於有近垂直內壁的孔穴中

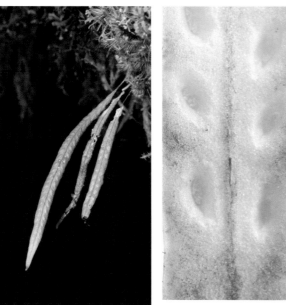

葉線狀披針形至線狀倒披針形

葉僅於邊緣及葉軸遠軸面疏被紅棕色短剛毛，其餘光滑無毛。

葉柄被無色至淡褐色短剛毛

側脈二岔，背光下不顯著。

大武禾葉蕨

屬名　濱禾蕨屬

學名　*Oreogrammitis congener* (Blume) Parris var. *congener*

根莖短匍匐狀。葉二列密生，明顯具柄，葉柄被二種長度之剛毛。葉線形，於葉軸兩面及葉緣疏被紅棕色單生剛毛，其餘表面近光滑，泌水孔顯著。孢子囊群圓形或橢圓形，於葉軸兩側各一排（發育良好葉片偶為二排），位置較近葉軸，輕微下陷，著生處於近軸面輕微隆起。

　　紀錄於新北、宜蘭、花蓮、台東、屏東及嘉義海拔1,000～2,000公尺霧林環境，但僅在中央山脈南段山區族群較為龐大，多生於長滿青苔之中低層樹木枝幹，偶生於岩石上。

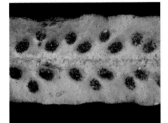

偶具第二排囊群

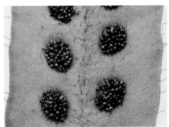

囊群圓形或橢圓形；孢子囊表面亦有剛毛。

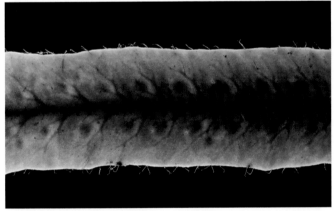

側脈2至4次分岔，背光下僅基部稍顯著。（張智翔攝）

常生於霧林環境樹木中低層枝幹

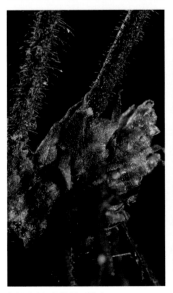

根莖被亮褐色披針形鱗片

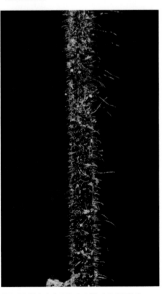

葉柄被較密之短剛毛及較疏之長剛毛

近軸面葉軸及葉緣附近被剛毛，其餘近光滑，泌水孔顯著。

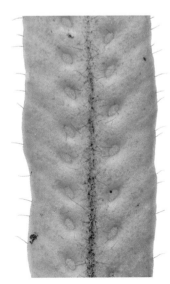

遠軸面葉軸、葉緣及囊群周邊被剛毛；囊群稍下陷。

多毛禾葉蕨

屬名　濱禾蕨屬

學名　*Oreogrammitis congener* (Blume) Parris var. *polytricha* T.C.Hsu

與承名變種（大武禾葉蕨，見第419頁）區別在於葉兩面均疏被紅棕色單生剛毛，葉軸及葉緣之毛被亦略為密集；其餘特徵皆相同。

　　在台灣零星紀錄於新北、花蓮及台東山區，生長環境與承名變種相同。

外觀及生境均與大武禾葉蕨類似

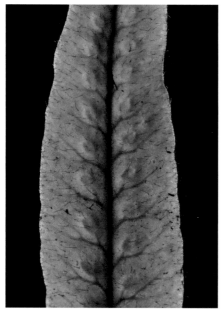

側脈2至3次分岔，背光下僅基部稍顯著。

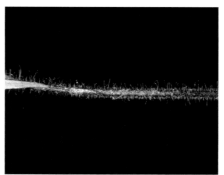

葉柄有二種長度之毛被

囊群分布較近葉軸，略為下陷。

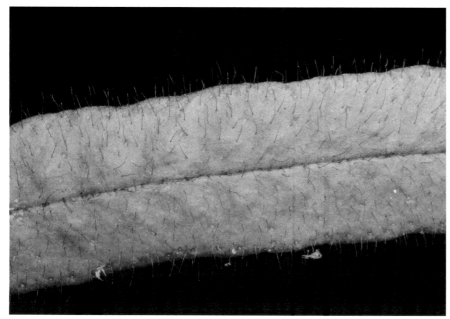

葉近軸面均勻散生紅棕色剛毛

根莖短橫走，葉排成二列。

宜蘭禾葉蕨 特有種

屬名	濱禾蕨屬
學名	*Oreogrammitis ilanensis* (T.C.Hsu) T.C.Hsu

形態上與台灣禾葉蕨（*O. taiwanensis*，見第 429 頁）非常接近，主要差異為本種葉緣多為單生毛，雜有少數 2 枚簇生毛。

特有種，僅分布於新北與宜蘭交界處海拔 700～1,000 公尺山區，生於多霧雨之闊葉林內樹幹中低處。

生於密被苔蘚之樹幹中低處

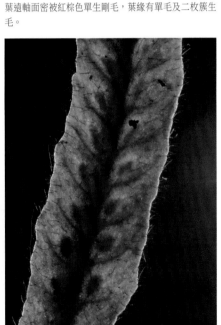

葉遠軸面密被紅棕色單生剛毛，葉緣有單毛及二枚簇生毛。

囊群於葉軸兩側各一排，貼近葉軸。

葉近軸面散生紅棕色單生剛毛，無泌水孔。

側脈二岔，背光下不顯著。

葉帶狀，葉柄甚短。

根莖密被淡褐色狹披針形鱗片；葉螺旋狀簇生。

弼昭禾葉蕨

屬名　濱禾蕨屬
學名　*Oreogrammitis marivelesensis* (Copel.) Parris

根莖短斜倚狀。葉二列密生，葉柄短於 5 公釐。葉寬線形至線狀倒披針形，葉緣密被短於 0.5 公釐之紅棕色單生剛毛，並雜有相同型式但長達 2 ～ 3 公釐之剛毛；葉兩面疏生紅棕色單生剛毛；具泌水孔。孢子囊群於葉軸兩側各一排，貼近葉軸，約占三分之一葉片寬度，輕微下陷，著生處於近軸面不隆起。

　　台灣族群最早由王弼昭先生於 1992 年發現，因而得名。目前僅紀錄於中央山脈最南段海拔 900 ～ 1,100 公尺山區稜線附近闊葉林內，族群極小，因棲地品質持續惡化，有滅絕之可能性。

與密毛蒿蕨共域生長於闊葉林內樹幹低處

葉緣被長度差異顯著之紅棕色單生剛毛為本種重要特徵

葉片下垂生長

根莖具腹背性，密被淡褐色披針形鱗片。葉遠軸面於軸上及囊群周圍被有稍密之紅棕色單生剛毛

葉近軸面疏被紅棕色單生剛毛

側脈 2 至 3 岔，背光下不甚顯著。

牟氏禾葉蕨 特有種

屬名　濱禾蕨屬
學名　*Oreogrammitis moorei* (Parris & Ralf Knapp) T.C.Hsu

根莖短橫走。葉二列密生，葉柄短於 1 公分；葉寬線形，葉緣被紅棕色 2 至 6 枚簇生毛，雜有少量單生毛；兩面疏被紅棕色單生剛毛；泌水孔顯著。孢子囊群近圓形，於葉軸兩側各一排，貼近葉軸，占據葉片寬度三分之一左右，些微下陷，著生處於近軸面不顯著隆起。

　　特有種，僅生於離島蘭嶼山區稜線多霧雨之闊葉林內，著生於密被苔蘚之樹幹中低處。本種形態與分布於菲律賓之 *O. fenicis* 非常接近，仍有待深入比對。

葉緣被簇生毛，其餘為單生毛。

生長於密生苔蘚之霧林內枝幹

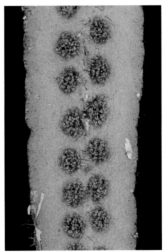

囊群貼近葉軸，約占三分之一葉片寬度。

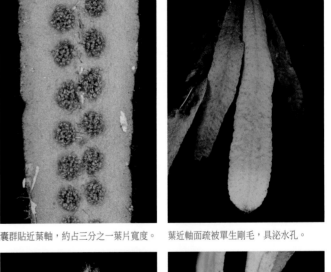

葉近軸面疏被單生剛毛，具泌水孔。

側脈 1 至 2 次分岔，背光下不甚顯著。

根莖橫走，被亮褐色狹披針形鱗片。

東亞禾葉蕨

屬名　濱禾蕨屬
學名　*Oreogrammitis orientalis* T.C.Hsu

根莖短斜倚或懸垂狀。葉二列密生，近無柄；葉通常短於 3 公分長，長橢圓狀倒披針形，葉緣及兩側表面均散生短於 1 公釐之淡金褐色單生剛毛，葉軸遠軸面亦疏被分岔毛；泌水孔顯著，約略位於葉緣及葉軸中間。孢子囊群球形，於葉軸兩側各一排，略靠近葉軸，表面生，著生處於近軸面不隆起。

　　在台灣僅於台北大屯山區海拔約 900 公尺闊葉林內發現一極小族群。由於台灣族群至今未見孢子葉發育良好之個體，本書提供中國族群之孢子葉照片作為參考。

囊群表面生，較近葉軸。

植物體甚為細小

配子體狀似苔蘚

根莖密被淡褐色披針形鱗片

生於樹幹基部

葉兩面散生淡金褐色單生剛毛

側脈不分岔，於背光下不顯著。

毛禾葉蕨

屬名　濱禾蕨屬

學名　*Oreogrammitis reinwardtii* (Blume) Parris

根莖短匍匐狀。葉二列密生，具短柄，葉柄密生約 1～2 公釐長之紅棕色單生剛毛；葉線狀橢圓形，兩面均散生 1～2 公釐長之紅棕色剛毛，葉緣及葉軸上較密；側脈於背光下非常顯著，順光下亦多少可見；泌水孔顯著。孢子囊群圓形或橢圓形，於葉軸兩側各一排，貼近葉軸，表面生，著生處於近軸面不隆起。

在台灣僅分布於海岸山脈中段及中央山脈南段海拔 1,300～2,200 公尺霧林環境，生於樹幹基部或溪流周邊岩石上。

葉線狀橢圓形，向先端漸狹，最先端圓鈍。

側脈於背光下顯著可見；葉緣密被紅棕色剛毛。

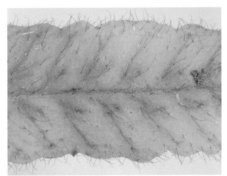

葉近軸面散生紅棕色剛毛

側脈於順光下亦多少可見；囊群貼近葉軸。

生於霧林環境樹幹或岩石基部遮蔽處

葉柄密生紅棕色長剛毛

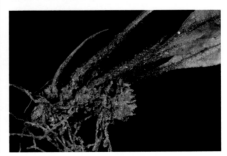

根莖短匍匐狀，密被亮褐色披針形鱗片。

大禾葉蕨

屬名　濱禾蕨屬
學名　*Oreogrammitis setigera* (Blume) T.C.Hsu

根莖短直立。葉螺旋狀密生，具長柄，葉柄密被 3 ～ 4 公釐長之紅棕色剛毛；葉帶狀，大多長於 10 公分，寬於 1 公分，明顯大於台灣其它單葉物種；葉兩面及邊緣均散生紅棕色單生剛毛，具泌水孔。孢子囊群圓形，於葉軸兩側各一排，較靠近葉軸，表面生，著生處於近軸面不隆起。

在台灣僅分布於台東海岸山脈東側坡面，海拔約 1,200 ～ 1,400 公尺之闊葉霧林環境，大多生長於樹蕨莖幹中低處。

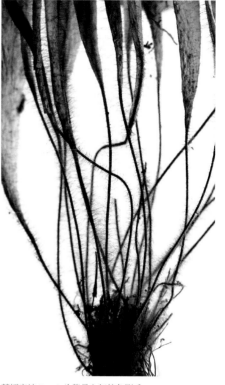

囊群於葉軸兩側各一排，較近葉軸。

葉全面散生紅棕色長剛毛

葉柄密被 2 ～ 3 公釐長之紅棕色剛毛

葉帶狀，在同屬之單葉類群中最為寬大。

台灣之野外族群多生於樹蕨基部

側脈 2 至 3 岔，背光下可見但不顯著。

根莖密被淡褐色卵形鱗片；葉螺旋狀簇生。

長孢禾葉蕨

屬名　濱禾蕨屬

學名　*Oreogrammitis subevenosa* (Baker) Parris

根莖短匍匐狀。葉二列密生，近無柄；葉片寬線形，裸視下幾近光滑無毛，僅於葉緣、葉軸附近及葉基部疏生極短之淡褐色單生及分岔毛，泌水孔非常顯著。孢子囊群橢圓形，有時近短線形，位於葉軸與葉緣中間，明顯陷入葉肉中，著生處於近軸面顯著隆起。

　　在台灣局限分布台東與屏東交界處，中央山脈最南段海拔 1,200 ～ 1,600 公尺熱帶山地霧林環境，多與無毛禾葉蕨（*O. adspersa*，見第 415 頁）共域生長。新北烏來山區於近百年前亦曾有紀錄，現況不明。

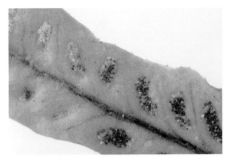

葉緣疏生短分岔毛；囊群下陷於葉肉中。

囊群於葉近軸面稍微隆起

葉基下延，不具顯著葉柄；葉軸上散生短分岔毛。

葉寬線形，常平展或斜下生長。

生於霧林區域稜線樹木枝幹

根莖匍匐狀，密被披針形鱗片；葉排成二列。　側脈於背光下不顯著

亞顯脈禾葉蕨

屬名　濱禾蕨屬
學名　*Oreogrammitis subnervosa* (T.C.Hsu) T.C.Hsu

形態上與台灣禾葉蕨（見下頁）接近，主要差異為本種葉片常略為狹窄，葉緣簇生毛至多為 4 枚一簇，且側脈近先端部分於背光下顯著可見。

　　在台灣零星紀錄於新北、宜蘭、花蓮、台東及屏東海拔 1,000 ～ 1,600 公尺山區，於中央山脈南段之姑子崙山至大漢山一帶有較大之族群，常生於霧林環境稜線風衝處之樹木中上層枝幹。

葉線形，近無柄。

側脈先端於背光下顯著，基部較不顯著。

葉緣被簇生毛，且簇生毛不超過 4 枚一簇。

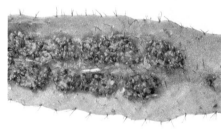

囊群圓形至橢圓形，貼近葉軸，些許下陷。

葉近軸面被紅棕色單生剛毛

根莖被淡褐色披針形鱗片；葉螺旋狀簇生。

台灣禾葉蕨 特有種

屬名	濱禾蕨屬
學名	*Oreogrammitis taiwanensis* (Parris & Ralf Knapp) T.C.Hsu

根莖短斜倚狀。葉螺旋狀簇生，葉柄短於 1 公分，密被約 0.8 公釐長之棕色剛毛；葉帶狀，葉緣被紅棕色 2 ～ 8 枚簇生剛毛，雜有少量單毛；葉兩面散生紅棕色單生剛毛；側脈於順光及背光下均不顯著；無泌水孔。孢子囊群橢圓形，於葉軸兩側各一排，較近葉軸，占據約三分之二葉片寬度，多少下陷於葉肉中，著生處於近軸面輕微隆起。

特有種，零星分布於新北、宜蘭、台東及屏東海拔 900 ～ 1,500 公尺雲霧盛行區域內稜線或半開闊溪谷周邊之高濕度且通風良好環境，常附生闊葉林樹木中上層枝幹。

葉帶狀，柄甚短。

生於霧林環境樹木中層枝幹

葉緣簇生毛達 8 枚一簇

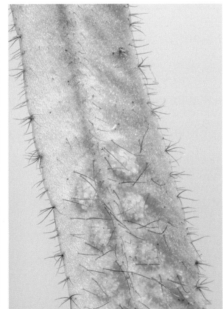

囊群輕微凹陷，周圍被有較長之剛毛。

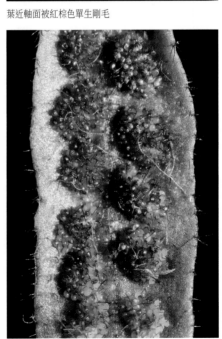

葉近軸面被紅棕色單生剛毛

側脈於背光下不顯著

根莖常斜出，被狹披針形鱗片；葉螺旋狀簇生。

囊群於葉軸兩側各一排，占據大部分葉片寬度。

細葉蒿蕨

屬名 濱禾蕨屬
學名 *Oreogrammitis tenuisecta* (Blume) T.C.Hsu

根莖橫走。葉二列近生,具短柄;葉長橢圓狀披針形,二回羽狀全裂,末裂片斜出,線狀長橢圓至線狀三角形,基下側顯著下延至羽軸或葉軸;葉柄及葉軸遠軸面被較密之紅棕色單生長剛毛,葉軸近軸面、羽軸兩面及裂片先端邊緣疏被相同型式之剛毛;具泌水孔。孢子囊群圓形,單生於各末裂片基部,輕微下陷。

在台灣分布於屏東與台東交界處,中央山脈南段海拔 1,200 ～ 1,600 公尺之熱帶山地霧林環境,常生於稜線附近密被苔蘚之樹幹或樹蕨中低處。

生於霧林環境樹幹或樹蕨中下部

葉近軸面僅葉軸疏被毛

小脈於背光下不顯著,先端終止於泌水孔。

囊群球形,單生於各末裂片基部。

葉柄被紅棕色長剛毛

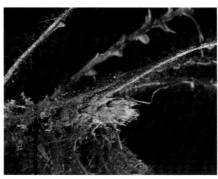
根莖橫走,葉排成二列。

葉二回深裂至接近羽軸(張智翔攝)

濱禾蕨屬未定種

屬名　濱禾蕨屬
學名　*Oreogrammitis* sp. (*O.* aff. *reinwardtii*)

形態接近毛禾葉蕨（*O. reinwardtii*，見第 425 頁），差異在於葉片質地較厚，側脈於順光下不可見，葉緣毛被較為稀疏，孢子囊群稍下陷並於近軸面稍隆起。

在台灣偶見於屏東與台東交界區域，中央山脈南段海拔 1,300 ～ 1,600 公尺熱帶山地霧林環境，著生於樹幹基部。

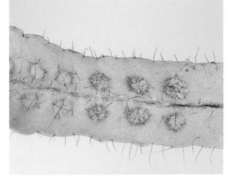

葉緣疏生紅棕色剛毛；側脈於順光下不顯著。

根莖橫走，被淡褐色披針形鱗片。

側脈於背光下顯著可見

生長於密被苔蘚之樹幹基部

囊群稍下陷，周圍有長剛毛。

葉具短柄，葉柄密被紅棕色剛毛。

鹿角蕨屬 PLATYCERIUM

附生蕨類，葉全面被褐色星狀毛，顯著二型性，分化為緊貼於介質之腐植質收集葉，及直立至下垂且二岔狀分裂之營養兼繁殖葉。孢子囊散沙狀密被於繁殖葉特定區域或特化裂片之遠軸面。

本屬並非台灣原生類群，但廣泛引進作為園藝觀賞植物，僅有 1 種在野地有逸出歸化情況。

二叉鹿角蕨

屬名	鹿角蕨屬
學名	*Platycerium bifurcatum* (Cav.) C.Chr.

腐植質收集葉心形，營養兼繁殖葉斜出至懸垂，常 1 至 4 次分岔，末裂片線狀披針形。孢子囊密被於末裂片之遠軸面。

　　本種原產於東南亞一帶，在台灣廣泛栽培作為庭園觀賞植物，偶見逸出族群，多生於大樹中層之粗壯枝幹上。

都市及郊野大樹枝幹偶見自然繁衍之族群

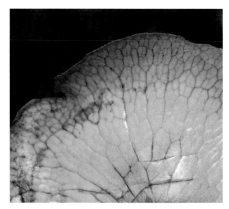

腐植質收集葉具顯著網脈

營養兼繁殖葉二岔分裂

常生於大樹主幹中部

葉被淡褐色星狀毛

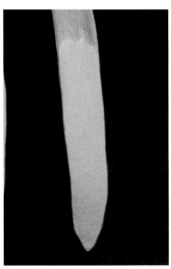

孢子囊密生於末裂片遠軸面

穴子蕨屬 PROSAPTIA

根莖橫走，具背腹性，鱗片窗格狀或亞窗格狀，被毛，葉片排成二列，葉柄基部具關節。葉片一回羽狀深裂或全裂，葉脈游離，單一或分岔。孢子囊群近圓形，常陷於近葉緣之凹槽中。

南亞穴子蕨

屬名　穴子蕨屬
學名　*Prosaptia celebica* (Blume) Tagawa & K.Iwats.

葉一回羽狀全裂。孢子囊群於裂片中肋兩側各一排，中生於邊緣及中肋間，深陷於斜生之橢圓形孔穴內，孔穴邊緣不隆起，開口處有一圈向內生之紅棕色短剛毛。

在台灣僅分布於台東及屏東，海岸山脈中段東坡及中央山脈南段主稜海拔 1,300 ～ 1,500 公尺霧林區域，生於樹幹或樹蕨中低處。

群生於密被苔蘚之樹蕨主幹

側脈背光下甚顯著

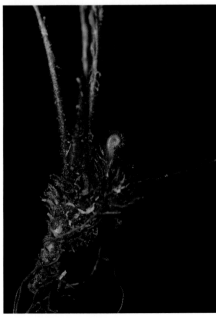

根莖短匍匐狀，葉二列密生。

葉一回羽狀幾近全裂

囊群著生處於近軸面稍隆起

側脈背光下甚顯著

裂片向葉片基部漸縮為齒狀

穴子蕨

屬名　穴子蕨屬
學名　*Prosaptia contigua* (G.Forst.) C.Presl

葉一回羽狀全裂，裂片間無葉肉相連。孢子囊群一至多枚生於裂片上半部邊緣生之孔穴內，孔穴開口突出葉緣，口部無毛。

　　在台灣僅零星分布於花蓮、台東及屏東海拔1,200～2,300公尺霧林環境，多生於密被苔蘚之樹幹中低處，亦常與寶島穴子蕨（見下頁）共域生長。

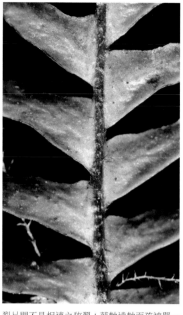

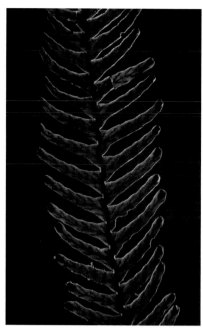

根莖橫走，葉二列，鱗片具緣毛。

裂片間不具相連之狹翼；葉軸遠軸面疏被單一或分岔之紅棕色短剛毛。

裂片質地較厚，幾乎不透光。

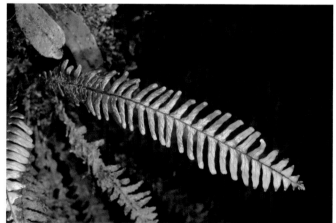

葉一回深羽裂至葉軸

台灣僅分布於東部及南部之霧林環境

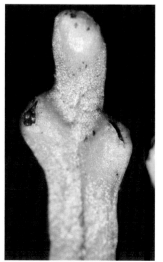

囊群孔穴之開口不具緣毛

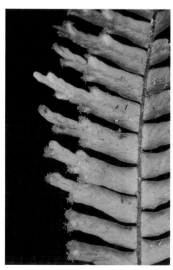

囊群生於裂片先端及邊緣突出之孔穴內

寶島穴子蕨

屬名　穴子蕨屬
學名　*Prosaptia formosana* (Hayata) T.C.Hsu

形態與穴子蕨（見前頁）相當接近，主要區別在於本種葉為一回極深裂而非全裂，裂片間必有狹窄之葉肉相連；以及孢子囊群孔穴口部近中肋一側被毛。

　　在台灣分布範圍及族群數目均遠多於穴子蕨，可見於全島低至中海拔山區濕潤闊葉林或混合林內，生於樹幹基部或岩石壁遮蔭處。

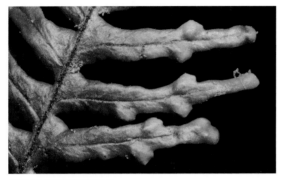

囊群著生處於葉緣顯著突起

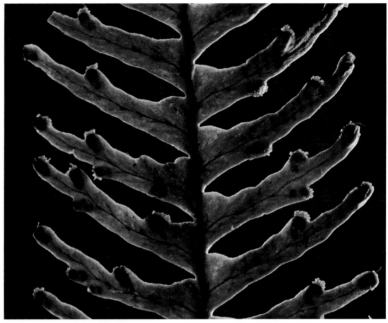

背光下裂片中脈可見，小脈不顯著。

囊群孔穴開口處生有短剛毛，可與穴子蕨區辨。

葉一回深裂至接近葉軸

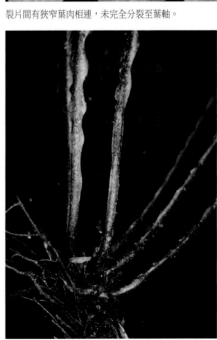

裂片間有狹窄葉肉相連，未完全分裂至葉軸。

常生於樹幹近基部或濕潤岩壁

根莖短匍匐狀，鱗片披針形，具緣毛。

羽片向葉片基部漸縮為波狀齒突

俯垂穴子蕨

屬名　穴子蕨屬
學名　*Prosaptia nutans* (Blume) Mett.

本種孢子囊群近表面生而非深陷於孔穴內，可與其它同屬物種明確區辨；而根莖鱗片被毛及葉片一回全裂至葉亦可與外觀略接近之蒿蕨（*Oreogrammitis blechnifrons*，見第417頁）區分。

　　在台灣目前僅紀錄於台東縣境內中央山脈南段東坡海拔1,800～2,300公尺霧林環境，生於稜線或溪谷周邊通風良好之樹木枝幹。

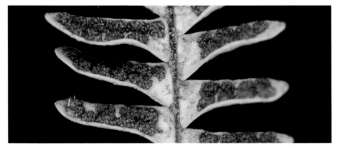
囊群接近表面著生，與其它同屬物種差異顯著。

基羽片短縮為三角狀；葉柄與葉軸疏被紅棕色短剛毛。

根莖橫走，葉排成兩列。

生於密被苔蘚之樹木枝幹

囊群著生處於近軸面稍隆起

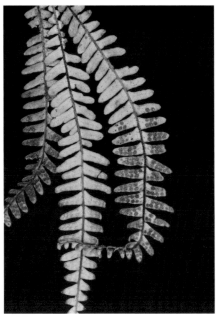
囊群分布於上半部裂片

葉懸垂，一回羽狀深裂至葉軸。（張智翔攝）

密毛穴子蕨

屬名　穴子蕨屬
學名　*Prosaptia obliquata* (Blume) Mett.

葉一回羽狀接近全裂。孢子囊群於裂片中肋兩側各一排，中生於邊緣及中肋間，深陷於斜生之狹橢圓形孔穴內，孔穴邊緣顯著隆起，口部無毛。

　　在台灣廣泛分布於全島低至中海拔潮濕森林中，生於樹幹基部或岩石壁遮蔭處。

常生於樹幹基部或濕潤岩壁

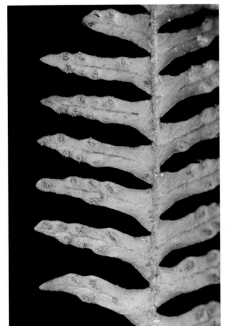

囊群生於遠軸面橢圓形孔穴內，開口邊緣隆起，無毛。

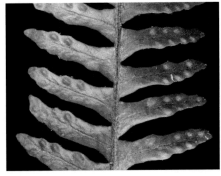

囊群著生處於近軸面呈瘤狀隆起

根莖短匍匐狀，密被亮褐色披針形鱗片。

背光下裂片中肋顯著，小脈稍顯著。

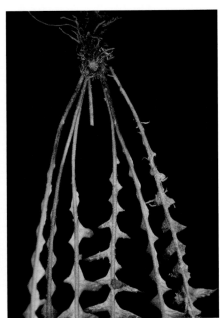

根莖短匍匐狀，密被亮褐色披針形鱗片。

篦齒穴子蕨

屬名　穴子蕨屬
學名　*Prosaptia pectinata* T.Moore

葉一回羽狀接近全裂，寬 3 ～ 6 公分，裂片先端鈍至圓。孢子囊群散生於裂片先端及兩側近邊緣處，深陷於開口斜向側下方之近圓形孔穴內，孔穴內側邊緣顯著隆起且口部被剛毛，外側隆起較低且無毛。

　　在台灣分布及生境均與南亞穴子蕨（*P. celebica*，見第433頁）相同，但族群數目更少。

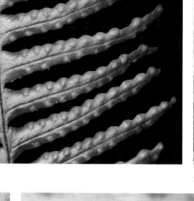
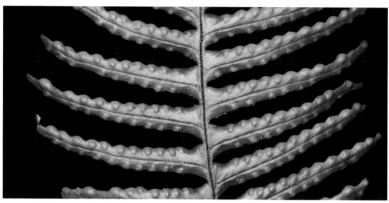

裂片線狀披針形，囊群著生處於近軸面瘤狀突起。

生於霧林環境樹幹中下部

囊群生於裂片遠軸面近邊緣之孔穴內

囊群之孔穴內側邊緣隆起較高且口部被毛，外側無毛。

根莖短匍匐狀；葉柄基部膨大。

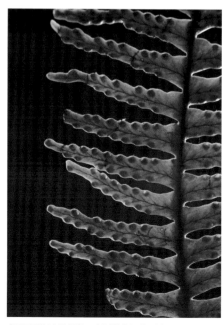

一回羽狀接近全裂至葉軸

背光下裂片中肋顯著，小脈僅基部稍顯著。

台灣穴子蕨

屬名　穴子蕨屬
學名　*Prosaptia urceolaris* (Hayata) Copel.

葉一回羽狀深裂至接近葉軸，寬 0.8 ～ 2.5 公分，裂片先端圓至近截形。孢子囊群 1 至 5 枚生於裂片先端近邊緣處開口斜向側下方之圓形孔穴內，孔穴邊緣顯著隆起且口部被直立剛毛。

在台灣零星紀錄於台中、南投、嘉義及屏東海拔 2,000 ～ 2,500 公尺山區，生於雲霧盛行之紅檜、鐵杉混合林內樹木主幹或遮蔭岩壁。

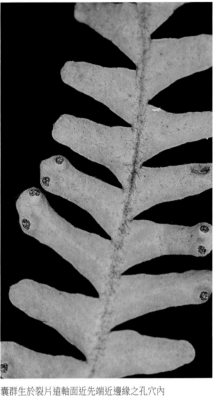

葉近軸面於葉軸及裂片中肋附近散生紅棕色剛毛

囊群孔穴近圓形，邊緣顯著隆起，口部被剛毛。

囊群生於裂片遠軸面近先端近邊緣之孔穴內

裂片斜方狀長橢圓形，先端圓或近截形。

葉線形，下垂，發育良好時可長達 30 公分。

背光下裂片中肋及小脈稍顯著

根莖短匍匐狀，葉二列密生。

石韋屬 PYRROSIA

根 莖長橫走，密被鱗片。葉片單葉或掌狀分裂，厚革質，葉遠軸面密被星狀毛。孢子囊群圓形，常位在葉遠軸面中上部。

捲葉蕨

屬名	石韋屬
學名	*Pyrrosia angustissima* (Giesenh. *ex* Diels) Tagawa & K.Iwats.

根莖長匍匐狀，葉遠生。葉線形，厚革質，邊緣強烈反捲。孢子囊群於葉軸兩側各一排，幾乎填滿反捲葉緣及隆起葉軸間之凹槽。

在台灣僅見於新竹苗栗一帶中海拔闊葉林環境，附生於樹幹、岩石或駁坎上。

葉線形，邊緣強烈反捲，近軸面疏被星狀毛。

根莖長橫走，密被鱗片，鱗片先端延長呈絲狀。

葉遠軸面葉軸及葉緣間凹槽內密被星狀毛

孢子囊群幾乎填滿葉緣與葉軸間凹槽

附生於中海拔闊葉林環境樹幹或石壁上

相近石韋

屬名　石韋屬

學名　*Pyrrosia assimilis* (Baker) Ching

形態接近絨毛石韋（*P. linearifolia*，見第 443 頁），但葉較長，達 10 ～ 20 公分，孢子囊群於葉軸兩側各多排。

　　在台灣零星紀錄於新竹及南投等地之中海拔山區，生於林緣岩壁、公路駁坎及民居石牆等岩石環境。本種之形態特徵約略介於絨毛石韋及中國石韋（*P. porosa*，見第 447 頁）之間，而台灣之野外族群均與此二種共域生長，因此台灣族群早先曾被報導為二種之雜交種，其起源及分類地位尚待深入確認。

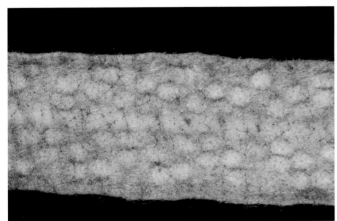

囊群於葉軸兩側各多排

葉基下延，近無柄。

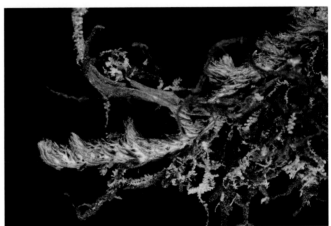

根莖鱗片披針形，基部盾狀著生。

葉線形，多生於岩壁環境。

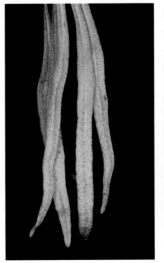

孢子囊群分布於葉片上部

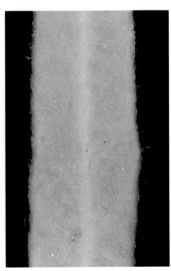

葉近軸面疏被星狀毛

抱樹石韋

屬名　石韋屬
學名　*Pyrrosia lanceolata* (L.) Farw.

葉片明顯二型，孢子葉長條狀，寬度僅營養葉之一半。

　　在台灣零星分布於中南部低海拔闊葉林環境，附生於樹幹和岩石上。

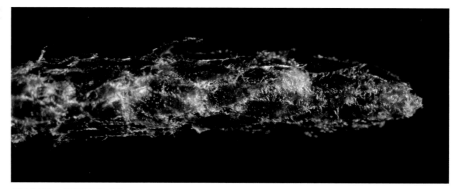

根莖長橫走，鱗片邊緣纖毛狀。

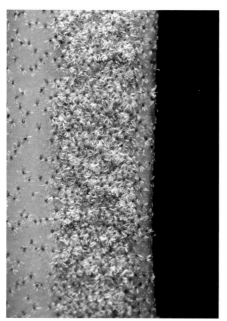

孢子囊群未熟時被星狀毛所覆蓋

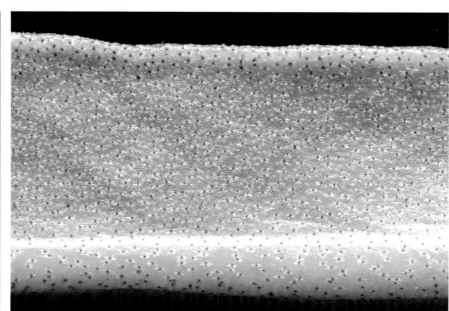

葉厚革質，散生星狀毛。

葉二型，孢子葉顯著較狹長。

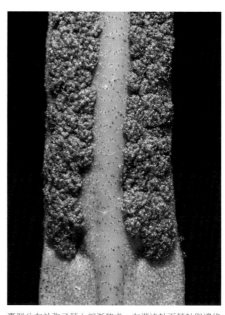

囊群分布於孢子葉上部漸狹處，布滿遠軸面葉軸與邊緣間葉肉。

絨毛石韋

屬名	石韋屬
學名	*Pyrrosia linearifolia* (Hook.) Ching

葉片線形，密被星狀毛。孢子囊群排列於中肋兩側各一列，少有兩列。

　　在台灣零星分布於全島中海拔具較明顯乾濕季之區域，附生於樹幹或林緣岩壁。

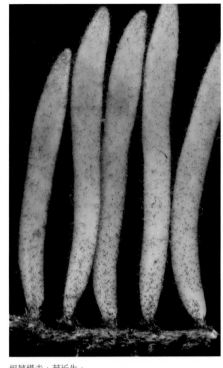

葉片線形，密被星狀毛。　　　　　　　　根莖橫走，葉近生。

根莖長橫走，被淺褐色鱗片。

附生於中海拔闊葉林下岩壁　　　　　　　孢子囊群排列於葉軸兩側各一列

石韋

屬名　石韋屬
學名　*Pyrrosia lingua* (Thunb.) Farw.

根莖長橫走，密被鱗片。葉遠生，葉片長披針形，向先端漸狹，基部楔形，被星狀毛。孢子囊群橢圓形，在側脈間多行排列，多位於葉片的上半部。

　　在台灣廣泛分布於全島中低海拔闊葉林下，地生、岩生或附生。

附生於低海拔闊葉林下之樹上

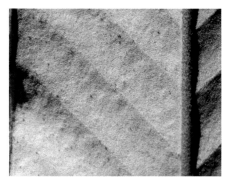

葉遠軸面密被星狀毛

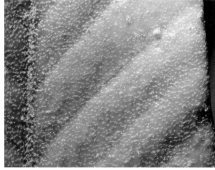

近軸面疏密被星狀毛

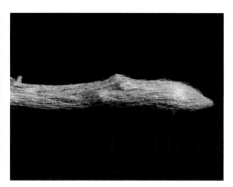

根莖長橫走，密被鱗片。

葉片長披針形，同型，向先端漸狹，基部楔形。

孢子囊群橢圓形，在側脈間多行排列。

松田氏石韋 特有種

屬名　石韋屬
學名　*Pyrrosia matsudae* (Hayata) Tagawa

形態上與中國石韋（*P. porosa*，見第 447 頁）接近，但本種之葉片基部常具有不規則之側生裂片。

　　特有種，零星分布於台灣中南部暖溫帶闊葉林下。

葉片基部具不規則之側生裂片

孢子囊群密布遠軸面

遠軸面密被棕色星狀毛

近軸面疏被星狀毛

生長於暖溫帶闊葉林下岩壁上

槭葉石韋 特有種

屬名　石韋屬
學名　*Pyrrosia polydactyla* (Hance) Ching

葉片掌狀深裂為本種主要區別特徵。

　　特有種，廣泛分布於台灣中海拔山區，偏好非恆濕之環境，附生或岩生。

　　本種與松田氏石韋（*P. matsudae*，見第445頁）之雜交種曾被發表為擬槭葉石韋（*P.* × *pseudopolydactyla*），外觀與本種非常接近，但側羽片較小且多少不規則生長。

孢子囊群密布遠軸面

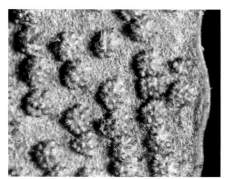

囊群圓形，表面疏被星狀毛。

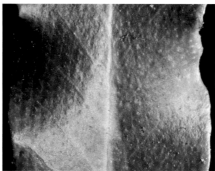

老熟後近軸面近光滑

根莖短橫走，葉近生。

生長於中海拔暖溫帶闊葉林環境

葉片掌狀深裂

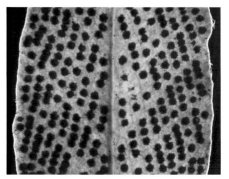

葉質地厚，網狀葉脈背光仍不可見。

中國石韋

屬名　石韋屬

學名　*Pyrrosia porosa* (C.Presl) Hovenkamp

葉片單葉狹披針形，基部以狹翅沿葉柄長下延，全緣，近軸面疏被星狀毛，遠軸面密被淡棕色星狀毛。孢子囊群多排密生於葉遠軸面中上部。

　　在台灣零星分布於中南部暖溫帶闊葉林下。

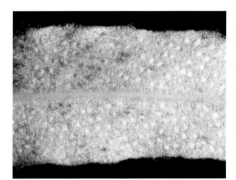

孢子囊群密布遠軸面

近軸面疏被鱗片

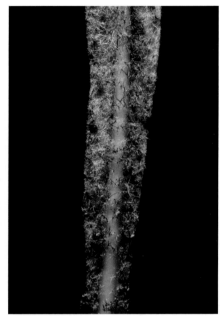

葉片基部以狹翅沿葉柄長下延

孢子囊群為星狀毛所覆蓋

根莖上鱗片，中間部分顏色較深。

附生於暖溫帶闊葉林下之樹上

廬山石韋

屬名　石韋屬
學名　*Pyrrosia sheareri* (Baker) Ching

根莖短橫走，葉近生，葉片單葉，大型，基部心形，偶有齒狀突起。

　　在台灣零星分布於中南部暖溫帶闊葉林環境。

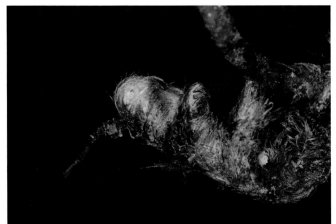

根莖短橫走

葉片單葉大型，基部心形。

生長於暖溫帶闊葉林環境

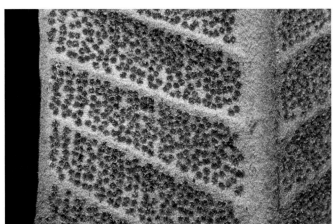

孢子囊群密布遠軸面

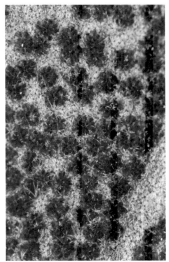

囊群圓形

葉柄基部被褐色鱗片

革舌蕨屬 SCLEROGLOSSUM

為禾葉蕨亞科成員，根莖短直立。葉螺旋狀簇生，帶狀，近無柄，基部不具關節，厚革質，兩面疏被極短之單毛或分岔毛。孢子囊群線形，位於近葉緣之溝槽中。

革舌蕨

屬名　革舌蕨屬
學名　*Scleroglossum sulcatum* (Mett. *ex* Kuhn) Alderw.

葉寬 3～5 公釐，兩面及邊緣散生細小之金褐色星狀分岔毛；孢子囊群之溝槽與葉緣約有 0.5～1 公釐之間距；其餘特徵如屬。

在台灣僅分布於新北、宜蘭、桃園一帶海拔 1,000～1,500 公尺霧林環境，常生於稜線附近闊葉林或人工林中高層枝幹。

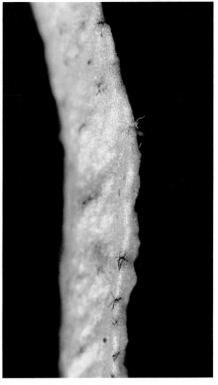

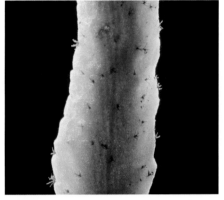

葉片甚肥厚，側脈於背光下亦不可見。（張智翔攝）

葉兩面及邊緣疏被褐色星狀毛

根莖密被褐色狹披針形鱗片；葉螺旋狀簇生。

葉帶狀，近無柄。

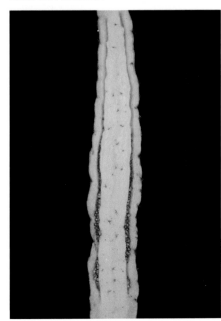

葉緣有時呈不規則淺齒狀

生於霧林環境通風良好之中高層枝幹

孢子囊生於與葉緣平行之溝槽內

修蕨屬 SELLIGUEA

根莖長橫走,密被鱗片。葉遠生,葉柄基部具關節,單葉、三出或一回羽狀複葉,多光滑,葉緣全緣或具缺刻,葉脈網狀,網眼中具游離小脈。孢子囊群圓形。

大葉玉山萊蕨 特有種

屬名　修蕨屬
學名　*Selliguea echinospora* (Tagawa) Fraser-Jenk.

根莖橫走,粗壯,直徑約 1 公分,被全緣鱗片。葉片一回羽狀深裂,裂片 5 至 11 對,基部裂片向下反折。

特有種,零星分布於台灣中海拔闊葉林及混合林下。

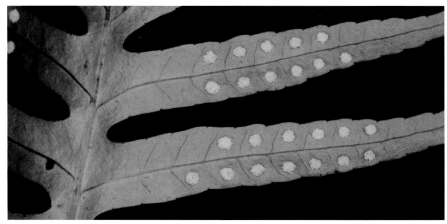
孢子囊群於裂片中肋兩邊各一排

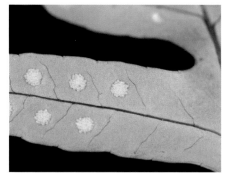
葉緣具缺刻

葉近軸面於孢子囊群著生處稍隆起

根莖橫走,粗壯,被全緣鱗片。

生長於富苔蘚及凋落物之樹幹或岩壁

葉一回羽狀深裂,遠軸面稍呈灰綠色。

恩氏萊蕨

屬名　修蕨屬
學名　*Selliguea engleri* (Luerss.) Fraser-Jenk.

根莖長橫走，直徑約 3 公釐，密被棕色全緣披針形鱗片。葉單葉，寬線形至披針形，先端短漸尖，基部楔形，寬 2 ～ 3 公分，邊緣具缺刻和軟骨質邊，側脈明顯，近革質，遠軸面灰綠色，兩面光滑無毛。孢子囊群圓形，在葉片中肋兩側各一行。

　　在台灣零星分布於全島中海闊葉林及混合林下。

囊群著生處於近軸面幾乎不隆起

阿里山區之族群葉基狹楔形，與它處稍有差異。

生長於濕潤森林內樹木中層枝幹

根莖長橫走，密被棕色全緣披針形鱗片。

葉寬線形至披針形，不分裂。

葉基通常為楔形至寬楔形

掌葉茀蕨 特有種

屬名　修蕨屬

學名　*Selliguea falcatopinnata* (Hayata) H.Ohashi & K.Ohashi

葉片羽狀深裂，側生裂片常為 2 或 3 對，多少斜出，基部裂片有時近平展，但絕不反折，邊緣近全緣。

　　特有種，局限分布於恆春半島及蘭嶼海拔 400 ～ 650 公尺具熱帶霧林氣候特徵之闊葉林內。

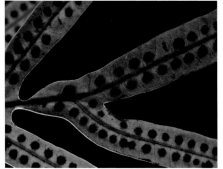

葉片邊緣近全緣

葉片羽狀深裂，側生裂片約 2 至 3 對。

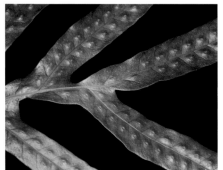

囊群著生於近軸面處稍突起

葉革質，近軸面具強烈光澤。

根莖長橫走，密被棕色披針形鱗片。

著生於濕潤闊葉林內樹木枝幹

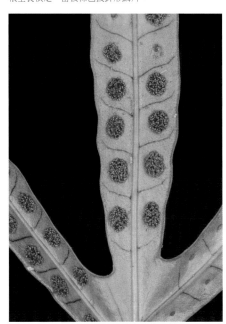

孢子囊群大，在裂片中肋兩側各一行。

三葉莈蕨

屬名　修蕨屬
學名　*Selliguea hastata* (Thunb.) Fraser-Jenk.

葉片單葉，不分裂或二至三叉（罕為掌狀），葉片邊緣具缺刻和軟骨質邊，中脈和側脈兩面明顯，不達葉邊，遠軸面灰綠色，兩面光滑無毛。孢子囊群圓形，在葉片中脈或裂片中脈兩側各一行。

在台灣分布於全島暖溫帶闊葉林下，北部較常見，生長於裸露岩壁環境。

本種與姬莈蕨（*S. yakushimensis*，見第 458 頁）、台灣莈蕨（*S. taiwanensis*，見第 457 頁）及岡本氏莈蕨（*S. okamotoi*，見第 455 頁）形態特徵及遺傳組成均相當接近，彼此之親緣演化關係及分類地位均仍有待深入釐清。

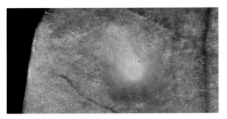

葉近軸面於孢子囊群著生處略隆起

具卵狀披針形單葉之族群，可見於東部山區。

發育良好之個體具三叉之葉片

三叉狀葉之側裂片常為披針形，較開展。

根莖短橫走，被淺褐色鱗片。

本種形態變化多端，生於風衝環境之族群葉片不裂且甚為短縮。

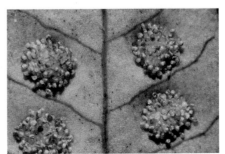

孢子囊群圓形，中生於相鄰側脈間。

肢節蕨

屬名　修蕨屬
學名　*Selliguea lehmannii* (Mett.) Christenh.

根莖長橫走，密被盾狀著生鱗片，葉遠生。葉片一回羽狀複葉，羽片披針形，側脈明顯，小脈網狀。孢子囊群圓形，生於羽片中脈兩側。

　　在台灣生長於中海拔地區，著生於樹幹或岩石。

葉片一回羽狀複葉，羽片披針形。

羽片側脈明顯

根莖長橫走，密被盾狀著生鱗片。葉柄基部具關節，於冬季脫落休眠。

著生於中海拔闊葉林樹幹上

孢子囊群圓形，生於羽片中脈兩側。

岡本氏莚蕨 特有種

屬名　修蕨屬
學名　*Selliguea okamotoi* (Tagawa) Ralf Knapp

根莖長橫走。葉遠生，單葉，約 1 公分寬，多少具二型性，營養葉卵形，孢子葉披針形，頂端尖，葉緣缺刻不明顯，遠軸面呈灰綠色。

　　特有種，僅知分布於高雄與台東交界處關山至向陽山一帶中高海拔地區，生長於潮濕岩壁上。

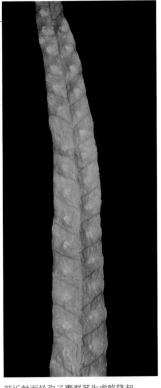

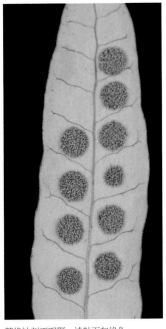

根莖長橫走，被鱗片，葉遠生。

葉緣缺刻不明顯，遠軸面灰綠色。

葉近軸面於孢子囊群著生處略隆起

葉多少二型，孢子葉較長，呈披針形。

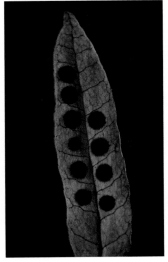

生長於高海拔針闊葉混合林潮濕岩壁上

孢子囊群圓形，大型。

營養葉較短，卵形。

玉山茀蕨 特有種

屬名　修蕨屬

學名　*Selliguea quasidivaricata* (Hayata) H.Ohashi & K.Ohashi

葉片羽狀深裂，側生裂片 2 至 6 對，基部裂片向下反折，邊緣具缺刻或淺鋸齒。

　　特有種，生長於台灣高海拔針葉林林緣濕潤岩壁，偶附生。

葉片羽狀深裂，側生裂片 2 至 6 對。

葉片邊緣具缺刻或淺鋸齒

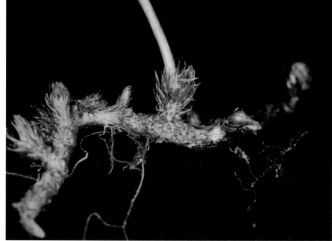

根莖長橫走，葉遠生。

生長於冷溫帶針葉林林緣半開闊岩壁

孢子囊群圓形，生於裂片中脈兩側。

台灣萊蕨 特有種

屬名　修蕨屬
學名　*Selliguea taiwanensis* (Tagawa) H.Ohashi & K.Ohashi

葉單葉不分裂或三叉狀，與三葉萊蕨（*S. hastata*，見第 453 頁）及姬萊蕨（*S. yakushimensis*，見第 458 頁）相當接近，主要差異在於本種葉緣近全緣或僅有零星缺刻；此外葉片及裂片通常較三葉萊蕨狹長，亦不生長於溪流環境。

　　特有種，主要零星分布於台灣中南部中海拔山區，偏好潮濕之岩壁環境。

三叉狀葉之側裂片常為線狀披針形，與中裂片夾角較小。　　葉脈網狀，網眼中具游離小脈。

根莖長橫走，密被棕色披針形鱗片。

生長於暖溫帶闊葉林下，偏好潮濕之岩壁環境。　　孢子囊群圓形，在葉片中脈兩側各一行。　　孢子囊群於葉片近軸面略突起

姬莍蕨

屬名　修蕨屬
學名　*Selliguea yakushimensis* (Makino) Fraser-Jenk.

本種特徵為葉單葉不分裂，基部楔形，邊緣缺刻顯著，且生於溪流環境。

　　台灣目前歸於本種之族群可分為兩種形態：分布中部南投、雲林及嘉義中海拔山區之族群根莖鱗片較短，葉片略狹，最寬處於近中部，囊群於近軸面顯著隆起，此型與姬莍蕨模式標本（採自日本屋久島）較為接近；另一型主要分布於北部新北、基隆及桃園低海拔山區，根莖鱗片較長，葉片最寬處較近基部，囊群於近軸面僅輕微隆起，分類地位尚待釐清。

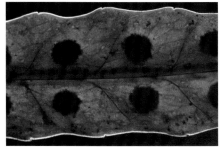

葉緣缺刻顯著（中部族群）

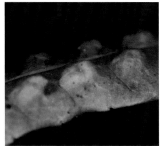

中部族群囊群著生處於近軸面顯著隆起

中部族群生於中海拔林間溪床周遭岩石

北部族群根莖鱗片較長且先端多少開展

葉遠軸面灰綠色，孢子囊群圓形，於葉片中脈兩側各一排（中部族群）。

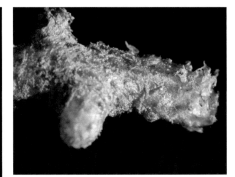

中部族群根莖鱗片較短且多少貼伏

北部族群生於低海拔開闊溪谷兩岸垂直岩壁

北部族群囊群著生處於近軸面較不顯著隆起

中部族群葉基狹楔形，最寬處近葉片中段。

裂禾蕨屬 TOMOPHYLLUM

植株小型，根莖短，被鱗片。葉螺旋排列，邊緣多少被毛。葉螺旋排列，一至二回羽裂，末裂片具孢子囊群數枚。

早田裂禾蕨 [特有種]

屬名	裂禾蕨屬
學名	*Tomophyllum hayatae* (Masam.) T.C.Hsu

根莖短懸垂狀，被短於 0.5 公釐之卵形鱗片。葉螺旋狀簇生，葉片寬線形，二回羽狀裂葉，裂片鐮狀長橢圓形 (小型個體近倒卵形)，先端圓，邊緣粗齒狀深裂，末裂片圓頭；葉兩面被長約 1 公釐之金褐色單生剛毛，葉柄及葉軸附近有少量分岔毛。孢子囊群橢圓形，於一回裂片兩側各一排，表面生。

　　特有種，零星分布於南投、嘉義及高雄海拔 2,000 ～ 2,700 山區，生於濕潤森林內樹幹基部或岩石上。

小型個體一回裂片近倒卵形，先端圓。

一回裂片中肋於背光下稍顯著

囊群分布於一回裂片中肋兩側，表面生。

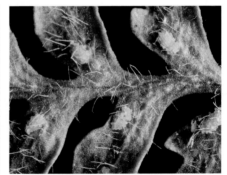

葉面被淡金褐色剛毛

葉寬線形，二回羽狀深裂。

發育良好之裂片具規律之齒狀深裂

根莖被甚小之卵形鱗片

裂禾蕨屬未定種 1

屬名　裂禾蕨屬
學名　*Tomophyllum* sp. 1

形態接近早田裂禾蕨（*T. hayatae*，見第 459 頁），區別為一回裂片鐮狀三角形至披針形，先端銳尖至圓，近全緣至波狀或鋸齒狀淺裂，葉片毛被多少帶紅棕色，囊群些微下陷。

　　在台灣零星分布於北部、東部及南部海拔 1,500 ～ 2,500 公尺雲霧盛行之混合林之樹木主幹中下部或岩石壁上。

裂片中肋於背光下僅基部較顯著

群生於巨木樹幹背陽面

囊群於裂片中肋兩側各 1 至 3 枚，些許下陷。

葉片毛被多少帶有紅棕色。

裂片邊緣近全緣或淺裂（張智翔攝）

根莖被細小的卵形鱗片

裂禾蕨屬未定種 2

屬名　裂禾蕨屬
學名　*Tomophyllum* sp. 2

形態接近早田裂禾蕨（*T. hayatae*，見第
459頁），主要區別特徵為本種根莖密被
長1～2公釐之披針形鱗片；裂片鐮形至
鐮狀橢圓形，邊緣常為不規則鋸齒緣或淺
裂，偶深裂。

在台灣僅見於南投及嘉義一帶海拔
2,000～2,700公尺濕潤森林內樹幹基部或
岩石壁上。

根莖鱗片披針形為本種重要特徵

生於樹幹或岩壁遮蔭處

囊群於裂片中肋兩側各1至3枚

葉下垂，長可達15公分。

裂片邊緣常為不規則鋸齒狀

裂片中肋背光下稍顯著

劍羽蕨屬 XIPHOPTERELLA

禾 葉蕨亞科成員,植株小,根莖短斜倚。葉螺旋狀簇生,一至二回羽裂,近無柄,葉面疏被短於 0.5 公釐之淡褐色單生或分岔毛。孢子囊群圓形。

劍羽蕨

屬名	劍羽蕨屬
學名	*Xiphopterella devolii* S.J.Moore, Parris & W.L.Chiou

葉寬線形,一回羽狀深裂,裂片近三角形,全緣或有 1 至 2 個齒突;葉片於裸視下幾近光滑,僅疏被極短之淡褐色單生及分岔毛。孢子囊群圓形,於裂片基上側各 1 枚(罕 2 枚),輕微下陷。

在台灣僅分布於新北、宜蘭交界處海拔 1,000 ～ 1,500 公尺霧林環境,生於稜線附近密被苔蘚之樹木枝幹。

各裂片有 1 枚囊群,偶有 2 枚。

裂片近三角形,基上側偶有一小齒突。

根莖短斜倚狀,被亮褐色披針形鱗片。

葉螺旋狀簇生

生於霧林環境通風良好之樹木枝幹

葉一回羽狀深裂,幾近光滑。

中名索引

學名索引

D